普通高等院校工程训练系列规划教材

电子工艺实习

主　编　王建花　茆　姝

清华大学出版社
北京

内 容 简 介

本书在多年教学实践经验的基础上,以基本电子工艺知识和电子装配基本技术为主,对电子产品制造过程及典型工艺作了全面的介绍。全书内容包括安全用电、电子元器件、焊接技术、常用电子仪器仪表、印制电路板的设计与制作、Altium Designer 6 电路设计软件简介、收音机原理、电子产品安装与调试、表面组装技术、常规电子工艺实习项目共 10 章。

本书注重内容的实用性、通俗易懂,有助于读者掌握电子产品生产操作的基本技能,可作为高等学校培养应用型、技能型、操作型人才的教学用书。

本书可作为高等院校电子信息类、电气类、自动化类专业教材,也可作为电子工程技术人员的参考用书。

图书在版编目(CIP)数据

电子工艺实习 / 王建花,茆姝主编. --北京:清华大学出版社,2010.3(2023.8 重印)
(普通高等院校工程训练系列规划教材)
ISBN 978-7-302-21505-9

Ⅰ. ①电… Ⅱ. ①王… ②茆… Ⅲ. ①电子技术-实习-高等学校-教材 Ⅳ. ①TN01-45

中国版本图书馆 CIP 数据核字(2009)第 243259 号

责任编辑:庄红权
责任校对:刘玉霞
责任印制:曹婉颖

出版发行:清华大学出版社
          网   址:http://www.tup.com.cn,http://www.wqbook.com
          地   址:北京清华大学学研大厦 A 座   邮   编:100084
          社 总 机:010-83470000   邮   购:010-62786544
          投稿与读者服务:010-62776969,c-service@tup.tsinghua.edu.cn
          质 量 反 馈:010-62772015,zhiliang@tup.tsinghua.edu.cn
印 装 者:三河市龙大印装有限公司
经   销:全国新华书店
开   本:185mm×260mm   印   张:14.75   字   数:360 千字
版   次:2010 年 3 月第 1 版   印   次:2023 年 8 月第 14 次印刷
定   价:42.00 元

产品编号:034637-05

改革开放以来,我国贯彻科教兴国、可持续发展的伟大战略,坚持科学发展观,国家的科技实力、经济实力和国际影响力大为增强。如今,中国已经发展成为世界制造大国,国际市场上已经离不开物美价廉的中国产品。然而,我国要从制造大国向制造强国和创新强国过渡,要使我国的产品在国际市场上赢得更高的声誉,必须尽快提高产品质量的竞争力和知识产权的竞争力。清华大学出版社和本编审委员会联合推出的普通高等院校工程训练系列规划教材,就是希望通过工程训练这一培养本科生的重要窗口,依靠作者们根据当前的科技水平和社会发展需求所精心策划和编写的系列教材,培养出更多视野宽、基础厚、素质高、能力强和富于创造性的人才。

我们知道,大学、大专和高职高专都设有各种各样的实验室。其目的是通过这些教学实验,使学生不仅能比较深入地掌握书本上的理论知识,而且掌握实验仪器的操作方法,领悟实验中所蕴涵的科学方法。但由于教学实验与工程训练存在较大的差别,因此,如果我们的大学生不经过工程训练这样一个重要的实践教学环节,当毕业后步入社会时,就有可能感到难以适从。

对于工程训练,我们认为这是一种与社会、企业及工程技术的接口式训练。在工程训练的整个过程中,学生所使用的各种仪器设备都是来自社会企业的产品,有的还是现代企业正在使用的主流产品。这样,学生一旦步入社会,步入工作岗位,就会发现他们在学校所进行的工程训练,与社会企业的需求具有很好的一致性。另外,凡是接受过工程训练的学生,不仅为学习其他相关的技术基础课程和专业课程打下了基础,而且同时具有一定的工程技术素养,开始走向工程了。这样就为他们进入社会与企业,更好地融入新的工作群体,展示与发挥自己的才能创造了有利的条件。

近10年来,国家和高校对工程实践教育给予了高度重视,我国的理工科院校普遍建立了工程训练中心,拥有前所未有的、极为丰厚的教学资源,同时面向大量的本科学生群体。这些宝贵的实践教学资源,像数控加工、特种加工、先进的材料成形、表面贴装、数字化制造等硬件和软件基础设施,与国家的企业发展及工程技术发展密切相关。而这些涉及多学科领域的教学基础设施,又可以通过教师和其他知识分子的创造性劳动,转化和衍生出为适应我国社会与企业所迫切需求的课程与教材,使国家投入的宝贵资源发挥其应有的教育教学功能。

为此,本系列教材的编审,将贯彻下列基本原则:

(1) 努力贯彻教育部和财政部有关"质量工程"的文件精神,注重课程改革与教材改革配套进行。

(2) 要求符合教育部工程材料及机械制造基础课程教学指导组所制定的课程教学基本要求。

(3) 在整体将注意力投向先进制造技术的同时,要力求把握好常规制造技术与先进制造技术的关联,把握好制造基础知识的取舍。

(4) 先进的工艺技术,是发展我国制造业的关键技术之一。因此,在教材的内涵方面,要着力体现工艺设备、工艺方法、工艺创新、工艺管理和工艺教育的有机结合。

(5) 有助于培养学生独立获取知识的能力,有利于增强学生的工程实践能力和创新思维能力。

(6) 融汇实践教学改革的最新成果,体现出知识的基础性和实用性,以及工程训练和创新实践的可操作性。

(7) 慎重选择主编和主审,慎重选择教材内涵,严格按照和体现国家技术标准。

(8) 注重各章节间的内部逻辑联系,力求做到文字简练,图文并茂,便于自学。

本系列教材的编写和出版,是我国高等教育课程和教材改革中的一种尝试,一定会存在许多不足之处。希望全国同行和广大读者不断提出宝贵意见,使我们编写出的教材更好地为教育教学改革服务,更好地为培养高质量的人才服务。

普通高等院校工程训练系列规划教材编审委员会

主任委员:傅水根

2008 年 2 月于清华园

前　言

　　"电子工艺实习"是高等院校工科电类专业的一门非常重要的实训课程,是工程训练的一部分,是实践教学的基本环节之一,也是培养学生创新能力的重要环节。在实习过程中,学生能在电子元器件的识别与测试,印制电路板的设计与制作,常用电子仪器仪表的使用,电子产品的焊接、调试与组装等方面得到训练。掌握这些技能既能够给学生在毕业设计时提供帮助,还能通过实际操作来提高学生的动手能力,从而激发他们的创新意识。

　　电子工艺实习以学生自己动手,掌握一定操作技能并亲手制作几种实际产品为特色。它既不同于培养劳动观念的工艺劳动,又不同于让学生自由发挥的科技创新活动,而是将基本技能训练、基本工艺知识和创新启蒙有机结合,为学生的实践能力和创新精神构筑一个基础扎实而又充满活力的基础平台。

　　本书将电子工艺的基础知识与现代化的新技术手段结合起来,既可以作为高等学校工科电类专业学生的专业教材,也可作为职业教育、技术培训及有关技术人员的参考书。本书本着"理论够用,重在实践"的精神,以工艺性和实践性为基础,以掌握电子工艺技术为目标,读者在具体教学安排及方式上可根据实际情况采用多样化手段。

　　本书由王建花、茆姝编写,在编写过程中,孙桂珍、何慧、阮星华、佟丽杰、高宇、张志强、孙天军、孙亚星等同志提供了大量资料并提出了很多宝贵的意见和建议,在此致以深深的谢意。

　　由于电子器件种类繁多、发展迅速,加上编写人员的水平有限和编写时间仓促,书中难免有错误和不完善之处,敬请广大读者批评指正。

编　者

2010 年 1 月

安全用电

在电子设备的装配调试中，要使用各种工具和仪器，同时还可能接触危险的高电压。随着国民经济中各行各业电气化、自动化水平不断提高，从家庭到办公室，从学校到工矿企业，几乎没有不用电的场所。如不掌握必要的安全用电知识，操作中缺乏足够的警惕，就可能发生人身、设备事故。因此，普及安全用电知识，防止电气事故，做到安全用电是十分重要的。

人体是可以导电的，触电是电流能量作用于人体或转换成其他形式的能量作用于人体造成的伤害。电子技术安全知识主要讨论预防用电事故，保证人身及设备的安全。作为从事电子行业的工程技术人员必须注意自身保护、安全用电，防止电气事故。

1.1 触电对人体的危害

1.1.1 触电危害

发生触电事故后，人体受到的伤害分为电击和电伤两类。

1. 电击

电击是指电流通过人体内部，影响呼吸、心脏和神经系统，造成人体内部组织的损坏乃至死亡，即其对人体的危害是体内的、致命的。它对人体的伤害程度与通过人体的电流大小、通电时间、电流途径及电流性质有关。人体触及带电导体、漏电设备的外壳，以及因雷击或电容放电等都可能导致电击。触电事故基本上都是电击造成的。

按照发生电击时电气设备的状态，电击可分为直接接触电击和间接接触电击。直接接触电击是触及设备和线路正常运行时的带电体发生的电击，如误触接线端子发生的电击。间接接触电击是触及正常状态下不带电，而当设备或线路故障时意外带电的导体发生的电击，如触及漏电设备的外壳发生的电击。

2. 电伤

电伤是指由于电流的热效应、化学效应或机械效应对人体造成的危害，包括电烧伤、电烙印、皮肤金属化、机械损伤、电光眼等多种伤害。电伤是由于发生触电而导致的人体外表创伤，它对人体的伤害一般是体表的、非致命的。

（1）电烧伤：指由于电流的热效应而灼伤人体皮肤、皮下组织、肌肉，甚至神经等，其表现形式是发红、起泡、烧焦、坏死等。其又可以分为电流灼伤和电弧烧伤。电流灼伤是人体与带电体接触,电流通过人体由电能转换成热能造成的伤害。电流灼伤一般发生在低压设备或低压线路上。电弧烧伤是由弧光放电造成的伤害。高压电弧的烧伤比低压电弧严重,直流电弧的烧伤比工频交流电弧严重。

(2)电烙伤:指由于电流的机械效应或化学效应,而造成人体触电部位的外部伤痕,如皮肤表面的肿块等。

(3)皮肤金属化:指由于电流的化学效应,在电弧高温的作用下,金属熔化、汽化,金属微粒渗入皮肤,使皮肤粗糙而张紧的伤害。皮肤金属化多与电弧烧伤同时发生。

(4)机械损伤:指电流作用于人体时,由于中枢神经反射、肌肉强烈收缩、体内液体汽化等作用导致的机体组织断裂、骨折等伤害。

(5)电光眼:指发生弧光放电时,由红外线、可见光、紫外线对眼睛的伤害。电光眼表现为角膜炎或结膜炎。

3. 影响触电危害程度的因素

触电对人体的危害程度与通过人体电流的大小、通电时间、电流途径、电流的性质及人体状况等因素有关。其中通过人身电流的大小和通电时间是起决定作用的因素。

1) 电击的强度

电击强度是指通过人体的电流与通电时间的乘积。一定限度的电流不会对人造成损伤。通过人体的电流越大,人体的生理反应越明显,感觉越强烈,引起心室颤动所需的时间越短,致命的危险性就越大。电流对人体的作用(按电流大小)如表 1.1.1 所示。

表 1.1.1　电流对人体的作用

电流/mA	对 人 体 的 作 用
<0.7	无感觉
1	有轻微电击的感觉
1～10	可引起肌肉收缩、神经麻木、刺激感,一般电疗仪器取此电流,但可自行摆脱
10～30	引起肌肉痉挛,失去自控能力,短时间无危险,长时间有危险
30～50	强烈痉挛,时间超过 60 s,即有生命危险
50～250	产生心脏性纤颤,丧失知觉,严重危害生命
>250	短时间内(1 s 以上)造成心脏骤停,体内造成电烧伤

2) 电流的途径

电流通过人体,严重干扰人体正常生物电流,如果不经过人体的脑、心、肺等重要部位,除了电击强度较大时会造成内部烧伤外,一般不会危及生命。电流流过心脏会引起心室颤动,较大的电流还会使得心脏停止跳动。电流流过大脑,会造成脑细胞损伤,使人昏迷,甚至造成死亡。电流流过神经系统,会导致神经紊乱,破坏神经系统正常工作。电流流过呼吸系统可导致呼吸停止。电流流过脊髓可造成人体瘫痪等。

3) 电流的性质

电流的性质不同对人体损伤也不同。直流电不易使心脏颤动,人体忍受电流的电击强度要稍微高一些,一般引起电伤。静电因随时间很快减弱,没有足够量的电荷,一般不会导致严重后果。交流电则会导致电伤与电击同时发生,危险性大于直流电,特别是 40～

100 Hz 的交流电对人体最危险,人们日常使用的市电正是在这个危险的频段(我国为 50 Hz)。但是当交流电频率达到 20 000 Hz 时,对人体危害很小,用于理疗的一些仪器采用的就是这个频段。另外,电压越高,危险性越大。

4)人体自身条件

人体自身条件包括电阻、年龄、性别、皮肤完好程度及情绪等。人体电阻包括皮肤电阻和体内电阻,是一个不确定的电阻,皮肤干燥的时候电阻可呈现 100 kΩ 以上,而一旦潮湿,电阻可降到 1 kΩ 以下。人体还是一个非线性电阻,随着电压升高,电阻值减小,如表 1.1.2 所示。安全电压是对人体皮肤干燥时候而言的。因此,倘若人体出汗,又用湿手接触 36 V 的电压时,同样会受到电击,此时安全电压也不安全了。

表 1.1.2　人体电阻值随电压的变化

电压/V	1.5	12	31	62	125	220	380	1000
电阻/kΩ	>100	16.5	11	6.24	3.5	2.2	1.47	0.64
电流/mA	忽略	0.8	2.8	10	35	100	268	1560

1.1.2　触电的方式

人体触电,主要原因有直接触电、间接触电和跨步电压引起的触电。直接触电又分为单相触电和双相触电两种。

1. 单相触电

人体的某一部分触及带电设备或线路中的某一相导体时,一相电流通过人体经大地回到中性点,人体承受相电压。绝大多数触电事故都属于这种形式,如图 1.1.1 所示。大部分电击事故都是单相电击事故,单相电击的危险程度除与带电体电压高低、人体电阻、鞋和地面状态等因素有关外,还与人体离接地点的距离以及配电网对地允许方式有关。一般情况下,接地电网中发生的电线电击比不接地电网中的危险性大。

2. 双相触电

双相触电是指人体两处同时触及两相带电体而发生的触电事故。这种形式的触电,加在人体的电压是电源的线电压(380 V),电流将从一相导线经人体流入另一相导线,如图 1.1.2 所示。双相电击的危险主要取决于带电体之间的电压和人体电阻。双相触电的危险性比单相触电高,漏电保护装置对两相电击是不起作用的。

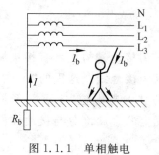

图 1.1.1　单相触电   图 1.1.2　双相触电

3. 静电接触

在检修电气或科研工作中有时发生电气设备已断开电源,但由于设备中高压大容量电容的存在而导致在接触设备某些部分时发生触电,这样的现象是静电电击。静电电击是由于静电放电时产生的瞬间冲击电流,通过人体造成的伤害。这类触电有一定的危险,容易被忽略,因此要特别注意。

4. 跨步电压

在故障设备附近(例如电线断落在地上),或雷击电流经设备入地时,在接地点周围存在电场,人走进这一区域,两脚之间形成跨步电压就会引起触电事故。跨步电压的大小受接地电流大小、鞋和地面特征、两脚之间的跨距、两脚的方位以及离接地点的远近等很多因素的影响。如图1.1.3所示。

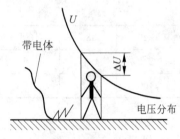

图1.1.3　跨步电压引起触电

下列情况和部位可能发生跨步电压电击:

(1) 带电导体特别是高压导体故障接地时,或接地装置流过故障电流时,流散电流在附近地面各点产生的电位差可造成跨步电压电击;

(2) 正常时有较大工作电流流过的接地装置附近,流散电流在地面各点产生的电位差可造成跨步电压电击;

(3) 防雷装置遭受雷击或高大设施、高大树木遭受雷击时,极大的流散电流在其接地装置或接地点附近地面产生的电位差可造成跨步电压电击。

1.2　安全用电技术

交流安全电压在任何情况下有效值不得超过50 V,直流安全电压为72 V,我国规定的安全电压等级是42 V,36 V,24 V,12 V,6 V。当电压超过24 V时,必须采取防止直接接触带电体的保护措施。实践证明,采用用电安全技术可以有效预防电气事故。已有的技术措施不断完善、新的技术不断涌现,我们需要了解并正确运用这些技术,不断提高安全用电的水平。在低压配电系统中,有变压器中性点接地和不接地两种系统,相应的安全措施有接地保护和接零保护两种方式。

1.2.1　接地保护

电子设备的任何部分与土壤做良好的电气连接,称为接地。与土壤直接接触的金属体称为接地体。用于连接接地体和电子设备的导线,称为接地线。这里的"接地"同电子电路中简称的"接地"(在电子电路中,"接地"是指接公共参考电位"零点")不是一个概念,这里是真正的接大地。保护接地是将电子设备外壳上的金属部分与接地体做良好的电气连接。

对于采用接地保护的电子设备,在相线绝缘破损使设备金属外壳带电的情况下,人接触金属外壳的同时,短路电流从两条通路流走,一条接地线,另一条是人体。接地线的电阻通常小于 4 Ω,而人体的电阻一般为 500 Ω 左右,短路电流绝大部分从接地线流走,从而实现对人的保护。

在中性点不接地的配电系统中,电气设备宜采用接地保护,如果没有接地保护,此时人体电流为 $I=U(R_r+Z/3)$,其中 U 为相电压,R_r 为人体电阻,Z 为相线对地阻抗。当接上保护地线时,相当于给人体电阻并上一个接地电阻 R_G,此时人体电流为 $I'=R_G I(R_G+R_r)$,由于 $R_G \ll R_r$,从而避免了触电危险,可有效保护人身安全。由此也可看出,接地电阻越小,保护越好,这就是为什么在接地保护中总要强调接地电阻要小的缘故。接地保护原理如图 1.2.1 所示。

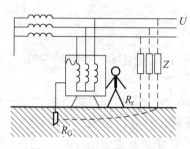

图 1.2.1　接地保护示意图

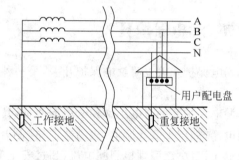

图 1.2.2　重复接地

1.2.2　接零保护

对变压器中性点接地系统(现在普遍采用电压为 380 V/220 V 三相四线制电网)来说,采用外壳接地已不足以保证安全。在实际应用中,由于人体的电阻远大于设备接地电阻,如果人体受到的电压就是相线与外壳短路时外壳的对地电压,该电压将达到一定的值,对人体来说是不安全的。因此,在这种系统中,应采用接零保护。在低压供电系统中,接地的中性线称为零线。接零保护是将正常情况下不带电的电子设备的金属外壳接到零线上。

对于采用接零保护的电子设备,在相线绝缘破损且接触到金属外壳时,相线和零线直接通过金属外壳形成碰壳短路。短路电流将故障相熔断或启动其他保护元件切断电源,实现保护功能。这种采用接零保护的供电系统,除工作接地外,还必须有重复接地保护,如图 1.2.2 所示。

图 1.2.3 表示民用 220 V 供电系统的保护零线和工作零线。在一定距离和分支系统中,必须采用重复接地,这些属于电工安装中的安全规则,电源线必须严格按有关规定制作。应注意的是这种系统中的接零保护必须是接到保护零线上,而不能接到工作零线上。保护零线同工作零线,虽然它们对地的电压都是零伏,但保护零线上是不能接熔断器和开关的,而工作零线上则根据需要可接熔断器及开关。这对有爆炸、火灾危险的工作场所为减轻过负荷的危险是必要的。图 1.2.4 所示为室内有保护零线时,用电器外壳采用接零保护的接法。

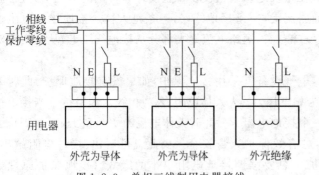

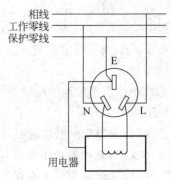

图 1.2.3 单相三线制用电器接线

图 1.2.4 三线插座接线

1.2.3 漏电保护开关

漏电保护开关也叫触电保护开关,是一种保护切断型的安全技术,它比保护接地或保护接零更灵敏,更有效。

漏电保护开关有电压型和电流型两种,其工作原理有共同性,即都可把它看作是一种灵敏继电器,如图 1.2.5 所示,检测器 JC 控制开关 S 的通断。对电压型而言,JC 检测用电器对地电压;对电流型则检测漏电流,超过安全值即控制 S 动作切断电源。

由于电压型漏电保护开关安装比较复杂,目前发展较快、使用广泛的是电流型保护开关。电流型保护开关不仅能防止人体触电而且能防止漏电造成火灾,既可用于中性点接地系统也可用于中性点不接地系统,既可单独使用也可与接地保护、接零保护共同使用,而且安装方便,值得大力推广。

典型的电流型漏电保护开关工作原理如图 1.2.6 所示。当电器正常工作时,流经零序互感器的电流大小相等、方向相反,检测输出为零,开关闭合电路正常工作。当电器发生漏电时,漏电流不通过零线,零序互感器检测到不平衡电流并达到一定数值时,通过放大器输出信号将开关切断。图 1.2.6 中按钮与电阻组成检测电路,选择电阻使此支路电流为最小动作电流,即可测试开关是否正常。

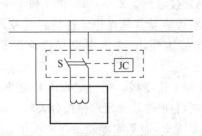

图 1.2.5 漏电保护开关示意图

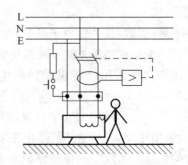

图 1.2.6 电流型漏电保护开关

选择漏电保护开关更要注重产品质量。一般来说,经国家电工产品认证委员会认证,带有安全标志的产品是可信的。

1.2.4 过限保护

上述接地、接零保护以及漏电保护开关主要解决电器外壳漏电及意外触电问题。另有一类故障表现为电器并不漏电,但由于电器内部元器件、部件故障,或由于电网电压升高引起电器电流增大,温度升高,超过一定限度,结果导致电器损坏甚至引起电气火灾等严重事故。对这一种故障,目前有一类自动保护元件和装置。这类元件和装置有以下几种。

1. 过压保护装置

过压保护装置有集成过压保护器和瞬变电压抑制器。

(1) 集成过压保护器是一种安全限压自控部件,其工作原理如图1.2.7所示,使用时并联于电源电路中。当电源正常工作时功率开关断开。一旦设备电源失常或失效超过保护阀值,采样放大电路将使功率开关闭合、电源短路,使熔断器断开,保护设备免受损失。

(2) 瞬变电压抑制器(TVP)是一种类似稳压管特性的二端器件,但比稳压管响应快,功率大,能"吸收"高达数千瓦的浪涌功率。如图1.2.8所示为TVP的电路接法。选择合适的TVP就可保护设备不受电网或意外事故产生的高压危害。

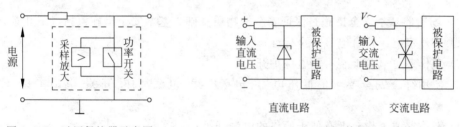

图 1.2.7 过压保护器示意图   图 1.2.8 TVP 特性及电路接法

2. 温度保护装置

电器温度超过设计标准是造成绝缘失效,引起漏电、火灾的关键。温度保护装置除传统的温度继电器外,还有一种新型有效而且经济实用的元件——热熔断器。热熔断器的外形如同一只电阻器,可以串接在电路,置于任何需要控制温度的部位,正常工作时相当于一只阻值很小的电阻,一旦电器温升超过阀值,立即熔断从而切断电源回路。

3. 过流保护装置

用于过电流保护的装置和元件主要有熔断丝、电子继电器及聚合开关,它们串接在电源回路中以防止意外电流超限。熔断丝用途最普遍,主要特点是简单、价廉;不足之处是反应速度慢而且不能自动恢复。电子继电器过流开关,也称电子熔断丝,反应速度快、可自行恢复,但较复杂、成本高,在普通电器中难以推广。

1.3 电子装接操作安全

这里所说的电子装接泛指工厂规模化生产以外的各种电子电器操作,例如电器维修、电子实验、电子产品研制、电子工艺实习以及各种电子制作等。

1.3.1 用电安全

尽管电子装接工作通常称为"弱电"工作,但实际工作中免不了接触"强电"。一般常用的电动工具(例如电烙铁、电钻、电热风机等)、仪器设备和制作装置大部分需要接市电才能工作,因此用电安全是电子装接工作的首要关注点。实践证明以下三点是安全用电的基本保证。

1. 安全用电观念

增强安全用电的观念是安全的根本保证。任何制度、任何措施,都是由人来贯彻执行的,忽视安全是最危险的隐患。

2. 基本安全措施

工作场所的基本安全措施是保证安全的物质基础。基本安全措施包括以下几条:
(1) 工作室电源符合电气安全标准;
(2) 工作室总电源上装有漏电保护开关;
(3) 使用符合安全要求的低压电器(包括电线、电源插座、开关、电动工具、仪器仪表等);
(4) 工作室或工作台上有便于操作的电源开关;
(5) 从事电力电子技术工作时,工作台上应设置隔离变压器;
(6) 调试、检测较大功率电子装置时工作人员不少于两人。

3. 养成安全操作习惯

习惯是一种下意识的、不经思索的行为方式,安全操作习惯可以经过培养逐步形成,并使操作者终身受益。主要安全操作习惯有以下几个。
(1) 人体触及任何电气装置和设备时先断开电源。断开电源一般指真正脱离电源系统(例如拔下电源插头,断开刀闸开关或断开电源连接),而不仅是断开设备电源开关。
(2) 测试、装接电力线路采用单手操作。
(3) 触及电路的任何金属部分之前都应进行安全测试。

1.3.2 机械损伤

电子装接工作中机械损伤比在机械加工中要少得多,但是如果放松警惕、违反安全规程仍然存在一定危险。例如,戴手套或者披散长发操作钻床是违反安全规程的,实践中曾发生手臂和头发被高速旋转的钻具卷入,造成严重伤害的事故。再如,使用螺丝刀紧固螺钉可能打滑伤及自己的手;剪断印制电路板上的元件引线时,线段飞射打伤眼睛等事故都曾发生。而这些事故只要严格遵守安全制度和操作规程,树立牢固的安全保护意识,是完全可以避免的。

1.3.3　防止烫伤

烫伤在电子装接工作中是频繁发生的一种安全事故,这种烫伤一般不会造成严重后果,但也会给操作者造成伤害。只要注意操作安全,烫伤完全可以避免。造成烫伤的原因及防止措施如下。

1. 接触过热固体

常见有下列两类造成烫伤的固体。

(1) 电烙铁和电热风枪。电烙铁为电子装接必备工具,通常烙铁头表面温度可达 $400\sim500℃$,而人体所能耐受的温度一般不超过 $50℃$。工作中烙铁应放置在烙铁架并置于工作台右前方。观测烙铁温度可用烙铁头熔化松香,不要直接用手触摸烙铁头。

(2) 电路中发热电子元器件,如变压器、功率器件、电阻、散热片等。特别是电路发生故障时有些发热器件可达几百摄氏度高温,如果在通电状态下触及这些元器件不仅可能造成烫伤,还可能有触电危险。

2. 过热液体烫伤

电子装接工作中接触到的主要有熔化状态的焊锡及加热的溶液(如腐蚀印制电路板时加热腐蚀液)。

3. 电弧烫伤

电弧温度可达数千摄氏度,对人体损伤极为严重。电弧烧伤常发生在操作电气设备过程中,例如较大功率电器不通过启动装置而直接接到刀闸开关上,当操作者用手去断开刀闸时,由于电路感应电动势(特别是电感性负载,例如电机、变压器等)在刀闸开关之间可产生数千甚至上万伏高电压,因此击穿空气而产生的强烈电弧容易烧伤操作者。

1.4　触电急救与电气消防

1.4.1　触电急救

发生触电事故,千万不要惊慌失措,必须用最快的速度使触电者脱离电源。要记住当触电者未脱离电源前本身就是带电体,同样会使抢救者触电。脱离电源最有效的措施是拉闸或拔出电源插头,如果一时找不到或来不及找的情况下可用绝缘物(如带绝缘柄的工具、木棒、塑料管等)移开或切断电源线。关键是要快,同时保证自己的安全。

脱离电源后如果病人呼吸、心跳尚存,应尽快送医院抢救;若心跳停止应采用人工心脏按压法维持血液循环;若呼吸停止应立即做口对口的人工呼吸;若心跳、呼吸全停,则应同时采用上述两种方法,并向医院告急求救。

1.4.2 电气消防

发生电气火灾后,进行电气消防时要注意以下几点。

(1) 发现电子装置、电气设备、电缆等冒烟起火,要尽快切断电源(拉开总开关或失火电路开关)。

(2) 使用砂土、二氧化碳或四氯化碳等不导电灭火介质,忌用泡沫或水进行灭火。

(3) 灭火时不可将身体或灭火工具触及导线和电气设备。

电子元器件

2.1 电 阻 器

2.1.1 概述

电子在物体内做定向运动时会遇到阻力,这种阻力称为电阻。具有一定电阻值的元器件称为电阻器,习惯简称电阻。电阻器是在电子电路中应用最多的元件之一,常用来进行电压、电流的控制和传送。

电阻器通常按如下方法分类。

(1) 按照制造工艺或材料可分为:合金型(线绕电阻、精密合金箔电阻)、薄膜型(碳膜、金属膜、化学沉淀膜及金属氧化膜等)、合成型(合成膜电阻、实心电阻)。

(2) 按照使用范围及用途可分为:普通型(允许误差为±5%、±10%、±20%)、精密型(允许误差为±2%~±0.001%)、高频型(也称为无感电阻)、高压型(额定电压可达35 kV)、高阻型(阻值在 10 MΩ 以上,最高可达 10^{14} Ω)、敏感型(阻值对温度、光照、压力、气体等敏感)、集成电阻(也称为电阻排)。

2.1.2 电阻器的主要参数

电阻器的参数主要包括标称阻值、额定功率、允许误差、温度系数、非线性、噪声和极限电压等。

1. 标称阻值和允许误差

电阻器的标称阻值和允许误差一般都标在电阻的体表。通常所说的电阻值即电阻的标称阻值。电阻的单位是欧姆,用字母 Ω 表示,为识别和计算方便,也常以千欧(kΩ)和兆欧(MΩ)为单位。

电阻器的标称阻值不一定与它的实际值完全相符。实际值和标称阻值的偏差,除以标称阻值所得的百分数,为电阻的允许误差,它反映了电阻器的精度。不同的精度有一个相应的允许误差,电阻器的标称阻值按误差等级分类,国家规定有 E24、E12、E6 系列,其误差分别为Ⅰ级(±5%)、Ⅱ级(±10%)、Ⅲ级(±20%),如表 2.1.1 所示。

表 2.1.1　E24、E12、E6 系列的具体规定

系列值电阻	精度	误差等级	标　称　值
E24	±5%	Ⅰ	1.0,1.1,1.2,1.3,1.5,1.6,1.8,2.0,2.2,2.4,2.7,3.0, 3.3,3.6,3.9,4.3,4.7,5.1,5.6,6.2,6.8,7.5,8.2,9.1
E12	±10%	Ⅱ	1.0,1.2,1.5,1.8,2.2,2.7,3.3,3.9,4.7,5.6,6.8,8.2
E6	±20%	Ⅲ	1.0,1.5,2.2,3.3,4.7,6.8,8.2

2. 额定功率

当电流通过电阻器的时候,电阻器便会发热。功率越大,电阻器的散热量就越大。如果电阻器发热的功率过大,电阻器就会被烧坏。电阻器在正常大气压及额定温度下,长期连续工作并能满足规定的性能要求时,所允许耗散的最大功率,叫做电阻器的额定功率。

在电路图中,电阻器的额定功率常用图 2.1.1 所示的符号来表示。

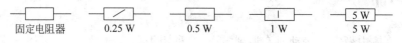

固定电阻器　　　0.25 W　　　0.5 W　　　1 W　　　5 W / 5 W

图 2.1.1　电阻器的额定功率通用符号

3. 温度系数

所有材料的电阻率都随温度变化而变化,电阻的阻值同样如此,衡量电阻温度稳定性的参数为温度系数。金属膜、合成膜等电阻具有较小的温度系数,适当控制材料及加工工艺,可以制成温度稳定性高的电阻。

4. 非线性

流过电阻的电流与加在两端的电压不成正比变化时,称为非线性。电阻的非线性用电压系数表示,即在规定电压范围内,电压每改变 1 V,电阻值的平均相对变化量。

5. 噪声

噪声是产生于电阻中一种不规则的电压起伏,包括热噪声和电流噪声两种。任何电阻都有热噪声,降低电阻的工作温度,可以减小热噪声;电流噪声与电阻内的微观结构有关,合金型无电流噪声,薄膜型较小,合成型最大。

2.1.3　电阻器的标识方法

电阻器常用的标识方法有:直标法、文字符号法、色标法和数码表示法。

1. 直标法

直标法是用阿拉伯数字和单位符号在电阻器表面直接标出标称阻值,其允许误差用百分数表示,如图 2.1.2(a)所示。

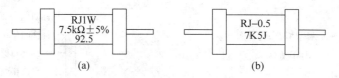

图 2.1.2   电阻器的直标法和文字符号法

2. 文字符号法

文字符号法是用阿拉伯数字和文字符号两者有规律的组合来表示标称阻值,如图 2.1.2(b)所示,其允许误差也用文字符号(见表 2.1.2)表示。

表 2.1.2   文字符号表示的允许误差

文字符号	允许误差	文字符号	允许误差
B	±0.1%	J	±5%
C	±0.25%	K	±10%
D	±0.5%	M	±20%
F	±1%	N	±30%
G	±2%		

3. 色标法

色标法是用不同颜色的色带或色点在电阻器表面标出标称阻值和允许误差。色标法常见的有四环色标法和五环色标法,如图 2.1.3 所示。

例如,四环电阻的色标分别是红、黑、橙、金,其阻值是 $20\ \Omega \times 10^3 = 20\ \text{k}\Omega$,允许误差是 ±5%;五环电阻的色标分别是绿、蓝、黑、红、棕,其阻值是 $560\ \Omega \times 10^2 = 56\ \text{k}\Omega$,允许误差是 ±1%。

4. 数码表示法

数码表示法常见于集成电阻器和贴片电阻器等。数码法是指用 3 位数字表示电阻器标称值的方法,从左至右,前 2 位表示有效数字,第 3 位表示倍率,即 0 的个数,单位为 Ω。例如在集成电阻器表面标出 503,代表其电阻的阻值是 $50\ \Omega \times 10^3 = 50\ \text{k}\Omega$。

2.1.4 电阻器的选用与测量

1. 常用电阻器

1)薄膜类电阻器

薄膜类电阻器的基体为陶瓷或玻璃,导电体是依附于基体表面的薄膜。在生产过程中,通过控制薄膜的厚度,或通过刻槽使其有效长度的增加来控制其阻值。常见的薄膜类电阻如下所述。

(1)碳膜电阻(RT):通过真空高温热分解出的结晶碳沉积在陶瓷骨架上而制成。它的温度系数为负值,价格低廉,在一般电子产品中被大量使用。

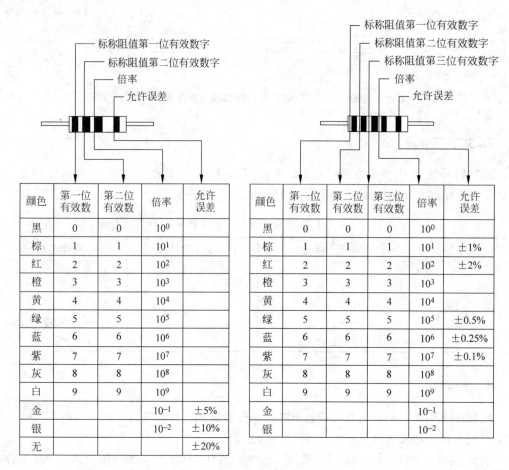

图 2.1.3　色标法

（2）金属膜电阻（RJ）：将金属或合金材料在高温真空下加热使其蒸发，通过高温分解、化学沉积或烧渗等技术将其蒸镀在陶瓷骨架上而制成。该电阻工作环境温度范围宽（$-55 \sim +125℃$）、温度系数小、稳定性好、噪声低、体积小。

（3）金属氧化膜电阻（RY）：将锡和锑的盐类配制成溶液，用喷雾器送入 $500 \sim 550℃$ 的加热炉内，喷覆在旋转的陶瓷基体上而形成的电阻。该电阻的膜层比金属膜和碳膜电阻厚得多，且均匀、阻燃，与基体附着力强，因而有极好的脉冲、高频和过负荷性能，机械性能好、坚硬、耐磨。在空气中不会被氧化，因而化学稳定性好，但阻值范围窄（200 kΩ 以下），温度系数比金属膜电阻差。

2）合金类电阻器

合金类电阻器是用块状合金（镍铬、锰铜、康铜）通过拉制成合金丝线或碾压成合金箔制成的电阻，有管形、扁形等各种形状。

（1）线绕电阻（RX）：在瓷管上用合金丝绕制而成，为了防潮并避免线圈松动，将其外层用被釉（玻璃釉或珐琅）涂覆加以保护。具有阻值范围大、功率大、噪声小、温度系数小、耐高温的特点。由于采用线绕工艺，其分布电感和分布电容都比较大、高频特性差。线绕电阻可分为精密型和功率型两类。

（2）精密合金箔电阻器（RJ）：在玻璃基片上黏结一块合金箔，用光刻法蚀出一定图形，并涂覆环氧树脂保护层，装上引线并封装后即制成。具有高精度、高稳定性、自动补偿温度系数的功能，可在较宽的温度范围内保持极小的温度系数。

3）合成类电阻

这类电阻是将导电材料与非导电材料按一定比例混合成不同电阻率的材料后制成的，其最突出的优点是可靠性高，但其电气性能较差。常见的有实心电阻、合成膜电阻等。

（1）实心电阻：分为有机实心和无机实心两种。

有机实心电阻（RS）：由导电颗粒（碳粉、石墨）、填充物（云母粉、石英粉、玻璃粉、二氧化钛等）和有机黏合剂（如酚醛树脂）等材料混合并热压而成。该电阻具有较强的过负荷能力，噪声大，稳定性差，分布电感和分布电容较大。

无机实心电阻（RN）：使用的是无机黏合剂（如玻璃釉），该电阻温度系数小，稳定性好，但阻值范围小。

（2）合成膜电阻（RH）：也叫合成碳膜电阻，是用有机黏合剂将碳粉、石墨和填充料配成悬浮液，涂覆于绝缘基体上，经高温聚合制成的。合成膜电阻可制成高阻型和高压型。

4）特殊电阻器

除上述介绍的基本电阻器类型外，还有一些具有特殊性能的电阻器。

（1）热敏电阻器（MZ 或 MF）：通常由单晶、多晶等对温度敏感的半导体材料制成，是以钛酸钡为主要原料，辅以微量的锶、钛、铝等化合物，经加工制成的具有正温度系数的电阻器，是一种对温度反应较敏感且阻值会随着温度的变化而变化的非线性电阻器，常用于温度监控设备中。

（2）压敏电阻器（MY）：是以氧化锌为主要材料制成的半导体陶瓷元件，电阻值随两端电压的变化按非线性特性变化。当两端电压小到一定值时，流过压敏电阻器的电流很小，呈现高阻抗；当两端电压大到一定值时，流过压敏电阻器的电流迅速增大，呈现低阻抗。常用于过压保护电路中。

（3）光敏电阻器（MG）：是用硫化镉或硒化镉等半导体材料制成的，对光线敏感，无光照射时，呈现高阻抗，阻值可达 $1.5\,\text{M}\Omega$ 以上；有光照射时，材料中激发出自由电子和空穴，其电阻值减小，随着照度的升高，电阻值迅速降低，阻值可小至 $1\,\text{k}\Omega$ 以下。常用于自动控制电路中。

（4）气敏电阻器（MQ）：通常用二氧化锡等半导体材料制成，是一种对特殊气体敏感的元件，主要是由于二氧化锡等半导体材料具有吸附气体时其电阻值能改变的特性，使其阻值随被测气体的浓度变化，将气体浓度的变化转化为电信号的变化。常用于有害气体的检测装置中。

（5）湿敏电阻器（MS）：由基体、电极和感湿的材料制成，是一种对环境湿度敏感的元件，其阻值可随着环境湿度的变化而变化。基体一般采用聚碳酸酯板、氧化铝、电子陶瓷等耐高温且吸水的材料，感湿层为微孔型结构，具有电解质特性。根据感湿层使用的材料不同，可分为正电阻湿度特性（湿度大，电阻值大）和负电阻湿度特性（湿度大，电阻值小）。常用于洗衣机、空调等家用电器中。

（6）磁敏电阻器（MC）：是采用砷化铟或锑化铟等材料，根据半导体的磁阻效应制成的，它的电阻值可随着磁场强度的变化而变化。磁敏电阻器是一种对磁场敏感的半导体元件,可以将磁感应信号转变为电信号。常用于磁场强度、漏磁、磁卡文字识别、磁电编码器等的磁检测及传感器中。

(7) 熔断电阻器(RF):不属于半导体电阻,它是近年来大量采用的一种新型元件,集电阻器与熔断器(保险丝)于一身,平时具有电阻器的功能,一旦电路出现异常电流时,立刻熔断,起到保护电路中其他元器件的作用。

2. 电阻器的正确选用

电阻器的种类多,性能及应用范围有很大差别,选择哪种材料和结构的电阻器应根据电路的具体要求而定。

1) 按不同的用途选择

在一般民用电子产品中,选用普通的碳膜电阻就可以了,其价廉且容易买到。对电气性能要求较高的工业、国防电子产品,应选用金属膜、合成膜等高稳定性的电阻器。

2) 按额定功率选择

所选电阻器的额定功率要符合电路对电阻器功率容量的要求,一般不应随意加大或减小电阻器的功率。若电路要求是功率型电阻器,其额定功率可高于实际应用电路要求功率的 $1\sim2$ 倍。在某些场合,也可将小功率电阻器串、并联使用,以满足功率的要求。

3) 按要求正确选取阻值和允许偏差

电阻器应选择接近计算值的一个标称值。一般的电路使用的电阻器精度为 $\pm5\%$ 或 $\pm10\%$,精密仪器及特殊电路中使用的电阻器应选用精密电阻器。

4) 根据电路特点选择

高频电路应选用分布电感和分布电容小的非线绕电阻器,如碳膜电阻器、金属膜电阻器和氧化膜电阻器。高增益小信号放大电路应选用低噪声电阻器,如金属膜电阻器、碳膜电阻器和线绕电阻器,而不能使用噪声较大的合成膜电阻器和有机实心电阻器。

5) 其他因素

电阻器的温度系数对电路又有一定的影响,同样要根据电路的特点来选择正、负温度系数的电阻器。同时,电阻器的非线性及噪声应符合电路要求,还应考虑工作环境与可靠性等。

3. 电阻器的测量

测量电阻器时一般采用万用表的欧姆挡来进行。测量前,应先将万用表调零。无论使用指针式还是数字型万用表测量电阻值,都必须注意以下三点。

(1) 选挡要合适,即挡值要略大于被测电阻的标称阻值。如果没有标称值,可以先用较高挡试测,然后逐步逼近正确挡位。

(2) 测量时不可用两手同时抓住被测电阻两端引出线,那样会把人体电阻和被测电阻并联起来,使测量结果偏小。

(3) 若测量电路中的某个电阻器,必须将电阻器的一端从电路中断开,以防电路中的其他元器件影响测量结果。

2.2 电 位 器

2.2.1 概述

电位器是一种可调电阻器。电位器对外有三个引出端,其中两个为固定端,另一个是滑动端(也称中心抽头)。滑动端可以在固定端之间的电阻体上做机械运动,使其与固定端之间的阻值发生变化。在电路中,常用电位器来调节电阻值或电压。电位器的常用符号如图 2.2.1 所示。

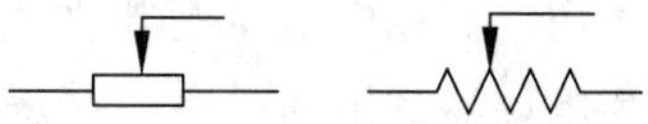

图 2.2.1 电位器符号

电位器的种类繁多,用途各异。可按用途、材料、结构特点、阻值变化规律、驱动机构的运动方式等因素对电位器进行分类。常见的电位器种类见表 2.2.1。

表 2.2.1 电位器分类

分类类型			举 例
材料	合金型	线绕	线绕电位器(WX)
		金属膜	金属箔电位器
	薄膜型		金属膜电位器,金属氧化膜电位器,复合膜电位器,碳膜电位器
	合成型	有机	有机实芯电位器
		无机	无机实芯电位器,金属玻璃釉电位器
	导电塑料		直滑式,旋转式
用 途			普通,精密,微调,功率,高频,高压,耐热
阻值变化规律	线性		线性电位器
	非线性		对数式,指数式,正余弦式
结构特点			单圈,多圈,单联,多联,有止挡,无止挡,带推拉开关,锁紧式
调节方式			旋转式,直滑式

2.2.2 电位器的主要参数

描述电位器技术指标的参数很多,但对一般电子产品来说,最关心的是以下几种基本参数:标称阻值、额定功率、滑动噪声、分辨力、阻值变化规律、轴长与轴端结构等。

1. 标称阻值

标在电位器上的阻值,其系列与电阻器的标称阻值系列相同。根据不同的精确等级,实际阻值与标称阻值的允许偏差范围为±20%、±10%、±5%、±2%、±1%,精确电位器的精度可达到±0.1%。

2. 额定功率

电位器的额定功率是指两个固定端之间允许耗散的功率。一般电位器的额定功率系列为 0.063 W、0.125 W、0.25 W、0.5 W、0.75 W、1 W、2 W、3 W;线绕电位器的额定功率比较大,有 0.5 W、0.75 W、1 W、1.6 W、3 W、5 W、10 W、16 W、25 W、40 W、63 W、100 W。

3. 滑动噪声

当电刷在电阻体上滑动时,电位器中心端与固定端的电压出现无规则的起伏,这种现象称为电位器的滑动噪声。它是由材料电阻率分布的不均匀性以及电刷滑动的无规律变化引起的。

4. 分辨力

对输出量可实现的最精细的调节能力,称为电位器的分辨力。线绕电位器的分辨力较差。

5. 阻值变化规律

调整电位器的滑动端,其电阻值按照一定规律变化。常见电位器的阻值变化规律有线性变化(X 型——适于做分压、偏流的调整)、指数变化(Z 型——适于做音量控制)和对数变化(D 型——适于做音调控制和黑白电视机的黑白对比度调整)。

6. 电位器的轴长与轴端结构

电位器的轴长是指从安装基准面到轴端的尺寸。轴长尺寸系列有 6 mm、10 mm、12.5 mm、16 mm、25 mm、30 mm、40 mm、50 mm、63 mm、80 mm;轴的直径系列有 2 mm、3 mm、4 mm、6 mm、8 mm、10 mm。

2.2.3 电位器的选用与测量

1. 常见电位器

(1) 线绕电位器(WX):用合金电阻线在绝缘骨架上绕制成电阻体,中心抽头的簧片在电阻丝上滑动。可制成精度达 ±0.1% 的精密线绕电位器和额定功率达 100 W 以上的大功率线绕电位器。线绕电位器有单圈、多圈、多连等几种结构。

特点:根据用途,可制成普通型、精密型、微调型线绕电位器;根据阻值变化规律,有线性、非线性(如对数或指数函数)两种。线性电位器的精度易于控制、稳定性好、电阻的温度系数小、噪声小、耐压高,但阻值范围较窄,一般在几欧到几十千欧之间。

(2) 合成碳膜电位器(WTH):在绝缘基体上涂敷一层合成碳膜,经加温聚合后形成碳膜片,再与其他零件组合而成。阻值变化规律有线性和非线性两种,轴端结构有带锁紧和不带锁紧两种。

特点:这种电位器的阻值变化连续,分辨力高,阻值范围宽(100 Ω～5 MΩ);对温度和湿度的适应性差,使用寿命较短。但由于成本低,因而广泛用于收音机、电视机等家用电器产品中。额定功率有 0.125 W、0.5 W、1 W、2 W,精度一般为±20%。

(3) 有机实芯电位器(WS):由导电材料与有机填料、热固性树脂配制成电阻粉,经过热压,在基座上形成实芯电阻体。轴端尺寸与形状分为多种规格,有带锁紧和不带锁紧两种。

特点:这类电位器的优点是结构简单、耐高温、体积小、寿命长、可靠性高;缺点是耐压稍低、噪声较大、转动力矩大。有机实芯电位器多用于对可靠性要求较高的电子仪器中。阻值范围是 47 Ω～4.7 MΩ,功率多为 0.25～2 W,精度有±5%、±10%、±20% 几种。

(4) 多圈电位器:属于精密电位器,调整阻值时必须使转轴旋转多圈(可多达40圈),因而精度高。

当阻值需要在大范围内进行微量调整时,可选用多圈电位器。多圈电位器的种类也很多,有线绕型、块金属膜型、有机实芯型等,调节方式也可分成螺旋(指针)式、螺杆式等不同形式。

(5) 双连或多连电位器:双连或多连电位器是为了满足某些电路统调的需要,将相同规格的电位器装在同一轴上,这就是同轴双连或多连电位器。使用这类电位器可以节省空间,美化板面的布置。

(6) 开关电位器:电位器上附带有开关装置,开关和电位器虽同轴相连,但又彼此独立、互不影响,因此在电路中可省去一个独立的电源开关。

2. 电位器的合理选用

电位器规格品种很多,在选用时,不仅要根据具体电路的使用条件(电阻值及功率要求)来确定,还要考虑调节、操作及成本方面的要求。

(1) 根据电路的功率及工作频率选用:在大功率电路中应选用功率型线绕电位器,中频或高频电路应选用分布参数小的金属膜或碳膜电位器。

(2) 根据电位器的结构形式和调节方式选用:电位器的结构及调节方式会影响到操作的方便程度。例如,收音机中的音量调节,一般使用带开关的电位器,可兼电源开关。立体声的音量控制可选用双联同轴电位器,同时控制两个声道的音量。精密仪器的调节、计算机、伺服控制等自动控制电路中,可选用多圈电位器。另外,还应考虑安装形式、轴端结构等。

(3) 根据电位器的技术性能选用:电位器的性能参数主要包括允许精度、分辨率、滑动噪声、极限电压等,应根据各种电路的技术要求不同来选用。高频电路要求元件分布参数小,前置放大电路要求电噪声小等。

(4) 根据电位器的阻值变化规律选用:电位器的电阻变化规律有 3 种,即直线式、对数式、指数式。这 3 种电位器适用于不同的电路中。如音量控制电位器应选用指数式,音调控制可选用对数式,电压调节、放大电路工作点的调节应选用直线式电位器。

3. 电位器的质量判别

用万用表欧姆挡测量电位器两个固定端的电阻,并与标称值核对阻值。如果万用表指针不动或比标称值大得多,表明电位器已坏;如表针跳动,表明电位器内部接触不好。再测滑动端与固定端的阻值变化情况。移动滑动端,如阻值从最小到最大连续变化,而且最小值很小,最大值接近标称值,说明电位器质量较好;如阻值间断或不连续,说明电位器滑动端接触不好,则不能选用。

2.3　电　容　器

2.3.1　概述

电容器在电子仪器设备中是一种必不可少的基础元件,它的基本结构是在两个相互靠近的导体之间敷一层不导电的绝缘材料(介质)。电容器是一种储能元件,储存电荷的能力用电容量来表示,基本单位是法拉,简称法,以 F 表示。由于法的单位太大,因而电容量的常用单位是微法(μF)和皮法(pF)。电容器在电路中具有隔断直流电、通过交流电的特点,多用于电路级间耦合、滤波、去耦、旁路和信号调谐等方面。在电路中,电容器的常用符号如图 2.3.1 所示。

固定电容器　　电解电容器　　电解电容器　　可调电容器　　微调电容器
　　　　　　　　（新国标）　　　（旧国标）

图 2.3.1　电容器符号

电容器的种类很多,分类方法各不相同。

按结构可分为:固定电容器、可变电容器、半可变电容器。

按介质材料可分为:气体介质电容器、液体介质电容器(如油浸电容器)、无机固体介质电容器(如云母电容器)、陶瓷电容器、电解质电容器(由电解质的不同形式可分为液式和干式两种)。

按极性可分为:有极性和无极性电容器。

按阳极材料可分为:铝电解电容器、钽电解电容器、铌电解电容器。

2.3.2　电容器的主要参数

1. 标称容量和精度

容量是电容器的基本参数,数值标在电容体上。不同类别的电容器有不同系列的标称值,常用的标称系列与电阻的标称系列相同。应注意,某些电容的体积过小,常常在标注容量时不标单位符号只标数值,这就需要根据电容器的材料、外形尺寸、耐压等因素加以判断,以读出真实容量值。

电容器的容量精度等级较低,一般分为三级,即±5%、±10%、±20%,或写成Ⅰ级、Ⅱ级、Ⅲ级。有的电解电容器的容量误差可能大于 20%。

2. 额定直流工作电压(耐压)

电容器的耐压是表示电容器接入电路后,能长期连续可靠地工作而不被击穿时所承受的最大直流电压。使用时绝对不能超过这个耐压值,否则电容器就要损坏或被击穿。如果电压超过耐压值很多,电容器则可能会爆裂。如果电容器用于交流电路中,其最大值不能超过额定直流工作电压。

3. 损耗角正切

电容器介质的绝缘性能取决于材料及厚度,绝缘电阻越大,漏电流越小。漏电流的存在,将使电容器消耗一定的电能,这种损耗称为电容器的介质损耗(有功功率)。图2.3.2中的 δ 角是由于电容损耗而引起的相移,此角即为电容器的损耗角。电容器的损耗,相当于在理想电容上并联一个等效电阻,如图2.3.3所示,I_R 等于漏电流,此时电容上存储的无功功率为

$$P_\delta = U \cdot I_C = U \cdot I \cos\delta$$

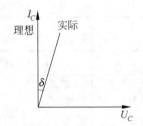

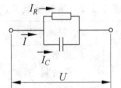

图 2.3.2　电容器的介质损耗　　　　　　　图 2.3.3　电容器等效电路

损耗的有功功率为

$$P = U \cdot I_R = U \cdot I \sin\delta$$

由此可见,只用损耗的有功功率来衡量电容的优劣是不准确的,因为功率的损耗不仅与电容器本身质量有关,还与加在电容器上的电压及电流有关,同时只看损耗功率,而不看存储功率也不足以衡量电容器的质量。为确切反应电容器的损耗特性,应该用损耗功率与存储功率之比($\tan\delta$)来反应其质量。$\tan\delta$ 称为电容器损耗角的正切值,它真实地表明了电容器的质量优劣。

2.3.3　电容器的命名与标识

1. 电容器的命名方法

根据国家标准,电容器型号的命名由四部分内容组成,如图2.3.4所示。其中第三部分(特征)作为补充,说明电容器的某些特征,如无说明,则只需三部分,即两个字母一个数字。大多数电容器的型号由三部分内容组成。例如:CC224——瓷片电容器,$0.22\ \mu F$。

电容器的标识格式中用字母表示产品的材料,见表2.3.1。电容器的标识格式中用数字表示产品的分类,见表2.3.2。

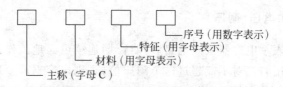

图 2.3.4   电容器型号的命名格式

表 2.3.1   用字母表示产品的材料

字母	电容器介质材料	字母	电容器介质材料
A	钽电解	L	涤纶
B	聚苯乙烯	N	铌电解
C	高频陶瓷	O	玻璃膜
D	铝电解	Q	漆膜
E	其他材料电解	ST	低频陶瓷
H	纸膜复合	Y	云母
I	玻璃釉	Z	纸
J	金属化纸质	BB	聚丙烯

表 2.3.2   用数字表示产品的分类

数字	瓷片电容器	云母电容器	有机电容器	电解电容器
1	圆形	非密封	非密封	箔式
2	管形	非密封	非密封	箔式
3	叠片	密封	密封	烧结粉、非固体
4	独石	密封	密封	烧结粉、固体
5	穿心	穿心		
7				无极性
8	高压	高压	高压	
9			特殊	特殊

2. 电容器的标识方法

1) 直标法

容量单位：F(法)、mF(毫法)、μF(微法)、nF(纳法)、pF(皮法)。

$$1\ F=10^3\ mF=10^6\ \mu F=10^9\ nF=10^{12}\ pF$$

例如：4n7——4.7 nF 或 4700 pF；

　　　0.36——0.36 μF；

　　　3200——3200 pF 或 0.32 μF；

　　　550——550 pF。

没标识单位的读法是：对于普通电容器标识数字为整数的，容量单位为 pF；标识数字为小数的容量单位为 μF。对于电解电容器，省略不标出的单位是 μF。

电容器误差表示方法也有多种，如不注意就会产生误会。

(1) 直接表示：例如 10±0.5 pF，误差就是 ±0.5 pF。

(2) 字母表示：D＝±0.5%，F＝±1%，G＝±2%，J＝±5%，K＝±10%，M＝±20%，

$N=\pm30\%$。

2）数码表示法

一般用三位数字来表示容量的大小，单位为 pF。前两位为有效数字，后一位表示倍率，即乘以 10^i，i 为第三位数字，若第三位为数字 9，则乘 10^{-1}。

例如：223——$22\times10^3=22\,000$ pF$=0.022\,\mu$F；

579——$57\times10^{-1}=5.7$ pF。

如果在三位数字后面加上字母，则表示电容值和误差。

例如：234 K 表示电容值为 $0.23\,\mu$F，相对误差为 $\pm10\%$，不要误认为是 234×10^3 pF。

3）色码表示法

这种表示法与电阻器的色环标志法类似，颜色涂在电容器的一端或顶端向引脚排列。色码一般只有三种颜色，前两环为有效数字，第三环为倍率，单位为 pF。

例如：红红橙——22×10^3 pF$=22\,000$ pF。

2.3.4　电容器的选用与测量

1. 几种常用的电容器

图 2.3.5 和图 2.3.6 所示分别为几种常用的固定电容器和可变电容器，具体如下所述。

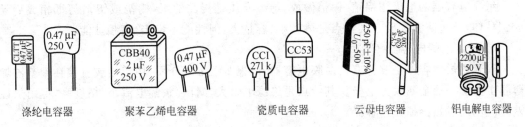

涤纶电容器　　　聚苯乙烯电容器　　　瓷质电容器　　　云母电容器　　　铝电解电容器

图 2.3.5　常用固定电容器

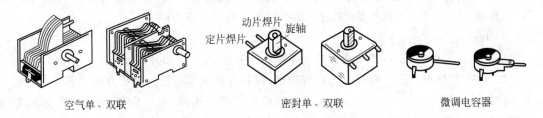

空气单、双联　　　　　密封单、双联　　　　微调电容器

图 2.3.6　常用可变电容器

1）电解电容器（CD、CA）

电解电容器是目前用得较多的大容量电容器，它体积小、耐压高（一般耐压越高体积也就越大），其介质为正极金属片表面上形成的一层氧化膜，负极为液体、半液体或胶状的电解液。因其有正负极之分，故只能工作在直流状态下，如果极性用反，将使漏电流剧增。在此情况下电容器将会急剧变热而损坏，甚至会引起爆炸。一般厂家会在电容器的表面上标出正极或负极，新买来的电容器引脚长的一端为正极。电解电容主要有铝电解电容器（CD）和

钽电解电容器(CA)。

目前铝电解电容器是一种使用最广泛的通用型电解电容器,它适用于电源滤波和音频旁路。铝电解电容器的绝缘电阻小,漏电损耗大,容量范围是 $0.33\sim4700\ \mu\mathrm{F}$,额定工作电压一般为 $6.3\sim500\ \mathrm{V}$。

钽电解电容器采用金属钽(粉剂或溶液)作为电解质。钽电解电容器性能稳定,具有绝缘电阻大、漏电小、寿命长、比率电容大、长期存放性能稳定、温度及频率特性好等优点,但它的成本较高、额定工作电压低(最高只有 $160\ \mathrm{V}$),所以这种电容器主要用于一些电性能要求较高的电路,如积分、计时、延时开关电路等。

2) 云母电容器(CY)

云母电容器用云母片做介质,特点是高频性能稳定、耐压高(几百伏~几千伏)、漏电流小,但容量小、体积大。

3) 瓷质电容器(CC)

瓷质电容器采用高介电常数、低损耗的陶瓷材料做介质,其特点是体积小、损耗小、绝缘电阻大、漏电流小、性能稳定,可工作在超高频段,但耐压低、机械强度较差。

4) 玻璃釉电容器(CI)

玻璃釉电容器具有瓷质电容器的优点,但比同容量的瓷质电容器体积小,工作频带较宽,可在 $125℃$ 下工作。

5) 纸介电容器(CZ)

纸介电容器的电极用铝箔、锡箔做成,绝缘介质是浸醋的纸,锡箔或铝箔与纸相叠后卷成圆柱体,外包防潮物质。其特点是体积小、容量大,但性能不稳定,高频性能差。

6) 聚苯乙烯电容器(CB)

聚苯乙烯电容器是一种有机薄膜电容器,以聚苯乙烯为介质,用铝箔或直接在聚苯乙烯薄膜上蒸上一层金属膜为电极。其特点是绝缘电阻大、耐压高、漏电流小、精度高,但耐热性差,焊接时,过热会损坏电容器。

7) 独石电容器

独石电容器是以钛酸钡为主的陶瓷材料烧结而成的一种瓷介质电容器,其特点是体积小、耐高温、绝缘性能好、成本低,多用于小型和超小型电子设备中。

8) 可变电容器

可变电容器种类很多,按结构可分为单联(一组定片,一组动片)、双联(二组动片,二组定片)、三联、四联等。按介质可分为空气介质、薄膜介质电容器等。其中空气介质电容器使用寿命长,但体积大。一般单连用于直放式收音机的调谐电路,双连用于超外差式收音机。薄膜介质电容器在动片和定片之间以云母或塑料片做介质,体积小、重量轻。

9) 半可调电容器(微调电容器)

半可调电容器在电路中主要用做补偿和校正,调节范围为几十皮法。常用的半可调电容器有:有机薄膜介质微调电容器、瓷介质微调电容器、拉线微调电容器和云母微调电容器等。

2. 电容器的合理选用

电容器的种类繁多,性能指标各异,合理选用电容器对于产品的设计十分重要。在满足电路要求的前提下,应综合考虑体积、重量、成本、可靠性,了解每个电容器在电路中的作用等因素。

1) 电容器的额定工作电压

不同类型的电容器有不同的额定电压,所选电容器应符合标准系列。对于普通电容器,额定电压应高于加在电容器两端电压的 1~2 倍。不论选用何种型号的电容器,其额定电压都不得低于电路的实际工作电压,否则电容会被击穿;其额定电压也不能太高,这样成本会提高,电容器体积也会加大。选用电解电容器时,由于其自身结构的特点,一般应使线路的实际电压相当于所选额定电压的 50%~70%,这样才能发挥其作用。

2) 标称容量及精度等级

各类电容器均有标称容量、精度等级系列。电容器在电路中的作用各不相同,绝大多数应用场合对电容器容量要求并不严格。例如,在旁路、退耦电路、低频耦合电路中,对容量的精度没有很严格的要求,选用时根据设计值,选用相近容量或略大些的电容器。但在振荡回路、音调控制电路中,电容器的容量应尽可能和设计值一致。在各种滤波器和各种网络中,对电容器的精度要求更高,应选用高精度的电容器来满足电路的要求。在制造电容器时,控制容量比较困难,不同精度的电容器,价格相差很大。因此,在确定电容器的容量精度时,应考虑电路的实际需要,不应盲目追求电容器的精度等级。

3) 对 $\tan\delta$ 值的选择

电容器介质材料的不同,使其 $\tan\delta$ 值相差很大。在高频电路或对信号相位要求严格的电路中,$\tan\delta$ 值对电路的性能影响很大。所以,应该选择 $\tan\delta$ 值较小的电容器。

4) 根据电路特点选择

根据电路要求,一般用于低频耦合、旁路退耦等,电气性能要求较低时,可采用纸介电容器、电解电容器;高频电路和要求电容量稳定的地方,应选用高频瓷介电容器、云母电容器或钽电解电容器。

5) 根据电容器的使用环境选择

电容器的性能与环境条件有密切的关系,在气候炎热、工作温度较高的环境中,电容器容易发生老化,故在设计安装时,应尽可能使电容器远离热源和改善机内通风散热。对于工作于寒冷环境中的电容器,由于温度很低,普通电解电容器会因电解液冻结而失效,所以必须选择耐寒的电解电容器。

6) 考虑电容器的外表和形状

电容器的形状各样,要根据实际情况来选择电容器的形状,同时应注意外表面无损,标志要清晰。

3. 电容器的质量判别

(1) 对于容量大于 5100 pF 的电容器,可用万用表 R×10 k 挡、R×1 k 挡测量电容器的两引线。正常情况下,表针先向 R 为零的方向摆去,然后向 R→∞ 的方向退回(充电)。如果退不到∞,而停在某一数值上,指针稳定后的阻值就是电容器的绝缘电阻(也称漏电电阻)。一般的电容器绝缘电阻在几十兆欧以上,电解电容器在几兆欧以上。若所测电容器绝缘电阻小于上述值,则表示电容器漏电。绝缘电阻越小,漏电越严重,若绝缘电阻为零,则表明电容器已击穿短路;若表针不动,则表明电容器内部开路。

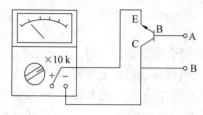

图 2.3.7　小容量电容的测量方法

（2）对于容量小于 5100 pF 的电容，由于充电时间很短，充电电流很小，即使用万用表的高阻值挡测也看不出表针摆动。所以，可以借助一个 NPN 型的三极管的放大作用来测量。测量方法如图 2.3.7 所示。电容器接到 A、B 两端，由于晶体管的放大作用就可以看到表针摆动，判断好坏同上所述。

（3）测电解电容器时应注意电容器的极性，一般正极引线长。注意测量时电源的正极（黑表笔）与电容器的正极相接，电源负极（红表笔）与电容器负极相接，这种接法称为电容器的正接。因为电容器的正接比反接时的绝缘电阻大。当电解电容器极性无法辨别时，可用以上原理来判别，但这种方法对漏电小的电容器不易区别极性。

（4）可变电容器的漏电、碰片，可用万用表欧姆挡来检查。将万用表的两只表笔分别与可变电容器的定片和动片引出端相连，同时将电容器来回旋转几下，表针均应在 ∞ 位置不动。如果表针指向零或某一较小的数值，说明可变电容器已发生碰片或漏电严重。

（5）用万用表只能判断电容器的质量好坏，不能测量其电容值是多少，若需精确的测量，则需用"电容测量仪"进行测量。

2.4　电　感　器

2.4.1　概述

电感器是用导线在绝缘骨架上单层或多层绕制而成的一种电子元件，也叫电感线圈或电感元件。电感器的应用范围很广泛，它在调谐、振荡、耦合、匹配、滤波、陷波、延迟、补偿及偏转聚焦等电路中，都是必不可少的。由于其用途、工作频率、功率、工作环境不同，对电感器的基本参数和结构形式就有不同的要求，从而导致电感器的类型和结构多样化。电感器在电路中常用字母 L 表示，电感器的单位是亨利，用字母 H 表示，表示电感的单位还有 mH 和 μH。

按形状分类，电感器可以分为线绕电感和平面电感。平面电感又可以分为印制电路板电感和片状电感两种；绕线电感按绕制方式可以分为单层线圈和多层线圈两种。

按照工作特性分类，电感器可以分为固定电感和可变电感两种。

按照功能分类，电感器可以分为振荡线圈、扼流圈、耦合线圈、校正线圈、偏转线圈等。

按照结构分类，电感器可以分为空心线圈、磁棒线圈、铁芯线圈等。

2.4.2　电感线圈的主要参数

（1）电感量　在没有非线性导磁物质存在的条件下，一个载流线圈的磁通与线圈中的电流成正比，其比例常数称为自感系数，用 L 表示。

（2）固有电容 线圈匝之间的导线,通过空气、绝缘层和骨架而存在着分布电容。此外,屏蔽罩之间、多层绕组的层与层之间、绕组与底板间也都存在着分布电容。由于固有电容的存在,会使线圈的等效总损耗电阻增大,品质因数降低。

（3）品质因数（Q值） 电感器的品质因数定义为线圈的感抗 ωL,与直流等效电阻 R 之比,即 $Q=\omega L/R$。

（4）额定电流 电感器中允许通过的最大电流称为额定电流。

2.4.3 电感器的标识方法

1. 直标法

直标法是将电感器的标称电感量用数字和文字符号直接标在电感器外壁上,电感量单位后面用一个英文字母表示其允许误差。各字母所代表的允许误差见表 2.4.1。例如, $560\,\mu$HK表示标称电感量为 $560\,\mu$H,允许误差为 $\pm10\%$。

表 2.4.1　电感器允许误差

英文字母	允许误差/%	英文字母	允许误差/%	英文字母	允许误差/%
Y	±0.001	W	±0.05	G	±2
X	±0.002	B	±0.1	J	±5
E	±0.005	C	±0.25	K	±10
L	±0.01	D	±0.5	M	±20
P	±0.02	F	±1	N	±30

2. 文字符号法

文字符号法是将电感器的标称值和允许误差值用数字和文字符号按一定的规律组合标示在电感体上。采用这种标示方法的通常是一些小功率电感器,其单位为 nH 或 μH,用 N或 R 代表小数点。例如,4N7 表示电感量为 4.7 nH,47 N 表示电感量为 47 nH,6R8 表示电感量为 $6.8\,\mu$H。采用这种标示法的电感器通常后缀一个英文字母表示允许误差,各字母代表的允许误差与直标法相同,见表 2.4.1。

3. 色标法

色标法是指在电感器表面涂上不同的色环来代表电感量（与电阻器类似）,通常用四色环表示。紧靠电感体一端的色环为第一环,露着电感体本色较多的另一端为末环。其第一色环代表第一位有效数字,第二色环代表第二位有效数字,第三色环代表倍率（单位为 μH）,第四色环为误差率。其读数与电阻的色环法类似。例如,某电感器的色环颜色分别为棕、黑、棕、金,其电感量为 $100\,\mu$H,误差为 $\pm5\%$。

4. 数码表示法

数码表示法是用三位数字来表示电感器电感量的标称值,该方法常见于贴片电感器上。

在三位数字中,从左至右的第一、第二位为有效数字,第三位数字表示有效数字后面所加零的个数(单位为 μH)。如果电感量中有小数点,则用 R 表示。电感量单位后面用一个英文字母表示其允许偏差,各字母代表的允许误差见表 2.4.1。例如,标识为 102 J 的电感量为 $10 \times 100 = 1000 \ \mu H$,允许误差为 $\pm 5\%$;标识为 183 K 的电感量为 18 mH,允许误差为 $\pm 10\%$。需要注意的是要将这种标识法与传统的方法区别开,如标识为"470"或"47"的电感量为 47 μH,而不是 470 μH。

2.4.4　电感器的选用与测量

1. 电感器的选用原则

(1) 电感线圈的工作频率要适合电路的要求。

用在低频电路中的电感线圈,应选用铁氧体或硅钢片作为磁芯材料,线圈能承受较大电流。当用于音频电路时,应选用带铁芯(硅钢片)或低铁氧体芯的;用于几百千赫到几兆赫之间时,最好选用铁氧体芯,并以多股绝缘导线绕制的;用于几兆赫到几十兆赫时,应选用单股镀银的粗铜线绕制的,磁芯选用短波高频铁氧体,也可选用空芯线圈。由于多股导线间分布电容的影响,不适用于频率较高的场合,100 MHz 以上时一般不选用铁氧体芯,只能用空芯线圈。线圈骨架的材料与线圈的损耗有关。在高频电路中,通常选用高频损耗小的高频陶瓷作为骨架。对于要求不高的场合,可选用塑料、胶木和纸为骨架的电感器,这样损耗虽然大,但价格低、制造方便、重量轻。

(2) 电感线圈的电感量、额定电流必须满足电路要求。

(3) 电感线圈的外形尺寸要符合电路板上位置的要求。

(4) 对于不同电路应选用不同性能的电感线圈。如振荡电路、滤波电路等,电路性能不同,对电感线圈的要求也不一样。

2. 电感器的测量

电感线圈的参数测量较复杂,一般都是通过专用仪器进行测量,如电感测量仪和电桥。用万用表可对电感器进行最简单的通断测量。其方法是将万用表选在 R×1 k 挡或 R×10 k 挡,表笔接被测电感器的引出线。若表针指示电阻值为无穷大,则说明电感器断路;若电阻值接近于零,则说明电感器正常。

2.4.5　变压器

变压器也是一种电感器。它由初级线圈、次级线圈、铁芯或磁芯等组成,利用两个电感线圈在靠近时产生的互感应现象进行工作。将两个线圈靠近放在一起,当一个线圈中的电流变化时,穿过另一个线圈的磁通会发生相应的变化,从而使该线圈中出现感应电势,这就是互感应现象。变压器在电路中主要用做交流变换和阻抗变换。

1. 变压器的种类

变压器的种类繁多,根据线圈之间使用的耦合材料不同,可分为空芯变压器、磁芯变压器和铁芯变压器三大类;根据工作频率的不同又可将变压器分为高频变压器、中频变压器、低频变压器、脉冲变压器。收音机中的磁性天线是一种高频变压器;用在收音机的中频放大级、俗称"中周"的变压器是中频变压器;低频变压器的种类较多,有电源变压器、输入输出变压器、线间变压器等。

2. 变压器的主要参数

对不同类型的变压器都有相应的参数要求,电源变压器的主要参数有:电压比、工作频率、额定电压、额定功率、空载电流、空载损耗、绝缘电阻和防潮性能等。一般低频音频变压器的主要参数有:变压比、频率特性、非线性失真、磁屏蔽和静电屏蔽、效率等。

3. 选取原则

(1)选用变压器一定要了解变压器的输出功率、输入和输出电压大小以及所接负载需要的功率。

(2)要根据电路要求选择其输出电压与标称电压相符。其绝缘电阻值应大于 500 MΩ,对于要求较高的电路应大于 1000 MΩ。

(3)要根据变压器在电路中的作用合理使用,必须知道其引脚与电路中各点的对应关系。

4. 变压器的识别与检测

在电路原理图中,变压器通常用字母 T 表示。检测变压器时首先可以通过观察变压器的外貌来检查其是否有明显的异常。如线圈引线是否断裂、脱焊,绝缘材料是否有烧焦痕迹,铁芯紧固螺丝是否松动,绕组线圈是否外露等。

1)绝缘性能的检测

用兆欧表(若无兆欧表可用万用表的 R×10 k 挡)分别测量变压器铁芯与初级、初级与各次级、铁芯与各次级、静电屏蔽层与初次级、次级各绕组间的电阻值,阻值应大于 100 MΩ或表针指在无穷大处不动。否则,说明变压器绝缘性能不良。

2)线圈通断的检测

将万用表置于 R×1 k 挡检测线圈绕组两个接线端子之间的电阻值,若某个绕组的电阻值为无穷大,则说明该绕组有短路性故障。电源变压器发生短路性故障后的主要现象是发热严重和次级绕组输出电压失常。通常,线圈内部匝间短路点越多,短路电流就越大,而变压器发热就越严重。当短路严重时,变压器在空载加电几十秒钟之内便会迅速发热,用手触摸铁芯会有烫手的感觉,此时不用测量空载电流便可断定变压器有短路点存在。

3)初、次级绕组的判别

电源变压器初级绕组引脚和次级绕组引脚通常是分别从两侧引出的,并且初级绕组多标有 220 V 字样,次级绕组则标出额定电压值,如 15 V、24 V、35 V 等。对于输出变压器,初级绕组电阻值通常大于次级绕组电阻值且初级绕组漆包线比次级绕组细。

4)空载电流的检测

将次级绕组全部开路,把万用表置于交流电流挡(通常 500 mA 挡即可),并串入初级绕组中。当初级绕组的插头插入 220 V 交流市电时,万用表显示的电流值便是空载电流值。此值不应大于变压器满载电流的 10％～20％,如果超出太多,说明变压器有短路性故障。

2.5　半导体分立器件

2.5.1　概述

半导体分立器件自从 20 世纪 50 年代问世以来,曾为电子产品的发展起到了重要的作用。现在,虽然集成电路已被广泛使用,并在不少场合取代了晶体管(半导体管)。但是,由于晶体管有其自身的特点,还会在电子产品中发挥其他元器件所不能取代的作用,所以晶体管到任何时候都不会被全部废弃。

按照习惯,通常把半导体分立器件分成如下几类。

(1) 半导体二极管　可分为整流二极管、检波二极管、恒流二极管、开关二极管、变容二极管、雪崩二极管、稳压二极管、发光二极管、阻尼二极管等。

(2) 晶体三极管　三极管有多种类型,按材料分,有锗三极管、硅三极管等;按照极性的不同,又可分为 NPN 三极管和 PNP 三极管;按用途的不同,可分为大功率三极管、小功率三极管、高频三极管、低频三极管、光电三极管;按照封装材料的不同,则可分为金属封装三极管、塑料封装三极管、玻璃壳封装(简称玻封)晶体管、表面封装(片状)晶体管和陶瓷封装晶体管等。

(3) 功率整流器件　分为晶闸管整流器(SCR)、硅堆。

(4) 场效应晶体管　分为结型、绝缘栅型两大类。结型场效应管(JFET)因有两个 PN 结而得名;绝缘栅型场效应管(JGFET)则因栅极与其他电极完全绝缘而得名。目前在绝缘栅型场效应管中应用最为广泛的是 MOS 场效应管,简称 MOS 管(即金属-氧化物-半导体场效应管);此外还有 PMOS、NMOS 和 VMOS 功率场效应管,以及最近刚问世的 πMOS 场效应管、VMOS 功率模块等。

按沟道半导体材料的不同,结型和绝缘栅型可分为 N 沟道和 P 沟道两种。绝缘栅型场效应管与结型场效应管的不同之处在于它们的导电机理不同。绝缘栅型场效应管是利用感应电荷的多少来改变导电沟道的性质,而结型场效应管则是利用导电沟道之间耗尽区的大小来控制漏极电流的。若按导电方式来划分,绝缘栅型场效应管又可分成耗尽型与增强型;而结型场效应管均为耗尽型。

2.5.2　半导体器件的命名

1. 我国半导体器件命名法

根据中华人民共和国国家标准——半导体器件型号命名方法,器件型号由五部分组成(部分管子无第五部分)。

第一部分：电极数目(用阿拉伯数字表示)；第二部分：材料和极性(用汉语拼音表示)；第三部分：类别(用汉语拼音表示)，第四部分：序号(用阿拉伯数字表示)；第五部分：规格号(用汉语拼音表示)。晶体三极管的型号命名方法同晶体二极管，但场效应管、半导体特殊器件、PIN 型管、复合管和激光器件只用后三部分表示，见表 2.5.1。

表 2.5.1　半导体器件型号前三部分含义

第一部分		第二部分		第三部分			
电极数目		材料和极性		器件类别			
符号	意　义	符号	意　　义	符号	意　义	符号	意　　义
2	二极管	A	N 型，锗材料	P	普通管	X	低频小功率管 ($f_a \leqslant 3$ MHz，$P_c \geqslant 1$ W)
		B	P 型，锗材料	V	微波管		
		C	N 型，硅材料	W	稳压管	G	高频小功率管 ($f_a \geqslant 3$ MHz，$P_c < 1$ W)
		D	P 型，硅材料	C	参数管		
3	三极管	A	PNP 型，锗材料	Z	整流管	D	低频大功率管 ($f_a \leqslant 3$ MHz，$P_c \geqslant 1$ W)
		B	NPN 型，锗材料	L	整流堆	A	高频大功率管 ($f_a \geqslant 3$ MHz，$P_c \geqslant 1$ W)
		C	PNP 型，硅材料	S	隧道管		
		D	NPN 型，硅材料	N	阻尼管	T	可控整流器
		E	化合物材料	U	光电器件		
				K	开关管	Y	体效应器件
				B	雪崩管	J	阶跃恢复管
				CS	场效应器件	BT	半导体特殊器件
				FH	复合管	JG	激光器件
				PIN	PIN 型管		

2. 国际电子联合会半导体器件命名法

联邦德国、法国、意大利、荷兰、匈牙利、罗马尼亚、波兰和比利时等欧洲国家，大都采用国际电子联合会规定的命名方法，这种方法的组成部分及符号意义见表 2.5.2。在表中所列四个基本部分后面，有时还加后缀，以区别特性或进一步分类。

2.5.3　晶体二极管

1. 概述

晶体二极管(简称二极管)是晶体管的主要种类之一，应用十分广泛。它是采用半导体晶体材料(如硅、锗、砷化镓等)制成的。晶体二极管是由一个 PN 结加上相应的电极引线和密封壳做成的半导体器件，它的主要特性是单向导电。

表 2.5.2　国际电子联合会半导体器件型号命名法

第一部分		第 二 部 分			第三部分		第四部分	
用字母表示使用的材料		用字母表示类型及主要特性			用数字或字母加数字表示登记号		用字母对同型号者分挡	
符号	意义	符号	意 义	符号	意 义	符号	意 义	符号	意 义
A	锗材料	A	检波、开关和混频二极管	M	封闭磁路中的霍耳元件	三位数字	通用半导体器件的登记序号(同一类型器件使用同一登记号)	A B C D E ⋮	同一型号器件按某一参数进行分挡的标志
		B	变容二极管	P	光敏器件				
B	硅材料	C	低频小功率三极管	Q	发光器件				
		D	低频大功率三极管	R	小功率晶闸管				
C	砷化镓	E	隧道二极管	S	小功率开关管	一个字母加两位数字	专用半导体器件的登记号(同一类型器件使用同一登记号)	A B C D E ⋮	同一型号器件按某一参数进行分挡的标志
		F	高频小功率三极管	T	大功率晶闸管				
D	锑化铟	G	复合器件及其他器件	U	大功率开关管				
		H	磁敏二极管	X	倍增二极管				
R	复合材料	K	开放磁路中的霍耳元件	Y	整流二极管				
		L	高频大功率三极管	Z	稳压二极管即齐纳二极管				

晶体二极管按结构材料分锗二极管、硅二极管和砷化镓二极管等;按制作工艺分点接触型二极管和面接触型二极管;按功能用途分整流二极管、检波二极管、开关二极管、稳压二极管、变容二极管、双色二极管、发光二极管、光敏二极管、压敏二极管和磁敏二极管等。图 2.5.1 是常见二极管的符号。

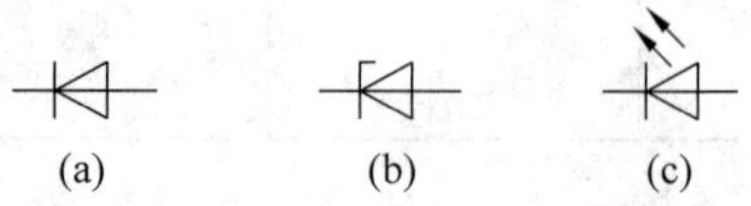

(a)　　　　(b)　　　　(c)

图 2.5.1　常见二极管的符号

2. 晶体二极管的主要参数

一般常用的检波整流二极管有以下四个参数。

1) 最大整流电流 I_{DM}

最大整流电流是指半波整流连续工作的情况下,为使 PN 结的温度不超过额定值(锗管约为 80℃,硅管约为 150℃),二极管中允许通过的最大直流电流。因为电流流过二极管时就要发热,电流过大二极管就会过热而烧毁,所以应用二极管时要特别注意其最大电流不超过 I_{DM} 值。

2) 最大反向电压 U_{RM}

最大反向电压是指不致引起二极管击穿的反向电压。工作电压的峰值不能超过 U_{RM},否则反向电流增长,整流特性变坏,甚至烧毁二极管。二极管的反向工作电压一般为击穿电压的 1/2,而有些小容量二极管,其最高反向工作电压则定为反向击穿电压的 2/3。晶体管的损坏,一般说来对电压比电流更为敏锐,也就是说,过电压更容易引起管子的损坏,故应用中一定要保证不超过最大反向工作电压。

3) 最大反向电流 I_{RM}

在给定(规定)的反向偏压下,通过二极管的直流电流称为反向电流。理想情况下二极管是单向导电的,但实际上反向电压下总有一点微弱的电流。这一电流在反向击穿之前大致不变,故又称反向饱和电流。实际的二极管的反向电流往往随反向电压的增大而缓慢增大。在最大反向电压 U_{RM} 时,二极管中的反向电流就是最大反向电流 I_{RM}。通常在室温下,硅管为 $1\,\mu A$ 或更小,锗管为几十微安至几百微安。反向电流的大小,反映了二极管单向导电性能的好坏,反向电流的数值越小越好。

4) 最高工作频率 f_M

二极管的材料、制造工艺和结构不同,其使用频率也不相同,有的可以工作在高频电路中,如 2AP 系列、2AK 系列等;有的只能在低频电路中使用,如 2CP 系列、2CZ 系列等。二极管保持原来良好工作特性的最高频率,称为最高工作频率。

3. 晶体二极管的检测

根据 PN 结的单向导电性原理,最简单的方法是用万用表测其正、反向电阻。对于小功率锗管,用万用表 R×1 k 挡其正向电阻一般为 $100\,\Omega$ 到 $3\,k\Omega$ 之间,硅管一般在 $3\,k\Omega$ 以上。反向电阻一般都在几百千欧以上,且硅管的比锗管大。由于二极管的伏安特性的非线性,测量时用不同的欧姆挡或灵敏度不同的万用表所得的数据不同。所以,测量时,对于小功率二极管一般选用 R×100 k 或 R×1 k 挡,中、大功率二极管一般选用 R×1 k 或 R×10 k 挡。如果测得正向电阻为无穷大,说明二极管内部开路;如果反向电阻值近似为零,说明管子内部短路;如果测得正反向电阻相差不多,说明管子性能差或失效。

若用数字万用表的二极管挡测试二极管:将数字万用表置在二极管挡,然后将二极管的负极与数字万用表的黑表笔相接,正极与红表笔相接,此时显示屏上显示的是二极管正向电压降。不同材料的二极管,其正向电压降不同:硅材料二极管为 $0.5\sim0.7\,V$,锗材料二极管为 $0.1\sim0.3\,V$。若显示的值过小,接近于"0",说明管子短路;若显示"0 L"或"1"过载,说明二极管内部开路或处于反向状态,此时可对调表笔再测。

二极管的管脚有正负之分。在电路符号中,三角底边一侧为正,短杠一侧为负极。实物中,有的将器件符号印在二极管的实体上;有的在二极管负极一端印上一道色环作为负极标号;有的二极管两端形状不同,平头一端为正极,圆头一端为负极。二极管如用万用表进行管脚识别和检测,将万用表置于 R×1 k 挡,两表笔分别接到二极管的两端,如果测得的电阻值较小,则为二极管的正向电阻,这时与黑表笔(即表内电池正极)相连接的是二极管正极,与红表笔相连接的是二极管的负极。若用数字万用表识别:测得正向管压降值小的那一次,红表笔(即表内电池正极)相连接的是二极管正极,与黑表笔相连接的是二极管的负极。

4. 稳压二极管

稳压二极管是一种齐纳二极管,当稳压二极管反向击穿时,其二端电压固定在某一数值,而基本上不随流过二极管的电流大小变化。稳压二极管的正向特性与普通二极管相似。

反向电压小于击穿电压时,反向电流很小,反向电压临近击穿电压时反向电流急剧增大,发生电击穿。这时电流在很大范围内改变时,管子两端电压基本保持不变,起到稳定电压的作用。稳压二极管的器件符号如图 2.5.1(b)所示。必须注意的是,稳压二极管一定要串联限流电阻,不能让二极管击穿后电流无限增长,否则将立即被烧毁。稳压二极管的最大工作电流受稳压管最大耗散功率限制。最大耗散功率指电流增长到最大工作电流时,管子散发出的热量使管子损坏的功率。所以最大工作电流就是稳压管工作时允许通过的最大电流。

用万用表检测稳压二极管时,一般使用万用表的低电阻挡($\times 1$ kΩ 以下,表内电池为 1.5 V),表内提供的电压不足以使稳压二极管击穿,因而使用低电阻挡测量稳压二极管正反向电阻时,其阻值应和普通二极管一样。测量稳压值,必须使管子进入反向击穿状态,所以电源电压要大于被测管的稳压电压。

使用稳压管时要注意稳压管上标注的正、负极。稳压管的正极应接电源负极,负极应接电源的正极,因为稳压管是工作在反向电压状态的。

5. 发光二极管(LED)

发光二极管是采用磷化镓(GaP)或磷砷化镓(GaAsP)等半导体材料制成的,以直接将电能转变为光能的发光器件。发光二极管与普通二极管一样也由 PN 结构成,也具有单向导电性,但发光二极管不是用它的单向导电性,而是让它发光作指示(显示)器件。发光二极管可按制造材料、发光色别、封装形式和外形分成许多种类。现在比较常用的是圆形、方形及矩形的有色透明型和散射型发光管;发光颜色以红、绿、黄、橙等单色型为主,也有一些能发出三种色光的发光管,这其实是将两种不同颜色的发光管封装于同一壳体内而制成的。

发光二极管应用极为广泛,其中最常见的是在各种电子和电器装置中取代白炽灯等光源而作为指示灯。

检测发光二极管的正、负极及性能,原则上可以采用前述检测普通二极管好坏的方法。对非低压型发光二极管,由于其正向导通电压大于 1.8 V,而指针式万用表大多用 1.5 V 电池(R$\times$10 k 挡除外),所以无法使管子导通,测量其正反向电阻均很大,难以判断管子的好坏。一般可以使用以下几种方法判断发光二极管的正负极和性能好坏。

(1) 一般发光二极管的两管脚中,较长的是正极,较短的是负极。对于透明或半透明塑封的发光二极管,可以用肉眼观察到它的内部电极的形状,正极的内电极较小,负极的内电极较大。

(2) 用指针式万用表检测发光二极管时,必须使用 R$\times$10 k 挡。因为发光二极管的管压降为 1.8~2.5 V 左右,而指针式万用表的其他挡位的表内电池仅为 1.5 V,低于管压降,无论正向、反向接入,发光二极管都不可能导通,也就无法检测。R$\times$10 k 挡表内接 9 V 或 15 V 高压电池,高于管压降,所以可以用来检测发光二极管。此时判断发光二极管好坏与正负极的方法与使用万用表检测普通二极管相同。检测时,万用表黑表笔接 LED 的正极,红表笔接 LED 的负极,测其正向电阻。这时表针应偏转过半,同时 LED 中有一微弱的发光亮点。反方向时,LED 无发光亮点。

(3) 用数字式万用表检测发光二极管时,必须使用二极管检测挡。检测时,数字万用表的红表笔接 LED 的正极,黑表笔接 LED 的负极,这时显示的值是发光二极管的正向管压降,同时 LED 中有一微弱的发光亮点。反方向检测时,显示为"1"过载,LED 无发光亮点。

2.5.4 晶体三极管

晶体三极管简称为三极管。它是由两个做在一起的 PN 结连接相应电极再封装而成。三极管外形是有 3 条（或 4 条）引脚的塑封或陶瓷、金属等封装的，三个电极分别叫发射极（e）、基极（b）和集电极（c）。三极管的特点是起放大作用。三极管的结构示意图和各种外形图如图 2.5.2 和图 2.5.3 所示。

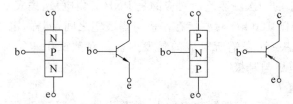

图 2.5.2　三极管的结构示意图

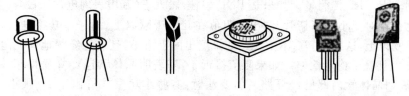

图 2.5.3　三极管的各种外形图

1. 晶体三极管的主要参数

1）电流放大系数 β 和 h_{FE}

β 是三极管的交流放大系数，表示三极管对交流（变化）信号的电流放大能力。β 等于集电极电流 I_c 的变化量 ΔI_c 与基极电流 I_b 的变化量 ΔI_b 两者之比，即 $\beta = \Delta I_c / \Delta I_b$。$h_{FE}$ 是三极管的直流电流放大系数，是指在静态情况下，三极管 I_c 与 I_b 的比值，即 $h_{FE} = I_c / I_b$。

2）集电极最大电流 I_{cm}

三极管集电极允许通过的最大电流即为 I_{cm}。当管子 I_c 大于 I_{cm} 时不一定会被烧坏，但 β 等参数将发生明显变化，会影响管子正常工作，故 I_c 一般不能超出 I_{cm}。

3）集电极最大允许功耗 P_{cm}

P_{cm} 是指三极管参数变化不超出规定允许值时的最大集电极耗散功率。使用三极管时，实际功耗不允许超过 P_{cm}，通常还应留有较大余量，因为功耗过大往往是三极管烧坏的主要原因。

4）集电极-发射极击穿电压 BU_{ceo}

BU_{ceo} 是指三极管基极开路时，允许加在集电极和发射极之间的最高电压。通常情况下 c、e 极间电压不能超过 BU_{ceo}，否则会引起管子击穿或使其特性变坏。

2. 晶体三极管的检测

1）判别三极管的管脚

将指针万用电表置于电阻 R×1k 挡，用黑表笔接三极管的某一管脚（假设作为基极），再用红表笔分别接另外两个管脚。如果表针指示值两次都很大,该管便是 PNP 管,其中黑表笔所接的那一管脚是基极。若表针指示的两个阻值均很小,则说明这是一只 NPN 管,黑表笔所接的那一管脚是基极。如果指针指示的阻值一个很大,一个很小,那么黑表笔所接的管脚就不是三极管的基极,再另换一外管脚进行类似测试,直至找到基极。

判定基极后就可以进一步判断集电极和发射极。仍然用万用表 R×1 k 挡,将两表笔分别接除基极之外的两电极。如果是 PNP 型管,用一个 100 kΩ 电阻接于基极与红表笔之间,可测得一电阻值;然后将两表笔交换,同样在基极与红表笔间接 100 kΩ 电阻,又测得一电阻值,两次测量中阻值小的一次红表笔所对应的是 PNP 管集电极,黑表笔所对应的是发射极。如果是 NPN 型管,电阻 100 kΩ 就要接在基极与黑表笔之间,同样,电阻小的一次黑表笔对应的是 NPN 管集电极;红表笔所对应的是发射极。在测试中也可以用潮湿的手指代替 100 kΩ 电阻捏住集电极与基极。

2) 估测穿透电流 I_{ceo}

穿透电流 I_{ceo} 大的三极管,耗散功率增大,热稳定性差,调整 I_c 很困难,噪声也大,电子电路应选用 I_{ceo} 小的管子。一般情况下,可用万用表估测管子的 I_{ceo} 大小。

用万用表 R×1 k 挡测量。如果是 PNP 型管,黑表笔(万用表内电池正极)接发射极,红表笔接集电极。对于小功率锗管,测出的阻值在几十千欧以上,对于小功率硅管,测出的阻值在几百千欧以上,这表明,I_{ceo} 不太大。如果测出的阻值小,且表针缓慢地向低阻值方向移动,表明 I_{ceo} 大且管子稳定性差。如果阻值接近于零,表明晶体管已经穿通损坏。如果阻值为无穷大,表明晶体管内部已经开路。但要注意,有些小功率硅管由于 I_{ceo} 很小,测量时阻值很大,表针移动不明显,不要误认为是断路(如塑封管 9013(NPN),9012(PNP)等)。对于大功率管,I_{ceo} 比较大,测得的阻值大约只有几十欧,不要误认为是管子已经击穿。如果测量的是 NPN 管,红表笔应接发射极,黑表笔应接集电极。

3) 估测电流放大系数 β

用万用表 R×1 k 挡测量。如果测 PNP 管,红表笔接集电极,黑表笔接发射极,指针会有一点摆动(或几乎不动),然后,用一只电阻(30~100 kΩ)跨接于基极与集电极之间,或用手代替电阻捏住集电极与基极(但这两电极不可碰在一起),电表读数立即偏向低电阻一方。表针摆幅越大(电阻越小)表明管子的 β 值高。两只相同型号的晶体管,跨接相同阻值的电阻,电表中读得的阻值小的管子 β 值就更高些。如果测的是 NPN 管,则黑、红表笔应对调,红表笔接发射极,黑表笔接集电极。测试时跨接于基极-集电极之间的电阻不可太小,亦不可使基极集电极短路,以免损坏晶体管。当集电极与基极之间跨接电阻后,电表的指示仍在不断变小时,表明该管的 β 值不稳定。如果跨接电阻未接时,万用表指针摆动较大(有一定电阻值),表明该管的穿透电流太大,不宜采用。

4) 判断材料

经验证明,用万用表的 R×1 k 挡测三极管的 PN 结正向电阻值,硅管为 5 kΩ 以上,锗管为 3 kΩ 以下。用数字万用表测硅管的正向压降一般为 0.5~0.8 V,而锗管的正向压降是 0.1~0.3 V。

2.5.5　场效应晶体管

场效应管(field effect transistor,FET)是一种利用电场效应来控制多数载流子运动的半导体器件。

1. 场效应管的特点

(1) 电场控制型。其工作原理类似于电子管,它是通过电场作用控制半导体中的多数载流子运动,达到控制其导电能力,故称为"场效应"。

(2) 单极型导电方式。在场效应管中,参与导电的多数载流子仅为电子(N沟道)或空穴(P沟道)一种,在场作用下的漂移运动形成电流,故也称为单极型晶体管。而不像晶体管,参与导电的同时有电子与空穴的扩散和复合运动,属于双极型晶体管。

(3) 输入阻抗很高。场效应管输入端的PN结为反向偏置(结型场效应管)或绝缘层隔离(MOS场效应管),因此其输入阻抗远远超过晶体三极管。通常,结型场效应管的输入阻抗为$10^7 \sim 10^{10}$ Ω,尤其是绝缘栅型场效应管,输入阻抗可达$10^{12} \sim 10^{13}$ Ω。而普通的晶体三极管的输入阻抗为$1 \text{ k}\Omega$左右。

(4) 抗辐射能力强。它比晶体三极管的抗辐射能力强千倍以上,所以效应管能在核辐射和宇宙射线下正常工作。

(5) 噪声低、热稳定性好。

(6) 便于集成。场效应管在集成电路中占有的体积比晶体三极管小,制造简单,特别适于大规模集成电路。

(7) 容易产生静电击穿损坏。由于输入阻抗相当高,当带电荷物体一旦靠近金属栅极时很容易造成栅极静电击穿,特别是MOSFET,其绝缘层很薄,更易击穿损坏。故要注意栅极保护,应用时不得让栅极"悬空",贮存时应将场效应管的三个电极短路,并放在屏蔽的金属盒内,焊接时电烙铁外壳应接地,或断开电烙铁电源利用其余热进行焊接,防止电烙铁的微小漏电损坏场效应管。

2. 场效应管的检测

(1) 结型场效应管栅极判别　根据PN单向导电原理,用万用表R×1k挡,将黑表笔接在管子一个极,红表笔分别接触另外两个电极,若测得电阻都很小,则黑表笔所接的是栅极,且管子为N型沟道场效应管。对于P型沟道场效应管栅极的判断法,可类似分析。

(2) 结型场效应管好坏及性能判别　根据判别栅极的方法,能粗略判别管子的好坏。当栅源间、栅漏间反向电阻很小时,说明管子已损坏。若要判别管子的放大性能可将万用表的红、黑表笔分别接触源极和漏极,然后用手碰触栅极,表针应偏转较大,说明管子放大性能较好;若表指针不动,说明管子性能差或已损坏。

2.5.6　晶闸管

晶闸管也称可控硅。它是一种"以小控大"的功率(电流)型器件。晶闸管有单向晶闸管、双向晶闸管、逆导晶闸管、可关断晶闸管、快速晶闸管、光控晶闸管等多种类型。通常在未加说明的情况下,晶闸管或可控硅是指单向晶闸管。应用较多的是单向晶闸管和双向晶闸管。

1. 单向晶闸管

单向晶闸管(SCR)广泛用于可控整流、交流调压、逆变器和开关电源电路中,其外形结构、等效电路如图 2.5.4 所示。它有三个电极,分别为阳极(A)、阴极(K)和控制极(又称门极,G)。由图可见,它是一种 PNPN 四层半导体器件,其中控制极是从 P 型硅层上引出,供触发晶闸管用。晶闸管一旦导通,即使撤掉正向触发信号,仍能维护通态。使正向电流低于维持电流,或施以反向电压即可强迫关断晶闸管。普通晶闸管的工作频率一般在 400 Hz 以下,随着频率的升高,功耗将增大,器件会发热。快速晶闸管一般可工作在 5 kHz 以上,最高达 40 kHz。

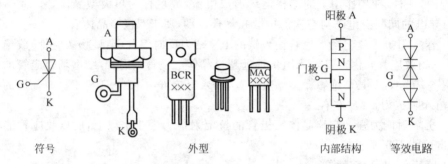

图 2.5.4　单向晶闸管的符号、外型、内部结构和等效电路

由图 2.5.2 可知,在控制极与阴极之间有一个 PN 结,而阳极与控制极之间有两个反极串联的 PN 结。因此用万用表 R×100 k 挡可首先判定控制极 G。具体方法是,将黑表笔接某一电极,红表笔依次碰触另外两个电极,假如有一次阻值很小,约为几百欧,而另一次阻值很大,约为几千欧,就说明黑表笔接的是控制极 G。在阻值小的那次测量中,红表笔接的是阴极 K,而在阻值大的那一次,红表笔接的是阳极 K。若两次测得的阻值都很大,说明黑表笔接的不是控制极,应改测其他电极。

2. 双向晶闸管

双向晶闸管旧称双向可控硅,其英文名称是 TRIAC,即三端双向交流开关。它是在单向晶闸管的基础上发展而来的,相当于两个单向晶闸管的反极并联,而且仅需一个触发电路,是目前比较理想的交流开关器件。双向晶闸管的符号如图 2.5.5(a)所示。双向晶闸管的结构如图 2.5.5(b)所示,从图中可以看出,它属于 NPNPN 五层半导体器件,有三个电极,分别称为第一电极 T1,第二电极 T2,控制极 G,T1、T2 又称为主电极。双向晶闸管的等效电路图如图 2.5.5(c)所示,其外形有平板型、螺栓型、塑封型多种,图 2.5.5(d)所示为小功率塑封晶闸管的外形。

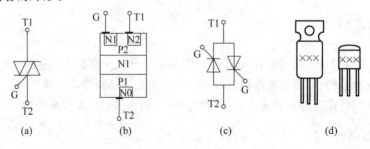

图 2.5.5　双向晶闸管的符号、内部结构、等效电路和外型

可用万用表检测双向晶闸管的方法,下面介绍利用万用表 R×1k 挡判定双向晶闸管电极的方法。

1) 判定 T2 极

由图 2.5.2 可见,G 极与 T1 极靠近,距 T2 极较远。因此,G-T1 之间的正、反向电阻都很小。在用 R×1k 挡测任意两端之间的电阻时,只有在 G-T1 之间呈现低阻,正、反向电阻仅几十欧,而 T2-G、T2-T1 之间的正、反向电阻均为无穷大。这表明,如果测出某脚和其他两脚都不通,就肯定是 T2 极。

2) 区分 G 极和 T1 极

找出 T2 极之后,首先假定剩余两脚中某一脚为 T1,另一脚为 G。把黑表笔接 T1 极,红表笔接 T2 极,电阻为无穷大。接着用红表笔尖把 T2 与 G 短路,给 G 极加上负触发信号,电阻值应为 10 Ω 左右,证明管子已经导通,导通方向为 T1-T2。再将红表笔尖与 G 极脱开(仍接 T2),若电阻值保持不变,证明管子在触发之后能维持导通状态。把红表笔接 T1 极,黑表笔接 T2 极,然后使 T2 与 G 短路,给 G 极加上正触发信号,电阻值仍为 10 Ω 左右,与 G 极脱开后,若电阻值不变,则说明管子经触发后,在 T2-T1 方向上也能维持导通状态,因此具有双向触发性质。由此证明上述假定正确。否则是假定与实际不符,需再作出假定,重复以上测量。

2.6 开关和接插元件

2.6.1 概述

开关和接插元件的作用是断开、接通或转换电路。开关和接插元件大多是串接在电路中,其质量及可靠性直接影响电子系统或设备的可靠性。接触不可靠不仅影响电路的正常工作,而且也是噪声的重要来源之一。合理地选择和正确使用开关及接插件,将会大大降低电子设备的故障率。影响开关和接插元件质量及可靠性的主要因素是温度、湿度、工业气体和机械振动等。

2.6.2 开关

开关在电子设备中作接通和切断电路用,其中大多数都是手动式机械结构,操作方便,价廉可靠,目前使用十分广泛。随着新技术的发展,各种非机械结构的开关不断出现,如气动开关、水银开关以及高频振荡式、电容式、霍耳效应式的各类电子开关。常用的开关有:波段开关、按钮开关、键盘开关、琴键开关、钮子开关、拨动开关和薄膜按键开关等。其中薄膜按键开关又简称薄膜开关,它是近年来国际流行的一种集装饰与功能为一体化的新型开关。它按基材不同可分为软性和硬性两种,按面板类型的不同可分为平面型和凹凸型,按操作感受又可分为触觉有感式和无感式。

薄膜开关工作电压一般在 36 V(DC) 以下,工作电流一般在 100 mA 以下。开关只能瞬时接通且不能自锁。

2.6.3　接插件

接插件按工作频率分为低频接插件(通常是指频率在 100 MHz 以下的连接器)和高频接插件(指频率在 100 MHz 以上的连接器)。按外形结构特征分为圆形、矩形、印制电路板插座、带状电缆接插件等。

2.6.4　选用开关和接插件应注意的问题

(1) 根据使用条件和功能来选择合适类型的开关及接插件。

(2) 开关、接插件的额定电压、电流要留有一定的余量。

(3) 为了接触可靠,开关的触点或接插件的线数要留有一定余量,以便并联使用或备用。

(4) 尽量选用带定位的接插件,避免插错而造成故障。

(5) 触点的接线和焊接可靠,为防止断线和短路,焊接处应加套管保护。

2.7　集成电路的分类

2.7.1　概述

所谓集成电路(英文缩写为 IC),就是在一块极小的硅单晶片上,利用半导体工艺制作许多晶体二极管、三极管及电阻等元件,并连接成能完成特定电子技术功能的电子电路。集成电路在体积、重量、耗电、寿命、可靠性及电性能指标方面,远远优于晶体管分立元件组成的电路,因而在电子设备、仪器仪表及电视机、录像机、收音机等家用电器中得到广泛的应用。

集成电路的种类相当多,如图 2.7.1 所示,按其功能不同可分为模拟集成电路和数字集成电路两大类。前者用来产生、放大和处理模拟电信号,后者则用来产生、放大和处理各种数字电信号。模拟信号是指幅度随时间连续变化的信号。数字信号是指在时间上和幅度上离散取值的信号,通常又把模拟信号以外的非连续变化的信号,统称为数字信号。

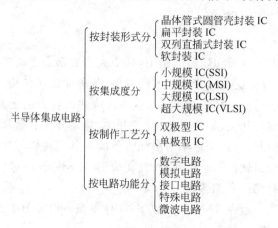

图 2.7.1　半导体集成电路分类

2.7.2 集成电路的命名

1. 集成电路的命名

集成电路的品种型号很多,并且各厂商或公司都按自己的一套命名方法来生产,所以在应用过程中需要查手册,了解电路和主要参数。集成块体表上字母很多,首先要知道哪几个字母与数字表示型号。下面介绍一种按集成电路型号主要特征来查找的方法。

集成电路的型号主要包含公司代号、电路系列或种类代号、电路序号、封装形式代号、温度范围代号和其他一些代号。如果公司将集成电路型号的开头字母表示厂商或公司的缩写、代号,则可以首先找到公司代号,按相应的集成电路手册去查找。此外,如果开头字母不表示厂商代号,而是表示功能、封装或种类等,则还可用先找出产品公司商标的办法。确定生产厂商或公司后,再查找相应的手册。

根据 GB 3430—1982,我国的半导体集成电路的型号命名由五部分组成。五个部分的表达方式及内容见表 2.7.1。

表 2.7.1 我国半导体集成电路的型号组成

第 0 部分		第 1 部分		第 2 部分		第 3 部分		第 4 部分	
用字母表示器件		用字母表示器件的类型		用阿拉伯数字表示器件的系列器件代号		用字母表示器件的工作温度范围/℃		用字母表示器件的封装	
符号	意义	符号	意义	符号	意义	符号	意义	符号	意义
C	中国制造	T	TTL		与国际同品种保持一致	C	0～70	W	陶瓷扁平
		H	HTL			E	−40～85	B	塑料扁平
		E	ECL			R	−55～85	F	全密封扁平
		C	CMOS			M	−55～125	D	陶瓷直插
		F	线性放大器					P	塑料瓷直插
		D	音响电视电路					J	黑陶瓷直插
		W	稳压器					K	金属菱形
		J	接口电路					T	金属圆形
		B	非线性电路						
		M	存储器						
		μ	微型机电路						

2. 集成电路引脚识别

集成电路封装材料常有塑料、陶瓷及金属三种。封装外形有圆顶形、扁平形及双列直插形等。虽然集成电路的引出脚数目很多(以几脚至上百脚不等),但其排列还是有一定规律的,在使用时可按照这些规律来正确识别引出脚。

1)圆顶封装的集成电路

对圆顶封装的集成电路(一般为圆形或菱形金属外壳封装),识别引出脚时,应将集成电路的引出脚朝上,再找出其标记。常见的定位标记有锁口突平,定位孔及引脚不均匀排列等。引出脚的顺序由定位标记对应的引脚开始,按顺时针方向依次排列引出脚 1、2、3、…,如图 2.7.2 所示。

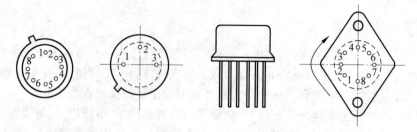

图 2.7.2　圆顶封装的集成电路引脚的排列

2) 单列直插式集成电路

对单列直插式集成电路,识别其引脚时应使引脚朝下,面对型号或定位标记,自定位标记对应一侧的头一只引脚数起,依次为 1、2、3、…。这一类集成电路上常用的定位标记为色点、凹坑、小孔、线条、色带、缺角等,如图 2.7.3(a)所示。但有些厂家生产的同一种芯片,为

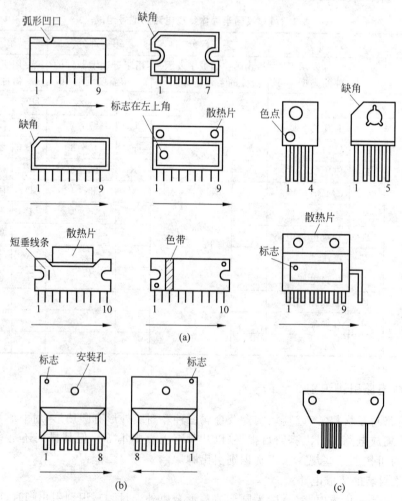

图 2.7.3　单列直插式集成电路引脚排列

了能在印刷电路板上灵活安装,其封装外形有多种。例如,为适合双声道立体声音频功率放大电路对称性安装的需要,其引脚排列顺序对称相反。一种按常规排列,即自左至右;另一种则自右向左,如图2.7.3(b)所示。对这类集成电路,若封装上有识别标记,按上述不难分清其引脚顺序。若其型号后缀中有一字母R,则表明其引脚顺序为自右向左反向排列。如M5115P与M5115PR,前者其引脚排列顺序自左向右,后者反之。还有些集成电路,设计封装时尾部引出脚特别分开一段距离作为标记,如图2.7.3(c)所示。

3) 双列直插式集成电路

对双列直插式集成电路识别引脚时,若引脚向下,即其型号、商标向上,定位标记在左边,则从左下角第一只引脚开始,按逆时针方向,依次为1、2、3、…,如图2.7.4所示。若引脚朝上,型号、商标向下,定位标志位于左边,则应从左上角第一只引脚开始,按顺时针方向,依次为1、2、3、…。顺便指出,个别集成电路的引脚,在其对应位置上有缺脚符号(即无此引出脚),对这种型号的集成电路,其引脚编号顺序不受影响。

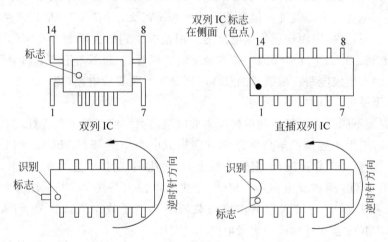

图 2.7.4　双列直插式集成电路引脚排列

4) 四列扁平封装的集成电路

四列扁平封装的集成电路引脚排列顺序如图2.7.5所示。

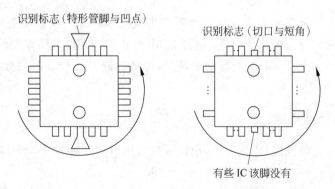

图 2.7.5　四列扁平封装的集成电路引脚排列

2.7.3　集成电路的选用与检测

1. 集成电路的选用

集成电路种类很多,按其功能一般分为模拟集成电路、数字集成电路和模数混合集成电路三大类。其中模拟集成电路包括运算放大器、比较器、模拟乘法器、集成功率放大器、集成稳压器以及其他专用模拟集成电路等;数字集成电路包括集成门电路、驱动器、译码器/编码器、数据选择器、触发器、寄存器、计数器、存储器、微处理器、可编程器件等;混合集成电路有:定时器、A/D转换器、D/A转换器、锁相环等。

按其制作工艺不同,可分为半导体集成电路、膜集成电路和混合集成电路三类。其中半导体集成电路是采用半导体工艺技术,在硅基片上制作包括电阻、电容、二极管、三极管等元器件并具有某种功能的集成电路。膜集成电路是在玻璃或陶瓷片等绝缘物体上,以"膜"的形式制作电阻、电容等无源器件。但目前的技术水平尚无法用"膜"的形式来制作晶体二极管、三极管等有源器件,因而使膜集成电路的应用范围受到很大限制。在实际应用中,多半是在无源膜电路上外加半导体集成电路或分立的二极管、三极管等有源器件,使之构成一个整体,这便是混合集成电路。根据膜的厚薄不同分为厚膜集成电路(膜厚为 $1\sim10~\mu m$)和薄膜集成电路(膜厚为 $1~\mu m$ 以下)两种。

按导电类型不同分为双极型和单极型集成电路两类。前者频率特性好,但功耗大,而且制作工艺复杂,绝大多数模拟集成电路和数字集成电路中的 TTL、ECL、HTL、LSTTL 型等属于这一类。后者工作速度低,但输入阻抗高、功耗小、制作工艺简单、易于大规模集成,其主要产品有 MOS 型集成电路等。MOS 型集成电路又分为 NMOS、PMOS、CMOS 型。其中 NMOS 和 PMOS 是以其导电沟道的载流子是电子或空穴而区别。CMOS 型则是 NMOS 管和 PMOS 管互补构成的集成电路。

除了上面介绍的各类集成电路外,又有许多专门用途的集成电路,称为专用集成电路。例如电视专用集成电路就有伴音集成电路,行、场扫描集成电路,彩色解码集成电路,电源集成电路,遥控集成电路等。另外还有音响专用集成电路、电子琴专用集成电路及音乐与语音集成电路等。

通用的模拟集成电路有集成运算放大器和集成稳压电源。在数字集成电路中,CMOS 型门电路应用非常广泛。但由于 TTL 电路、CMOS 电路、ECL 电路等逻辑电平不同,因此当这些电路相互连接时,一定要进行电平转换,使各电路都工作在各自允许的电压工作范围内。

2. 集成电路性能检测

集成电路内部元件众多,电路复杂,所以一般常用以下几种方法概略判断其好坏。

1) 电阻法

(1) 通过测量单块集成电路各引脚对地正、反向电阻,与参数资料或另一块好的相同集成电路进行比较,从而做出判断。注意,必须使用同一万用表的同一挡测量,结果才准确。

(2) 在没有对比条件的情况下只能使用间接电阻法测量,即在印制电路板上通过测量集成电路引脚外围元件好坏(电阻、电容、晶体管)来判断,若外围元件没有坏,则原集成电路有可能已损坏。

2)电压法

测量集成电路引脚对地的静态电压(有时也可测其动态电压),与线路图或其他资料所提供的参数电压进行比较,若发现某些引脚电压有较大差别,其外围元件又没有损坏,则判断集成电路有可能已损坏。

3)波形法

用示波器测量集成电路各引脚波形是否与原设计相符,若发现有较大区别,并且外围元件又没有损坏,则原集成电路有可能已坏。

4)替换法

用相同型号集成电路替换试验,若电路恢复正常,则集成电路已损坏。

2.8 LED 数码管和 LCD 液晶显示器

2.8.1 LED 数码管

LED 数码管是目前最常用的一种数显器件。把发光二极管制成条状,再按照一定方式连接,组成数字"8",就构成 LED 数码管。使用时按规定使某些笔段上的发光二极管发光,即可组成 0~9 的一系列数字。

1. LED 数码管的分类

目前国内外生产的 LED 数码管不仅种类繁多,型号也各异,大致有以下几种分类方式。

(1) 按外形尺寸分类。目前我国 LED 显示器的型号一般由生产厂家自定。小型 LED 数码管一般采用双列直插式,大型 LED 数码管采用印制电路板插入式。

(2) 根据器件所含显示位数的多少,可划分成一位、双位、多位 LED 显示器。一位 LED 显示器就是通常说的 LED 数码管,两位以上的一般称为显示器。

双位 LED 数码管是将两只数码管封装成一体,相对于两只一位数码管,其特点是结构紧凑、成本较低。多位 LED 显示器一般采用动态扫描显示方式,这样可以简化外部引线数量和降低显示器功耗。

(3) 根据显示亮度划分,有普通亮度和高亮度之分。普通 LED 数码管的发光强度 $I_v \geqslant$ 0.3 mcd,而高亮度 LED 数码管的 $I_v \geqslant 5$ mcd,提高将近一个数量级,并且后者在大约 1 mA 的工作电流下即可发光。

(4) 按字形结构划分,有数码管、符号管两种。符号管可显示正(+)、负(-)极性,"±1"符号管能显示+1 或-1。而"米"字管的功能最全,除显示运算符号+、-、×、÷之外,还可显示 A~Z 共 26 个英文字母,常用作单位符号显示。

2. 构成和显示原理

LED 数码管分共阳极与共阴极两种,如图 2.8.1(a)所示,内部结构如图 2.8.1(b)或

图 2.8.1(c)所示。a~g 代表 7 个笔段的驱动端,亦称笔段电极。DP 是小数点。第 3 脚与第 8 脚内部连通,＋表示公共阳极,－表示公共阴极。对于共阳极 LED 数码管(如图 2.8.1(a)、(b)所示),将 8 只发光二极管的阳极(正极)短接后作为公共阳极。其工作特点是,当笔段电极接低电平,公共阳极接高电平时,相应笔段可以发光。共阴极 LED 数码管则与之相反,它是将发光二极管的阴极(负极)短接后作为公共阴极。当驱动信号为高电平,阴极接低电平时,才能发光。

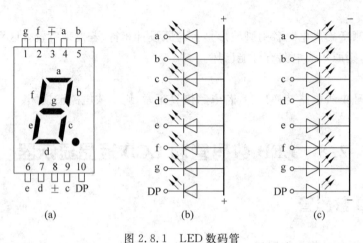

图 2.8.1　LED 数码管

　　LED 数码管等效于多只具有发光性能的 PN 结。当 PN 结导通时,依靠少数载流子的注入及随后的复合而辐射发光,其伏安特性与普通二极管相似。在正向导通之前,正向电流近似于零,笔段不发光。当电压超过开启电压时,电流就急剧上升,笔段发光。因此,LED 数码管属于电流控制型器件,其发光亮度(单位是 cd/m^2)与正向电流值有关,用公式表示为

$$L = KI_F$$

即亮度与正向电流成正比。LED 的正向电压 U_F 与正向电流以及管芯材料有关。使用 LED 数码管时,工作电流一般选 10 mA/段,既保证亮度适中,又不会损坏器件。

3. 性能特点

LED 数码管的主要特点如下:
(1) 能在低电压、小电流条件下驱动发光,能与 CMOS、TTL 电路兼容;
(2) 发光响应时间极短(<0.1 μs),高频特性好,单色性好,亮度高;
(3) 体积小,重量轻,抗冲击性能好;
(4) 寿命长,使用寿命在 10 万小时以上,甚至可达 100 万小时,成本低。

4. 性能检测

LED 数码管外观要求颜色均匀、无局部变色及无气泡等。以共阴数码管为例检查:将数字万用表的挡位指到二极管位置,黑表笔固定接触在 LED 数码管的公共负极端上,红表笔依次移动接触笔画的正极端。当表笔接触到某一笔画的正极端时,那一笔画就应显示出来。用这种简单的方法就可检查出数码管是否有断笔(某笔画不能显示)和连笔(某些笔画连在一起)。若检查共阳极数码管,只需将正负表笔交换即可。

2.8.2 液晶显示器

液晶显示器(LCD)是一种新型显示器件。自问世以来,其发展速度之快、应用范围之广,都已远远超过了其他发光型显示器件。

1. 液晶显示器的分类

(1) 根据液晶显示转换机理不同分类。

① 扭曲向列 TN 型　主要用于各种字码、符号或图形的黑白显示器件,64 行以下的点阵式黑白显示器件。当使用彩色偏振片时,也可得到单一色的正或负的彩色显示。一般电子手表和计算器上应用的液晶显示器属于这一类型。

② 超扭曲 STN 型　主要用于 64 行至 480 行的大型点阵液晶显示器件,可用于彩色显示。

③ 宾主 GH 型　需采用背光照明,通过不同颜色的滤光片而得到彩色显示。多用于汽车仪表显示以及其他大型设备的控制台的彩色显示等。

其他还有动态散射 DS 型、电控双折射 ECB 型、相变 PC 型、存储型等。

(2) 按照液晶显示的驱动方式分类。

① 静态驱动显示　有一个公共的驱动,每个信号段单独驱动的数字和符号的显示器。多用于段显示,显示过程中各段是同时闪亮的。

② 多路寻址驱动显示　在段显示数位较多或为节省驱动电路引线时采用,显示器分为几个公共电极,n 个显示段连在一起引出。每个显示周期中,各显示字符段依次在 $1/n$ 的时间里闪亮并反复循环。

③ 矩阵式扫描驱动显示　利用液晶盒的电能累积效应,对显示器反复地逐行扫描显示图像或字符。多用于字符、图像显示器。

(3) 根据液晶显示器件基本结构的不同分为透射型、反射型、投影型显示等。

(4) 根据液晶显示器件的使用功能分为仪表显示器,电子钟、表显示器,电子计算器显示器,光阀,点阵显示器,彩色显示器,其他特种显示器等。

2. 国产液晶显示器件型号的命名

国标液晶显示器件型号由 3 个部分组成。

第一部分:用阿拉伯数字表示液晶显示器件的驱动方式,如"3"表示动态 3 路驱动。当为静态驱动方式时符号省略,当为点阵驱动时以阿拉伯数字×阿拉伯数字表示点阵显示的行列数。

第二部分:用汉语拼音字母表示液晶显示器件的显示类别。YN——扭曲向列型,YD——动态散射型,YB——宾主型,YX——相变型,YS——双频型,YK——电控双折射型。

第三部分:用阿拉伯数字表示位数与序号。

示例 1:YN061 表示静态驱动的扭曲向列型液晶显示器,061 表示 6 位显示,序号为 1。

示例 2:3YN084 表示动态 3 路驱动的扭曲向列型液晶显示器,8 位显示,序号为 4。

示例3：20×20YN0116表示20×20点阵显示,扭曲向列型液晶显示器,1个显示单元,序号为16。

3. 技术特点

液晶是介于固体和液体之间的中间物质。一般情况,它和液体一样可以流动,但在不同方向上它的光学特性不同,显示出类似于晶体的性质,所以称这类物质为液晶。利用液晶的电光效应制作成的显示器就是液晶显示器。

常用的TN型液晶显示器件具有下列优点:

(1) 工作电压低(2～6 V),微功耗(1 μW/cm^2 以下),能与CMOS电路匹配。

(2) 显示柔和,字迹清晰;不怕强光冲刷,光照越强对比度越大,显示效果越好。

(3) 体积小,重量轻,平板型。

(4) 设计、生产工艺简单。器件尺寸可做得很大,也可以做得很小;显示内容在同一显示面内可以做得多,也可以少,且显示字符可设计得美观大方。

(5) 高可靠,长寿命,廉价。

4. 引脚识别和性能检测

以应用广泛的三位半静态显示液晶屏为例,若标志不清楚时,可用下述两种方法鉴定。

1) 加电显示法

如图2.8.2所示,取两只表笔,使其一端分别与电池组的"＋"和"－"相连。一只表笔的

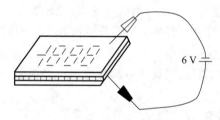

图2.8.2　液晶加电显示法

另一端搭在液晶显示屏上,与屏的接触面越大越好。用另一只表笔依次接触各引脚。这时与各被接触引脚有关系的段、位便在屏幕上显示出来。如遇不显示的引脚,则该引脚必为公共脚(COM)。一般液晶显示屏的公共脚有1～3个不等。

2) 数字万用表测量法

万用表置二极管测量挡,用两表笔两两相量,当出现笔段显示时,即表明两笔中有一引脚为BP(或COM)端,由此就可确定各笔段,若屏发生故障,亦可用此法查出坏笔段。对于动态液晶屏,用同法找COM,但屏上有不止一个COM,能在一个引出端上引起多笔段显示。

3) 更为简便的检查方法

取一段几十厘米长的软导线,靠近台灯或收音机、电视机的50 Hz交流电源线。用手指接触液晶数字屏的公共电极,用软导线的一端金属部分依次接触笔画电极,导线的另一端悬空,手指也不要碰导线的金属部分,如果数字屏良好,就能依次显示出相应的笔画来。

5. 液晶显示器的选用

液晶显示器件有很多独特的优越性能,如低压微功耗、不怕光冲刷、体薄结构紧凑、可以实现彩色化、可制成存储型等。但也有不少特殊的缺点,如使用温度范围窄、显示刺目性差、视角小、本身不发光、不能做成大面积器件等。所以应该了解LCD的优缺点,以便合理选用。

LCD 适用于微型机、袖珍机,这类整机要求微功耗,器件小而薄。用液晶作显示器,一个积层电池可以使用几个月到一年以上。携带式微型机常在户外强光环境下使用,而 LCD 是被动型显示,必须要有外光源,且不怕光冲刷,在强光下最清晰,所以很适用。但 LCD 的工作温度范围较窄,在野外仪器上使用时应将整机尽量做小些,平时放在口袋内,用时拿在掌心里。此外整机的防潮、密封性能必须可靠。

民用产品是 LCD 主要的也是最大的应用领域,电子表、计算器是最典型的应用。由于 LCD 的玻璃盒很薄且小,因此在大型机柜、控制台上就不适用了。当然,如果使用有场致发光屏作背光源的透过型 LCD 也可以。

LCD 在使用中应注意以下几点。

(1) 防止施加直流电压 驱动电压中的直流成分越小越好,一般不得超过 100 mV,长时间地施加过大的直流成分,会发生电解和电极老化,从而降低寿命。

(2) 防止紫外线的照射 液晶是有机物,在紫外线照射下会发生化学反应,所以液晶显示器在野外使用时应考虑在前面装置紫外滤光片或采取别的防紫外线的措施。使用时也应避免阳光的直射。

(3) 防止压力 液晶显示器件的关键部位是玻璃内表面的定向层和其间定向排列的液晶层,如果在显示器件上加上压力,会使玻璃变形、定向排列紊乱,在装配、使用时必须尽量防止随便施加压力。反射板是一块薄铝箔(或有机膜),应注意防止硬物磕碰,以免出现伤痕影响显示。

(4) 温度限制 液晶是一类有机化合物的统称,这些有机化合物在一定温度范围内既有液体的连续性和流动性,又有晶体所特有的光学特性,呈液晶态。如果保存温度超过规定范围,液晶态会消失,温度恢复后并不都能恢复正常取向状态,所以产品必须保存和使用在许可温度范围内。

(5) 显示器件的清洁处理 由于器件四周及表面结构采用有机材料,所以只能用柔软的布擦拭,避免使用有机溶剂。

(6) 防止玻璃破裂 显示器件是玻璃的,如果跌落,玻璃肯定会破裂。在设计时还应考虑装配方法及装配的耐振和耐冲击性能。

(7) 防潮 液晶显示器件工作电压甚低,液晶材料电阻率极高(达 1×10^{10} Ωm 以上),所以潮湿造成的玻璃表面导电,就可以使器件在显示时段之间发生"串"的现象,整机设计时必须考虑防潮。

焊接技术

　　任何电子产品,都是由几个或成千上万个零部件按电路工作原理,用一定的焊接工艺连接而成。焊接技术包括焊接方法、焊接材料、焊接设备、焊接质量检测等。焊接技术作为电子工艺的核心技术之一,在工业生产中起着重要的作用。现代电子产业高速增长,在现代化的生产中出现了一些新的焊接方式,如波峰焊、再流焊、倒装焊等,但是手工焊接仍有广泛的应用,不仅是小批量生产研制和维修中必不可少的连接方法,也是机械化、自动化生产获得成功的基础。

　　为了能够顺利操作,应了解电子产品装焊常用的五金工具以及烙铁的分类、结构和选用原则,掌握焊料、焊剂和阻焊剂的作用、分类和选用知识。应了解焊接的概念、分类以及锡焊的特点、机理和条件,掌握手工焊接的操作步骤和要领,熟悉几种特殊情况下的手工焊接技巧、焊点质量检查和常见焊接缺陷的有关知识。

3.1　手工焊接工具

　　五金工具和电烙铁都是电子产品手工装焊操作中的必备工具,而焊接材料(包括焊料、焊剂和阻焊剂等)的选择与配置将直接影响焊接的质量。合适、高效的工具是焊接质量的保证,合格的材料是锡焊的前提,了解这方面的基本知识,对掌握锡焊技术是必需的。

3.1.1　电子产品装焊常用五金工具

　　(1) 尖嘴钳　如图 3.1.1(a)所示,头部较细,适用于夹小型金属零件或弯曲元器件引线,不宜用于敲打物体或夹持螺母。

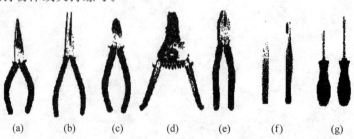

|(a)|(b)|(c)|(d)|(e)|(f)|(g)|

图 3.1.1　电子产品装焊常用五金工具

（2）平嘴钳　如图3.1.1(b)所示，平嘴钳钳口平直，可用于弯曲元器件的管脚或导线。因其钳口无纹路，所以，对导线拉直、整形比尖嘴钳更适用，但因钳口较薄，不适用于夹持螺母或需要施力较大部位的场合。

（3）斜嘴钳　如图3.1.1(c)所示，用于剪短焊接后的线头，也可以与尖嘴钳合用，剥去导线的绝缘皮。

（4）剥线钳　如图3.1.1(d)所示，专门用于剥去导线的包皮，使用时应注意将需要剥皮的导线放入合适的槽口，以免剥皮时剪断导线，剪口的槽合拢后应为圆形。

（5）平头钳（克丝钳）　如图3.1.1(e)所示，平头钳头部较平宽，适用于螺母、紧固件的装配操作，但是不能代替锤子敲打零件。

（6）镊子　如图3.1.1(f)所示，镊子分尖嘴镊子和圆嘴镊子两种。尖嘴镊子主要用于夹持较细的导线，以便于装配焊接。圆嘴镊子主要用于弯曲元器件引线和夹持元器件焊接等，用镊子夹持元器件焊接还起散热作用。

（7）螺丝刀　如图3.1.1(g)所示，螺丝刀又称为起子、改锥，有"十"字形和"一"字形两种，用于拧螺钉。根据螺钉大小可以选用不同规格的螺丝刀。但是在使用时，不要用力太猛，以免螺钉滑口。

3.1.2　电烙铁

1. 电烙铁的分类

锡焊的手工施焊的主要工具是烙铁。合理选择、使用电烙铁是保证焊接质量的基础。由于用途、结构的不同，电烙铁可以按照不同的方式进行分类，主要有以下几种方法。

1）按加热方式分类

电烙铁可以分为直热式、感应式、气体燃烧式等多种。目前最常用的是单一焊接用的直热式电烙铁。

2）按电烙铁的功率分类

电烙铁可以分为 20 W、30 W、35 W、45 W、50 W、75 W、100 W、150 W、200 W、300 W 等多种。

3）按功能分类

电烙铁可以分为单用式、两用式、调温式、恒温式、吸锡式、感应式等。

调温烙铁分为手动和自动两种。手动调温是将烙铁接到一个可调电源上，例如调压器，由调压器上的刻度可调烙铁的温度。自动调温是靠温度传感元件检测烙铁头温度，并通过放大器将传感器输出信号放大，控制电烙铁供电电路，从而达到调温目的。

恒温式电烙铁是指其内部装有带磁铁的温度控制器，通过控制通电时间而实现温度的控制。即给电烙铁通电时，温度上升，当达到预定温度时，因强磁体传感器达到了居里点而磁性消失，使得磁芯触点断开，电烙铁不再供电。当温度低于磁体传感器的居里点时，强磁体便恢复磁性，并吸动磁芯开关中的永久磁铁，使控制开关的触点接通，继续向电烙铁供电，如此循环，便可以达到恒温的目的。安装不同的强磁传感器可以使烙铁具有不同的温度。它有断续加热功能，不仅可以省电而且烙铁不会太热，延长寿命；升温时间快，只需 40～60 s；

烙铁头采用渡铁镍工艺,寿命较长;恒温不受电源电压、环境温度影响等优点。恒温式电烙铁主要用于对集成电路和晶体管等元器件的焊接。

吸锡式电烙铁是将活塞吸锡器和电烙铁融为一体的拆焊工具。可以在拆焊时,方便地吸收焊锡,具有使用灵活方便的特点。使用吸锡器时应及时清除吸入的锡渣,保持吸锡孔畅通。

感应式电烙铁也称为速热烙铁,俗称焊枪。感应烙铁里面实际是一个变压器,这个变压器的次级只有1~3匝,当初级通电时,次级感应出大电流通过加热体,使与它相连的烙铁头迅速达到焊接所需的温度。一般通电几秒钟即可达到焊接温度,所以不需要持续通电,适于断续工作的情况。但是由于烙铁头实际是变压器次级,因而对一些电荷敏感器件,如绝缘MOS电路等不适宜用。

除了上述一些烙铁之外,还有一些应用于特殊情况下的电烙铁。如储能式烙铁适应集成电路,特别是对电荷敏感的MOS电路的焊接,电烙铁本身不接电源,当把烙铁插到配套的供电器上时,电烙铁处于储能状态,焊接时拿下电烙铁,靠储存在电烙铁中的能量完成焊接,一次可焊接若干个焊点。碳弧烙铁是用蓄电池供电,可以随身携带,在没有电源提供的地方也可以适用。超声波烙铁在焊接的同时可除去焊件氧化膜,使焊接更顺利。自动烙铁具有自动送进焊锡装置,焊点大小相同的情况下可以统一控制焊锡量,从而达到美观的目的。

2. 直热式电烙铁

1) 直热式电烙铁的结构

直热式电烙铁主要包括发热元件、烙铁头、手柄、接线柱等几个部分,如图 3.1.2 所示。

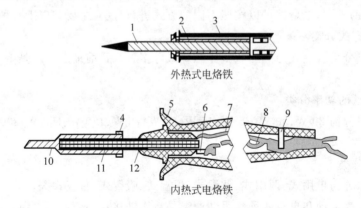

外热式电烙铁

内热式电烙铁

图 3.1.2　电烙铁结构示意图

1,10—烙铁头;2,11—烙铁芯子;3,12—外壳;4—卡箍;5—手柄;6—接线柱;

7—接地线;8—电源线;9—紧固螺钉

（1）发热元件又称为烙铁芯子,它是电烙铁中的能量转换部分,它是将镍铬电阻丝缠绕在云母、陶瓷等耐热、绝缘材料上构成的。

（2）烙铁头主要进行能量的存储和传递,一般用紫铜制成。在使用中,为了保护烙铁头不易腐蚀,有时会对烙铁头进行电镀。因高温氧化和焊剂腐蚀会变得凹凸不平,在烙铁头使用一段时间之后,需要经常修整,修整后的烙铁应立即镀锡。

（3）手柄一般用木料或胶木制成，设计不良的手柄，在温度过高时会影响操作。

（4）接线柱是发热元件和电源线的连接处。一般烙铁有3个接线柱，其中一个是接金属外壳的，接线时应用三芯线将外壳接保护零线。新烙铁或换烙铁芯时，应判明接地端，最简单的办法是用万用表测外壳与接线柱之间的电阻。

2）直热式电烙铁的分类

直热式电烙铁可以分为外热式电烙铁和内热式电烙铁。

（1）外热式电烙铁是指烙铁头安装于发热元件（即烙铁芯）外面的电烙铁。常用规格有25 W、45 W、75 W、100 W等几种。

电烙铁的功率不同，其内阻不同。一般情况下，20 W电烙铁的阻值约为2 kΩ，45 W电烙铁的阻值约为1 kΩ，75 W电烙铁的阻值约为0.6 kΩ，100 W电烙铁的阻值约为0.5 kΩ。当所使用外热式电烙铁的功率未知时，可以通过测量其阻值进行判断。

（2）内热式电烙铁是指发热元件安装于烙铁头里面的电烙铁，具有发热快、重量轻、耗电省、体积小、热利用率高等特点。常用规格有20 W、35 W、50 W等几种。由于它的热效率高，20 W相当于40 W左右的外热式电烙铁。

内热式电烙铁的发热元件一般由较细的镍铬电阻丝绕在瓷管上制成。对于20 W的电烙铁，其阻值约为2.5 kΩ，温度可以达到350℃。

内热式电烙铁的烙铁头后端为空心，用于套接在连接杆上，并且用弹簧夹固定。当需要更换烙铁头时，需要先将弹簧夹退出，同时用钳子夹住烙铁头前端，慢慢拔出，切不可用力过猛，以免损坏连接杆。

3.1.3　电烙铁的选用

在电烙铁的选用中，可以根据不同的对象和所需条件选择不同的烙铁，一般考虑加热形式、功率大小、烙铁头形状等。

1. 焊接对电烙铁的要求

1）对电烙铁的要求

（1）温度稳定性好，热量充足，可连续焊接。

（2）耗电少，热效率高。

（3）重量轻，便于操作。

（4）结构坚固，寿命长，可以更换烙铁头，易修理。

2）对电烙铁头的要求

（1）与焊料有良好的亲和性。烙铁头必须由易与焊料亲和的金属制成，否则，焊料会滴落下来，不易焊接。

（2）导热性好，能有效地将热量从储能部分传达到结合部分。

（3）机械加工性能好，使烙铁头在磨损后能够轻易得到修复。

2. 电烙铁的选用

1）电烙铁功率和加热形式的选择

在电烙铁的选用中，优先级最高的是恒温烙铁，其他具体情况的选择如表3.1.1所示。

表 3.1.1　烙铁的选用

焊件及工作性质	烙铁头温度(室温 220 V)/℃	选 用 烙 铁
一般印制电路板,安装导线		20 W 内热式;30 W 外热式;恒温式
集成电路	250～400	20 W 内热式;恒温式;储能式
焊片,电位器,2～8 W 电阻,大电解功率管	350～450	30～50 W 内热式;调温式;50～75 W 外热式
8 W 以上大电阻,较大元器件	400～550	100 W 内热式;150～200 W 外热式
汇流排,金属板等	500～630	300 W 以上外热式或火焰锡焊
维修,调试一般电子产品		20 W 内热式;恒温式;感应式;储能式;两用式

2) 电烙铁头的选择

在选择烙铁的过程中,也可以通过选择不同的烙铁头来扩大烙铁的使用范围。常用的烙铁头形状如表 3.1.2 所示。

表 3.1.2　烙铁头形状

图　示	形　式	应　用	图　示	形　式	应　用
	圆斜面	通用		圆锥	密集焊点
	凿式	长形焊点		斜面复合式	通用
	半凿式	较长焊点		弯形	大焊件
	尖锥式	密集焊点			

3.2　手工焊接材料

3.2.1　焊料

焊料是易熔金属,熔点应低于被焊金属。焊料熔化时,在被焊金属表面形成合金与被焊金属连接在一起。焊料按成分可以分为锡铅焊料、银焊料、铜焊料等。在一般电子产品装配中,主要采用锡铅焊料,俗称焊锡。

1. 锡的特性

物理特性:锡(Sn)是一种质软低熔点金属,熔点为232℃,电阻率为 12.1 mm/($\Omega \cdot$ mm^2),

高于 13.2℃时是锡白色,低于 13.2℃时是灰色,低于 −40℃时变为粉末。纯锡质脆,机械性能差。

化学特性:大气中耐腐蚀性好,不失金属光泽,不受水、氧气、二氧化碳等物质的影响,并易与多种金属形成金属化合物。

2. 铅的特性

物理特性:铅(Pb)是一种浅青白色软金属,熔点 327.4℃,电阻率为 7.9 mm/(Ω·mm²),塑性好。铅的机械性能也很差。铅属于对人体有害的重金属,在人体内积蓄能引起铅中毒。

化学特性:有较高的抗氧化性和抗腐蚀性,一般不与空气、海水、氧气、食盐等物质发生反应,但是受硝酸、氯化镁的腐蚀。

3. 锡铅焊料的特性

锡铅焊料的成分为铅锡合金,即由铅和锡熔合形成的合金,它具有一系列铅和锡不具备的优点。

(1) 熔点低、易焊接,各种不同成分的锡铅焊料熔点均低于锡和铅的熔点,有利于焊接。如图 3.2.1 所示。

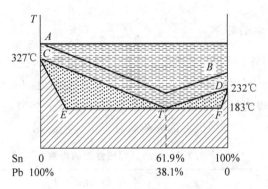

图 3.2.1　简化的锡铅合金状态图

由图 3.2.1 可以看出不同比例的铅和锡组成的合金熔点与凝固点各不相同。除了纯铅、纯锡和共晶合金是在单一温度下熔化外,其他合金都是在一个区域内熔化的。图中 CTD 线叫液相线,温度高于此线时合金为液相;$CETFD$ 为固相线,温度低于此线时,合金为固相;两线之间的两个三角形区域内,合金是半熔半凝固状态。图中 AB 线表示最适于焊接的温度,它高于液相线 50℃。

图 3.2.1 中 T 点叫共晶点,在这一点的锡铅合金是焊料中性能最好的一种,它有如下优点。

① 低熔点,使焊接时加热温度降低,可防止元件损坏。

② 熔点和凝固点一致,可使焊点快速凝固,不会因为半熔状态时间间隔长而造成焊点结晶疏松,强度降低。这一点对自动焊接尤为重要,因为自动焊接传输中会不可避免地出现振动。

③ 流动性好,表面张力小,有利于提高焊点质量。

④ 强度高,导电性好。

（2）机械强度高。表 3.2.1 中给出了不同比例锡铅含量的物理性能和机械性能。由表中可以看出,含锡量 60% 的锡铅合金,抗张力强度和剪切强度都较好。而含锡量过高或过低,其性能都不太理想。一般常用焊锡量为 10%～60%。

表 3.2.1　不同比例锡铅含量的物理性能和机械性能

锡/%	铅/%	导电性(铜 100%)	抗张力/(kgf/mm²)	折断力/(kgf/mm²)
100	0	13.9	1.49	2.0
95	5	13.6	3.15	3.1
60	40	11.6	5.36	3.5
50	50	10.7	4.73	3.1
52	58	10.2	4.41	3.1
35	65	9.7	4.57	3.6
30	70	9.3	4.73	3.5
0	100	7.9	1.42	1.4

（3）表面张力小。黏度下降,增大了液态流动性,有利于形成焊接可靠接头。

（4）抗氧化性好。

4. 杂质对锡铅焊料的影响

焊锡中除了铅和锡外,不可避免地存在一些其他微量金属,这些微量金属的含量超过一定限量的时候就会对焊锡的性能产生影响,所以焊锡在使用之前都要经过质量认证。但是在实际应用中,为了使焊锡具有某些性能,特意在其中掺入一些其他金属,如掺入镉可以使焊锡变为高温焊锡。表 3.2.2 列出了部分杂质对焊锡性能的影响。

表 3.2.2　杂质对焊锡性能的影响

杂质	对 焊 料 的 影 响
铜	强度增大,超过 0.2% 就会生成不易熔性化合物。黏性增大,在焊接印制电路板时易出现桥接和拉尖
锌	尽管含量微小,也会降低焊料的流动性,使焊料失去光泽,在焊接印制电路板时易出现桥接和拉尖
铝	尽管含量微小,也会降低焊料的流动性,使焊料失去光泽,尤其是腐蚀性增强,症状很像锌
金	机械强度降低,焊点呈白色
银	加入 0.5%～2.0% 的银,可使焊料熔点降低,强度增高
锑	抗拉强度增大,但变脆、电阻大;为增加硬度,有时可增加到 4% 以下
铋	硬而脆、熔点降低、光泽变差,为增强耐寒性,必要时可微量加入
砷	焊料表面变黑,流动性降低
铁	量很少就饱和,难溶于焊料中,带磁性

5. 常用焊料

1) 常用锡铅焊料及其性能(见表 3.2.3)

表 3.2.3　常用的锡铅焊料及其性能

名　称	牌　号	主要成分/%			杂质/<%	熔点/℃	抗拉强度 /(kgf/mm²)	用　途
		锡	锑	铅				
10 号锡铅焊料	HLSnPb10	89~91	≤0.15	余量	<0.1	220	43	钎焊食品器皿以及医药卫生方面的物品
39 号锡铅焊料	HLSnPb39	59~61	≤0.8	余量	<0.1	183	47	钎焊电子、电气制品等
50 号锡铅焊料	HLSnPb50	49~51	≤0.8	余量	<0.1	210	3.8	钎焊散热器、计算机、黄铜制品等
58-2 号锡铅焊料	HLSnPb58-2	39~41	1.5~2	余量	<0.106	235	3.8	钎焊工业及物理仪表等
68-2 号锡铅焊料	HLSnPb68-2	29~31	1.5~2	余量	<0.106	256	3.3	钎焊电缆护套、铅管等
80-2 号锡铅焊料	HLSnPb80-2	17~19	1.5~2	余量	<0.6	277	2.8	钎焊油壶、容器、散热器
90-6 号锡铅焊料	HLSnPb90-6	3~4	5~6	余量	<0.6	265	5.9	钎焊黄铜和铜
73-2 号锡铅焊料	HLSnPb73-2	24~26	1.5~2	余量		265	2.8	钎焊铅管
45 号锡铅焊料	HLSnPb45	53~57		余量		200		

2) 常用焊料形状

焊锡一般做成丝状、扁带状、球状、饼状等。

在手工电烙铁焊接中,一般使用管状焊锡丝。它是将焊锡制成管状,在其内部充加助焊剂而制成。焊剂常用优质松香添加一定活化剂。由于松香很脆,拉制时容易断裂,会造成局部缺焊剂的现象,故采用多芯焊锡丝以克服这一缺点。焊料成分一般是含锡量 60%~65% 的锡铅焊料。焊锡丝的直径有 0.5 mm,0.8 mm,0.9 mm,1.0 mm,1.2 mm,1.5 mm,2.0 mm,2.3 mm,2.5 mm,3.0 mm,4.0 mm,5.0 mm 等多种。

3.2.2　焊剂

在焊接过程中,由于金属表面同空气接触后都会生成一层氧化膜,温度越高,氧化越厉害,这层氧化膜阻止液态焊锡对金属的润湿作用,焊剂就是专门用于清除氧化膜的材料,又称助焊剂。

1. 助焊剂的作用

(1) 除去氧化膜。焊剂是一种化学剂,其实质是焊剂中的氯化物、酸类同氧化物发生还原反应,从而除去氧化膜。反应后的生成物变成悬浮的渣,漂浮在焊料表面,使金属与焊料之间结合良好。

(2) 防止氧化。液态的焊锡和加热的金属表面都易与空气中的氧接触而氧化。焊剂在溶化后,悬浮在焊料表面,形成隔离层,从而防止焊接面的氧化。

(3) 减小表面张力,增加焊锡的流动性,有助于焊锡浸润。

(4) 使焊点美观,合适的焊剂能够整理焊点的形状,保持焊点表面光泽。

2. 对助焊剂的要求

(1) 熔点低于焊料。在焊料熔化之前,焊剂就应该熔化,发挥焊剂的作用。

(2) 表面张力、黏度、比重均应小于焊料。焊剂表面张力必须小于焊料,因为它要先于焊料在金属表面扩散浸润。如果浸润时黏性太大,就会阻碍扩散,如果比重大于焊料,则无法包住焊料的表面。

(3) 残渣容易清除。焊剂一般都具有一定的酸性,如不清除就会腐蚀母材,同时影响美观。

(4) 不能腐蚀母材。酸性强的焊剂,不单单清除氧化膜,而且还会腐蚀母材金属,成为发生二次故障的潜在原因。

(5) 不能产生有害气体和刺激性气味。从安全卫生角度讲,应避免使用毒性强或会产生臭味的化学物质。因此,当使用氟酸、磷酸、盐酸等强酸时,必须遵守安全卫生方面的规定。

3. 助焊剂的分类

助焊剂大体上分为无机系列、有机系列和树脂系列三种,见图 3.2.2。在电子产品中,使用得最多、最普遍的是以松香为主体的树脂系列助焊剂。

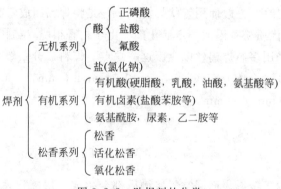

图 3.2.2　助焊剂的分类

1) 无机焊剂

无机焊剂活性最大、腐蚀性最强,常温下能清除金属表面的氧化层。但是这种很强的腐蚀作用极易损坏金属和焊点,焊后必须用溶剂清洗。否则,残留下来的焊剂具有很强的吸湿性和腐蚀性,会引起严重的区域性斑点,甚至造成二次故障。

无机焊剂一般不用于电子元器件的焊接。因为焊点中像接线柱空隙、导线绝缘皮内、元件根部等很难用溶剂清洗干净,留下隐患。

最常用的无机焊剂是焊油,它是无机焊剂用机油乳化后制成的一种膏状物质。表 3.2.4 给出了无机焊剂中有代表性的成分。

表 3.2.4 无机焊剂中有代表性的成分

序 号	成 分	含量/%	适用范围
1	$ZnCl_2$	25	散热器的浸焊,铜、低碳钢的焊接
	NH_4Cl_2	3	
	H_2O	其余	
2	$ZnCl_2$	40	散热器、黄铜制品的焊接
	HCl	3	
	H_2O	其余	
3	$ZnCl_2$	40	不锈钢、镍合金、铝、青铜等的焊接
	NH_4Cl_2	5	
	$SnCl_2$	2	
	HCl	1	
	界面活化剂	0.1	
	H_2O	其余	
4	$ZnCl_2$	75	浸焊和高温焊料中采用
	NaCl	15	
	NH_4Cl_2	10	
5	$ZnCl_2$	20	铸铁镀锡
	NH_4Cl_2	2	
	HF	1	
	界面活化剂	0.1	
	H_2O	其余	
6	$ZnCl_2$	25	所谓的无酸糊,一般家庭焊接用
	NH_4Cl_2	3.5	
	凡士林	65	
	H_2O	6.5	

2) 有机焊剂

大部分有机焊剂是由有机酸、碱或它们的衍生物组成的。其活性次于无机焊剂,有较好的助焊作用,但也有一定的腐蚀性,残渣不易清理,且挥发物对操作者有害。同时,热稳定性差,呈活化的时间短,一经加热,便急速分解,其结果有可能留下无活性的残留物。因此,这种焊剂不适用于对热稳定性要求高的地方。

　　3) 树脂焊剂

　　(1) 松香焊剂

　　将松树、杉树和针叶树的树脂进行水蒸气蒸馏,去掉松节油后剩下的不挥发物质便是松香。松香在常温下呈中性,几乎没有任何化学活力。当加热至 74℃ 时开始熔化,被封闭在松香内部的松香酸呈活性,开始发挥酸的作用。随着温度的不断升高,使金属表面的氧化物以金属皂的形式溶解游离。当温度高达 300℃ 左右时,变为不活跃的新松香酸或焦松香酸,失去焊剂的作用。焊接完毕恢复常温后,松香就又变成固体,固有的非腐蚀性、高绝缘性不变,而且呈稳定状态。

　　目前,在使用过程中通常将松香溶于酒精中制成“松香水”,松香同酒精的比例一般为1∶3 为宜,也可以根据使用经验增减,但不能太浓,否则流动性变差。

　　(2) 活性焊剂

　　由于松香清洗力不强,为增强其活性,一般加入活化剂,如三乙醇氨等。焊接时活化剂根据加热温度分解或蒸发,只有松香残留下来,恢复原来的状态,保持固有的特性。常用的国产活性焊剂见表 3.2.5

表 3.2.5　常用的国产活性焊剂

名　称	成　分	含量/%	可焊性	活　性	适用范围
松香酒精焊剂	松香	23	中	中性	印制电路板、导线焊接
	无水乙酸	67			
盐酸二乙胺焊剂	盐酸二乙胺	4	好	有轻度腐蚀性(余渣)	手工电烙铁焊接电子元器件、零部件
	三乙醇胺	6			
	松香	20			
	正丁醇	10			
	无水乙醇	60			
盐酸苯胺焊剂	盐酸苯胺	4.5	好	有轻度腐蚀性(余渣)	手工电烙铁焊接电子元器件、零部件,可用于搪焊
	树脂	2.5			
	松香	23			
	无水乙醇	60			
	溴化水杨酸	10			
201焊剂	溴化水杨酸	10	好	有轻度腐蚀性(余渣)	元器件搪焊、浸焊、波峰焊
	树脂	20			
	松香	20			
	无水乙醇	50			

名　称	成　分	含量/%	可焊性	活　性	适　用　范　围
201-1 焊剂	溴化水杨酸	7.9	好	有轻度腐蚀性（余渣）	印制电路板涂覆
	丙烯酸树脂	23.5			
	松香	20.5			
	无水乙醇	48.1			
SD 焊剂	SD	6.9	好	有轻度腐蚀性（余渣）	浸焊、波峰焊
	溴化水杨酸	3.4			
	松香	12.7			
	无水乙醇	77			
氯化锌焊剂	$ZnCl_2$ 饱和水溶液		很好	腐蚀性强	各种金属制品、钣金件
氯化铵焊剂	乙醇	70	很好	腐蚀性强	锡焊各种黄铜零件
	甘油	30			
	NH_4Cl_2 饱和溶液				

3.2.3　阻焊剂

1. 阻焊剂的作用

在焊接时，为提高焊接质量，需采用耐高温的阻焊剂涂料，使焊料只在需要的焊点上进行焊接，而把不需要焊接的部位保护起来，起到一定的阻焊作用，这种阻焊涂料称为阻焊剂。

阻焊剂的主要功能有以下几点：

(1) 防止桥接、拉尖、短路以及虚焊等情况的发生，提高焊接质量，减少印制电路板的返修率。

(2) 因部分印制电路板面被阻焊剂所涂敷，焊接时受到的热冲击小，降低了印制电路板的温度，使板面不易起泡、分层。同时，也起到了保护元器件和集成电路的作用。

(3) 除了焊盘外，其他部分均不上锡，节省了大量的焊料。

(4) 使用带有颜色的阻焊剂，如深绿色和浅绿色等，可使印制电路板的板面显得整洁美观。

2. 阻焊剂的分类

阻焊剂按照成膜方式可分为热固化型阻焊剂和光固化型阻焊剂两种。

1) 热固化型阻焊剂

热固化型阻焊剂使用的成膜材料是酚醛树脂、环氧树脂、氨基树脂、醇酸树脂、聚酯、聚氨酯、丙烯酸酯等。这些材料一般需要在 130～150℃ 温度加热固化。其特点是价格便宜，黏结强度高；缺点是加热温度高，时间长，能源消耗小，印制电路板易变形。

2）光固化型阻焊剂

光固化型阻焊剂使用的成膜材料是含有不饱和双键的乙烯树脂、不饱和聚酯树脂、丙烯酸、环氧树脂、丙烯酸聚氨酸、不饱和聚酯、聚氨酯、丙烯酸酯等。它们在高压汞灯下照射2～3 min 即可固化。因而可以节省大量能源,提高生产效率,便于自动化生产。目前已被大量使用。

3.3　手工焊接技术

3.3.1　焊接机理

1. 焊料对焊件的浸润

熔融焊料在金属表面形成均匀、平滑、连续并附着牢固的焊料层称为浸润,也叫润湿。浸润程度主要决定于焊件表面的清洁程度及焊料表面的张力。焊料表面张力小、焊件表面无油污并涂有助焊剂,焊料的浸润性能较好。

2. 扩散

浸润作用同毛细作用紧密相连,光洁的金属表面,放大后有许多微小的凹凸间隙,熔化成液态的焊料,借助于毛细引力沿着间隙向焊接表面扩散,形成对焊接的浸润。由此可见,只有焊料良好的浸润焊件,才能实现焊料在焊件表面的扩散。

浸润是熔融焊料伴随着表面扩散在被焊面上的扩散,同时还发生液态和固态金属间的互相扩散。

两种金属间的相互扩散是一个复杂的物理-化学过程。如用锡铅焊料焊接铜件时,焊接过程中既有表面扩散,也有晶界扩散和晶内扩散。锡铅焊料中的铅原子只参与表面扩散,不向内部扩散,而锡原子和铜原子则相互扩散,这是不同金属性质决定的选择扩散。正是由于这种扩散作用,形成了焊料和焊件之间的牢固结合。

3. 结合层

形成结合层是锡焊的关键。如果没有形成结合层,仅仅是焊料堆积在母材上,则称为虚焊。结合层的厚度由焊接温度、时间而定,一般在 $1.2～10\ \mu m$ 之间。

由于焊料和焊件金属的互相扩散,在两种金属交界面上形成多种组织的结合层。如锡铅焊料焊接铜件,在结合层中既有晶内扩散形成的共晶合金,又有两种金属生产的金属间化合物,如 Cu_2Sn、Cu_6Sn_5 等。

3.3.2　锡焊特点及条件

1. 锡焊特点

锡焊的焊料是锡铅合金,熔点比较低,共晶焊锡的熔点只有 $183℃$,是电子行业中应用最普遍的焊接技术。锡焊具有如下特点：

（1）焊料的熔点低于焊件的熔点；

（2）焊接时将焊件和焊料加热到最佳锡焊温度，焊料熔化而焊件不熔化；

（3）焊接的形成依靠熔化状态的焊料浸润焊接面，形成结合层，从而实现焊件的结合。

2. 锡焊的条件

（1）焊件应具有良好的可焊性　金属表面被熔融焊料浸润的特性称为可焊性，是指被焊金属材料与焊锡在适当的温度及助焊剂的作用下，形成结合良好合金的能力。只有能被焊锡浸润的金属才具有可焊性。并不是所有的金属材料都具有良好的可焊性，有些金属如铝、不锈钢、铸铁等，可焊性非常差，而铜及其合金、金、银、锌、镍等的可焊性比较好。即使是可焊性比较好的金属，由于其表面容易产生氧化膜而降低可焊性，为了提高可焊性，一般需要采用表面镀锡、镀银等措施。铜是导电性能良好和易于焊接的金属材料，所以应用最为广泛。常用的元器件引线、导线及焊盘等，大多采用铜材料制成。

（2）焊件表面必须清洁　为了使熔融焊锡能良好地润湿固体金属表面，并使焊锡和焊件达到原子间相互作用的距离，要求被焊金属表面一定要清洁，从而使焊锡与被焊金属表面原子间的距离最小，彼此间充分吸收扩散，形成合金层。即使是可焊性好的焊件，由于长期储存和污染等原因，其表面有可能产生氧化物、油污等。故在焊接前必须清洁表面，以保证焊接质量。

（3）焊料合格　焊料各成分的含量要合格，特别是某些金属杂质的含量。

（4）要使用合适的助焊剂　助焊剂的作用是清除焊件表面的氧化膜，并减小焊料熔化后的表面张力，以便于浸润。助焊剂的性能一定要适合于被焊金属材料的焊接性能。如镍铬合金、不锈钢、铝等材料，不使用专用的特殊焊剂是很难实施锡焊的。在电子产品的电路板焊接中，通常采用松香助焊剂。

（5）要加热到适当的温度　在焊接过程中，既要将焊锡熔化，又要将焊件加热至熔化焊锡的温度。只有在足够高的温度下，焊料才能充分浸润，并扩散形成合金结合层。

3.3.3　焊接前准备

在焊接之前，除了要保证工具和材料的合格，还需要做一些其他的准备工作，如保持焊件表面的清洁、检查线路板和元器件的有效性、设计合理的焊点、元器件引线成形等。

1. 焊前检查

对于印制电路板，首先要检查线路图形，有无断线、缺孔等，插件元器件的孔位及孔径是否符合图纸，表面处理是否合格，有无污染或变质。对于配套的元器件，首先检查元器件的品种、数量、规格及外封装是否与图纸吻合，元器件引线有无氧化、锈蚀。

2. 镀锡

为了提高焊接的质量和速度，应在装配前对焊接表面进行可焊性处理——镀锡。特别是对一些可焊性差的元器件，镀锡是可靠连接的保证。镀锡同样要满足锡焊的条件及工艺要求，才能形成结合层，将焊锡与待焊金属这两种性能、成分都不相同的材料牢固连接起来。

1）元器件镀锡

在小批量的生产中，可以使用锡锅来镀锡。注意保持锡的合适温度，锡的温度可根据液态焊锡的流动性来大致判断。温度低，流动性差；温度高，流动性好；但锡的温度也不能太高，否则锡的表面将很快被氧化。在大规模生产中，从元器件清洁到镀锡，都由自动生产线完成。中等规模的生产亦可使用搪锡机给元器件镀锡。

在业余条件下，给元器件镀锡可用沾锡的电烙铁沿着浸沾了助焊剂的引线加热，注意使引线上的镀层要薄且均匀。如果元器件的表面污物太多，要在镀锡之前采用机械的办法预先去除。

2）导线镀锡

在一般的电子产品中，用多股导线连接还是很多的。如果导线接头处理不当，很容易引起故障。对导线镀锡要把握以下几个要点。

（1）剥绝缘层不要伤线。使用剥线钳剥去导线的绝缘皮，若刀口不合适或工具本身质量不好，容易造成多股线头中有少数几根断掉或者虽未断但有压痕的情况，这样的线头在使用中容易折断。

（2）多股导线的线头要很好的绞合。剥好的导线端头，一定要先将其绞合在一起再镀锡，否则镀锡时线头会散乱，无法插入焊孔，一两根散乱的导线很容易造成电器故障。

（3）涂助焊剂镀锡要留有余地。通常在镀锡前要将导线头浸蘸松香水。有时也将导线放在松香块上或放在松香盒里，用烙铁给导线端头涂敷一层松香，同时也镀上焊锡。注意不要让焊锡浸入到导线的绝缘皮中去，要在绝缘皮前留出 1～3 mm 没有镀锡的间隔。

3. 元器件引线成形

在组装印制电路板时，为了提高焊接质量、避免浮焊，使元器件排列整齐、美观，就必须对元器件引线进行统一加工。元器件间引线成形在工厂多采用模具，而业余操作用尖嘴钳或镊子加工，元器件引线成形的各种形状如图 3.3.1 所示。

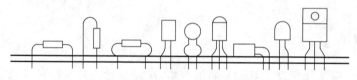

图 3.3.1　元器件的引线成形

其中大部分元器件需要在装插前弯曲成形，弯曲成形的要求取决于元器件本身的封装外形和印制电路板上的安装位置。元器件引线成形应注意以下几点：

（1）所有元器件引线均不得从根部弯曲，否则根部容易折断，一般留 1.5 mm 以上。

（2）弯曲一般不要成死角，圆弧半径应大于引线直径的 1～2 倍。

（3）要尽量将有字符的元器件面置于容易观察的位置。

4. 元器件插装

元器件引线经过成形后，即可插入印制电路板的焊孔内，在插装元器件时，要根据元器件所消耗的功率大小充分考虑散热问题，工作时发热的元器件安装时不宜紧贴在印制电路板上，这样不但有利于元器件的散热，同时热量也不易传到印制电路板上，延长了电路板的使用寿命,降低了产品的故障率。

元器件的安装及注意事项如下:

(1)贴板插装,如图 3.3.2(a)所示,小功率元器件一般采用这种安装方法。这种方法的优点是稳定性好,插装简单;缺点是不利于散热,某些安装位置不适应。

(2)悬空插装,如图 3.3.2(b)所示。这种方法的优点是有利于散热,适用范围广;缺点是插装复杂,需要控制一定高度以保持美观一致。一般悬空高度取 2～6 mm。

(3)安装时元器件字符标记方向一致,并且对着自己一面,便于读取参数和检查。

(4)安装时不要用手直接碰元器件引线和印制电路板上的铜箔,因为手上的汗渍容易影响焊接质量。

(5)插装后为了固定元器件,可对元器件的引线进行折弯处理,如图 3.3.3 所示。

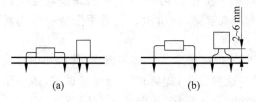 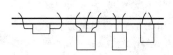

图 3.3.2　元器件插装成形　　　　　图 3.3.3　元器件引线折弯固定

3.3.4　焊接操作姿势

在焊接过程中,操作温度很高,而且由于助焊剂加热挥发的气体对人体有害,在焊接时应保持烙铁距离口鼻不少于 30 cm,通常 40 cm 为宜。

1. 电烙铁的使用方法

使用电烙铁的目的是为了加热被焊件而进行焊接,不能烫伤、损坏导线和元器件,为此必须正确掌握手持电烙铁的方法。手工焊接时,电烙铁要拿稳对准,可根据电烙铁的大小和被焊件的要求不同,决定手持电烙铁的方法,通常烙铁的拿法有三种。

(1)反握法　如图 3.3.4(a)所示。这种方法焊接时动作稳定,长时间操作不易疲劳,适于大功率烙铁操作和热容量大的被焊件。

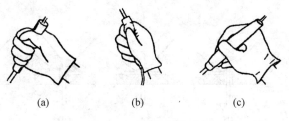

图 3.3.4　电烙铁拿法
(a)反握法;(b)正握法;(c)握笔法

(2)正握法　如图 3.3.4(b)所示。这种方法适用于中等功率烙铁或带弯头烙铁的操作。一般在操作台上焊印制电路板等焊件时,多采用这种方法。

（3）握笔法　如图3.3.4(c)所示。这种方法类似于握笔写字时的拿笔姿势,易于掌握,但是长时间操作容易疲劳,烙铁头头出现抖动现象,适用于小功率的电烙铁和热容量小的被焊件。

电烙铁使用后一定要放在烙铁架上,并注意烙铁线等不要碰到烙铁头部,以防烫坏烙铁线而造成短路。

2. 焊锡丝的拿法

手工焊接中一手握电烙铁,另外一只手拿焊锡丝,帮助电烙铁吸取焊料。拿焊锡丝的方法一般有两种,如图3.3.5所示。

（a）　　　　　　(b)

图 3.3.5　焊锡丝的拿法
（a）连续焊锡丝拿法;（b）断续焊锡丝拿法

（1）连续焊锡丝拿法　即用拇指和食指握住焊锡丝,其余三手指配合拇指和食指把焊锡丝连续向前送进,如图3.3.5(a)所示。它适用于成卷焊锡丝的手工焊接。

（2）断续焊锡丝拿法　即用拇指、食指和中指夹住焊锡丝。这种方法,焊锡丝不能连续送进,适用于小段焊锡丝的手工焊接,如图3.3.5(b)所示。

焊丝中含有铅的成分,由于铅对人体有害,所以长时间操作的时候应戴手套或操作之后洗手,避免食入。

3.3.5　焊接操作步骤及要点

1. 手工焊接操作步骤

为了保证焊接的质量,掌握正确的操作步骤是很重要的。经常看到有些人尤其初学者采用这样一种方法,即先用烙铁头沾上一些焊锡,然后将烙铁放到焊点上停留,等待焊件加热后被焊锡润湿,这是不正确的操作方法。由焊接机理可以分析,当焊锡在烙铁头上熔化的时候,焊锡丝中的焊剂附着在焊料的表面,由于烙铁头的温度在 250~350℃ 或以上,在烙铁放到焊点之前,松香焊剂不断挥发,很可能挥发大部分甚至完全挥发,在焊接的润湿过程中由于缺少焊剂而造成润湿不良,或者在烙铁放到焊点上时,由于焊件还没有加热,结合层不容易形成,或焊锡已经氧化,很容易虚焊。正确的操作步骤应该是五步,如图3.3.6所示。

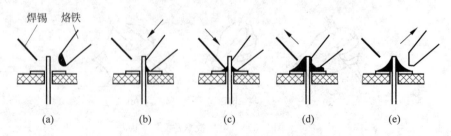

图 3.3.6　手工焊接的操作步骤
（a）准备施焊;（b）加热焊件;（c）熔化焊料;（d）移开焊锡;（e）移开烙铁

作为一种初学者掌握手工锡焊技术的训练方法,五步法是卓有成效的。

（1）准备施焊　元器件安装要求插装好，准备焊锡丝和烙铁，并保持烙铁头干净，表面镀有一层焊锡，随时处于焊接状态。

（2）加热焊件　将烙铁接触两个焊件的焊接点，使焊接点升温。在有限的几秒钟将被焊件加热到最佳焊接温度，然后迅速判断"何时"向"何处"填充多少焊料为宜。应注意加热整个焊件全体，要保持受热均匀，大件受热多，小件受热少。对于在印制电路板上焊接元器件，要注意使烙铁头同时接触焊盘和元器件的引线。

（3）熔化焊料　焊件温度达到熔化焊料时，将焊丝置于焊点。操作时必须掌握好焊料的特性，充分利用它的特性，而且要对焊点的最终理想状态做到心中有数。为了形成焊点的理想状态，必须在焊料熔化后，将依附在焊接点上的烙铁头按照焊点的形状移动。

（4）移开焊锡　熔化一定量焊锡后，迅速将焊丝移开，方向为右上45°方向。

（5）移开烙铁　当焊锡完全润湿焊点，光泽、焊料量均合适并无针孔的时候，迅速移开烙铁。移开烙铁的时间、方向和速度对焊点的质量和外观起关键作用。一般使烙铁头沿焊点水平方向移动，在焊料接近饱满、焊剂尚未完全挥发时向右上45°方向移开烙铁，以保证焊接点光亮、平滑、无毛刺。

2. 手工锡焊技术要点

1）掌握好加热时间

加热时间对焊件和焊点起着一定的作用。加热时间不足，会造成焊料不能充分浸润焊件，形成夹渣、虚焊等。加热时间过长，除了可能造成元器件的损坏外，还会出现如下危害及外部特征。

（1）焊点外观变差。如果焊锡已经浸湿焊件后还继续加热，造成液态焊锡过热，烙铁撤离的时候容易造成拉尖。同时焊点的结合层由于长时间加热而超过合适的厚度，焊点出现表面粗糙颗粒，失去光泽，引起焊点性能恶化。

（2）焊点表面由于焊剂挥发，失去保护而氧化，并且夹在焊点中容易造成焊接缺陷。如果发现松香也加热到发黑，肯定是加热时间过长造成的。

（3）元器件受热后性能会发生变化甚至失效，印制电路板、塑料等材料受热过多会变形变质，电路板上的铜箔是采用黏合剂固定在基板上的，过多的受热破坏黏合层，导致印制电路板上的铜箔脱落，从而导致线路不通。

在烙铁头形状不良或小烙铁焊大焊件时需要通过延长时间以满足锡料温度的要求，但是这样对电子产品的装配是有害的。在保证焊料润湿焊件的前提下时间越短越好。

2）保持合适的温度

焊接温度主要分为三种：烙铁头的标准温度、焊件最佳焊接温度和焊料的熔化温度。

为了缩短加热时间而采用高温烙铁来焊接的时候，如果是小焊点，则会使焊料熔化速度过快，焊锡丝中的焊剂没有足够的时间在被焊面上漫流而过早挥发失效。并且，虽然加热时间短，但容易由于温度过高而造成过热现象。

一般保持烙铁头在合理的温度范围，经验是烙铁头温度比焊料熔化温度高50℃。

3）用烙铁头对焊点施力无益

不要用烙铁头对焊点施加外力，烙铁对焊点加力对加热没有效果，可通过增大接触面积来加快加热速度。热烙铁头对焊件加力会造成焊件的损伤。

3.3.6 常见锡焊技艺

1. 印制电路板焊接

印制电路板在焊接之前要仔细检查,看其有无短路、断路、金属化孔不良以及是否涂有助焊剂或阻焊剂等。金属化孔的焊接,两层以上电路板的孔都要进行金属化处理,焊接时不仅要让焊料润湿焊盘,孔内也要润湿填充。对于大批量生产的印制电路板,出厂前,都已经按照检查标准与项目进行了严格检测,因此,其质量都能保证。但是,一般研制品或非正规投产的少量印制电路板,焊接前就要进行仔细检查。否则,在整机调试中,会带来很大麻烦。

焊接前,首先要将需要焊接的元器件做好焊接前的准备工作,如整形、镀锡等。然后按照焊接工序进行焊接。一般焊接工序是先焊接高度较低的元器件,然后焊接高度较高的和要求较高的元器件等。大概次序是电阻—电容—二极管—三极管—其他元器件等。但有时也可先焊接高的元器件,而后焊接低的元器件(如晶体管收音机),使所有元器件的高度不超过最高元器件的高度。

印制电路板的焊接一般选用内热式 20~35 W 或调温式电烙铁,温度不超过 300℃,烙铁头采用凿形或锥形。加热时尽量使用烙铁头同时接触印制电路板上铜箔和元器件引线。耐热性差的元器件应使用工具辅助散热。晶体管焊接一般是在其他元器件焊接好后进行的。要特别注意,每个管子的焊接时间不要超过 5~10 s,并使用钳子或镊子夹持管脚散热,防止烫坏晶体管。

焊接结束后,需要检查有无漏焊、虚焊等现象。剪去多余引线时,注意不要对焊点施加剪切力以外的其他力。检查时,可用镊子将每个元器件的引脚轻轻一提,看是否摇动,如发现摇动,应重新焊接。最后根据工艺要求选择清洗液清洗印制电路板。

2. 导线焊接

导线连接在电子产品装配中占有重要位置。在实际应用中,出现故障的电子产品中,导线焊点的失效率高于印制电路板。导线与接线端子、导线与导线之间的焊接一般采用绕焊、钩焊、搭焊 3 种基本的焊接形式。

1) 常用连接导线

单股导线——绝缘层里只有一根导线,俗称硬线。

多股导线——绝缘层内有 4~67 根或更多的导线,俗称软线。

屏蔽线——在弱信号的传输中应用广泛,可以屏蔽掉一些外界对信号的干扰。

2) 导线焊前处理

(1) 剥绝缘层 可以采用专用工具,一般为剥线钳或普通偏口钳,也可以自制简易剥线器。在剥线的时候注意单股线不能伤及导线,多股线和屏蔽线不能断线,否则会影响接头质量。

(2) 预焊 又称为挂锡,对于多股线很重要,在挂锡时要求边上锡边旋转,旋转的方向与拧合方向一致。挂锡时注意不要让焊锡浸入绝缘层,否则造成软线变硬,容易导致接头故障。

（3）屏蔽线末端处理　　主要是注意绝缘芯线的绞合以及热缩套管的使用,如图 3.3.7 所示。

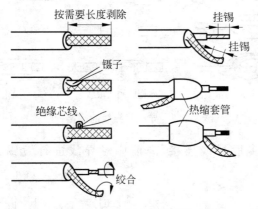

图 3.3.7　屏蔽线末端处理

3）导线与接线端子连接

（1）绕焊　　把经过上锡的导线端头在接线端子上缠绕一圈,用钳子拉紧缠牢后进行焊接,如图 3.3.8(a)所示。注意导线一定要贴紧端子表面,绝缘层不接触端子。一般 $L=1\sim3$ mm 为宜(L 为导线绝缘皮与焊面之间的距离),这种连接可靠性最好。

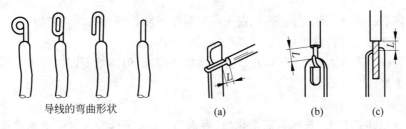

图 3.3.8　导线与接线端子的连接
(a)绕焊;(b)钩焊;(c)搭焊

（2）钩焊　　将导线端子弯成钩形,钩在接线端子上并用钳子夹紧后焊接,如图 3.3.8(b)所示。端头处理与绕焊相同,这种方法操作简便,强度低于绕焊。

（3）搭焊　　把经过上锡的导线搭到接线端子上直接焊接,如图 3.3.8(c)所示。该方法连接最方便,但是强度可靠性较差,仅用于临时连接或不便于缠钩的地方以及某些接插件上。

4）导线与导线的连接

导线与导线的连接以绕焊为主,如图 3.3.9 所示,主要操作步骤如下:

（1）将导线去掉一定长度的绝缘皮;

（2）端子上锡,并套上合适套管;

（3）绞合,施焊;

（4）趁热套上套管,冷却后套管固定在接头处。

5）导线与杯形焊件焊接

这类接头多见于接线柱和接插件,一般尺寸较大,如焊接时间不足,容易造成虚焊。

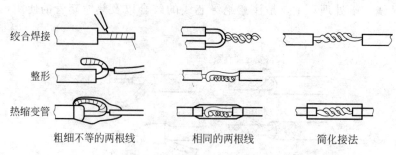

绞合焊接

整形

热缩变管

粗细不等的两根线　　　　相同的两根线　　　　简化接法

图 3.3.9　导线与导线的焊接

这种焊件一般都是多股导线连接,焊前应对导线进行镀锡处理,其操作方法如图 3.3.10 所示。

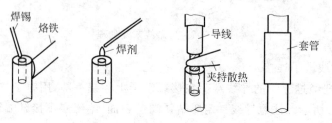

焊锡　烙铁　　　　　　　　焊剂　　　　　　导线　　　　　　套管　　　夹持散热

图 3.3.10　导线与杯形焊件焊接

(1) 向杯形孔内滴一滴焊剂,若孔较大可用脱脂棉蘸焊剂在杯内均匀擦一层。

(2) 用烙铁加热并将焊锡熔化,靠浸润作用流满内孔。

(3) 将导线垂直插入到底部,移开烙铁并保持到凝固,但注意凝固过程中导线不可动。

(4) 完全凝固后立即套上套管。

6) 在金属板上焊导线

一般金属板表面积大,吸热多而散热快,要采用大功率的烙铁,根据板的厚度和面积选用 50 W 到 300 W 的烙铁,若板厚为 0.3 mm 以下时可用 20 W 烙铁,主要是增加焊接时间。紫铜、黄铜、镀锌板等容易上锡,可以采用先在焊区用力划出一些刀痕的方法使焊点更牢靠。

3. 几种易损元器件的焊接

1) 铸塑元件的锡焊

目前,各种有机材料广泛地应用在电子元器件,包括有机玻璃、聚氯乙烯、聚乙烯、酚醛树脂等材料,例如各种开关、插接件等。这些元件都是采用热铸塑方法制成的,它们可以被制造成各种形状复杂、结构精密的开关及接插件等,但是它们最大的弱点就是不能承受高温。当我们对铸塑在有机材料中的导体接点施焊时,如不注意控制加热时间,极容易造成塑性变形,导致元件失效或降低性能,造成隐性故障。如图 3.3.11 中列出了焊接不当造成失效的例子。

其他类型注塑制成的元器件有类似的问题。因此焊接时应注意以下几点:

(1) 在元件预处理时,尽量清理好接点,一次镀锡成功,不要反复镀锡,尤其将元件在锡锅中浸镀时,更要掌握好浸入深度和镀锡的时间。

(2) 焊接时烙铁头要修整尖一些,在焊接一个接点时不碰相邻接点。

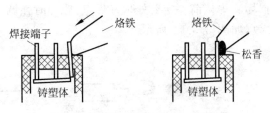

图 3.3.11　焊接不当导致开关失效

（3）镀锡和焊接时加助焊剂量要少，防止浸入电接触点。

（4）烙铁头在任何方向均不要对接线片施加压力。

（5）在保证润湿的情况下，焊接时间越短越好。实际操作时在焊件预焊良好时只需用挂上锡的烙铁头轻轻一点即可。焊后不要在塑壳未冷前对焊点作牢固性试验。

2）簧片类元件接点焊接

这类元件如继电器、波段开关等，它们共同的特点是簧片制造时加了预应力，使之产生适当弹力，保证电接触性能。如果安装施焊过程中对簧片施加外力，则会破坏接触点的弹力，造成元件失效。

簧片类元件焊接要领：

（1）可靠的预焊；

（2）加热时间要短；

（3）不可对焊点任何方向加力；

（4）焊锡量宜少。

3）FET 及集成电路焊接

MOSFET 特别是绝缘栅极型，由于输入阻抗很高，稍有不慎即可能使内部击穿而失效。双极型集成电路由于内部集成度高，通常管子隔离层都很薄，一旦受到过量的热也容易损坏。这两种电路都不能承受高于 200℃ 的温度，所以焊接时需要注意：

（1）电路引线如果是镀金处理的，不要用刀刮，只需用酒精擦洗或用绘图橡皮擦干净即可。

（2）对 CMOS 电路如果事先已经将各引线短路，焊接前不要拿掉短路线。

（3）使用烙铁最好是恒温 230℃ 的烙铁，也可以用 20 W 内热式，接地线应保证接触良好。若用外热式，最好是烙铁断电用余热焊接，必要时要采取人体接地措施。

（4）焊接时间在保证润湿的前提下，尽可能短，一般不超过 3 s。

（5）工作台上如果铺有橡皮、塑料等易于积累静电的材料，MOS 集成电路芯片及印制电路板不宜放在台面上。

（6）烙铁头应修整窄一些，使焊一个端点时不会碰到相邻的端点。所有烙铁功率内热式不超过 20 W，外热式不超过 30 W。

（7）集成电路若不使用插座、直接焊到印制电路板上，安全焊接顺序为地端→电源端→输入端。

（8）焊接集成电路插座时，必须按集成块的引脚排列图焊好每一个点。

4）瓷片电容、发光二极管、中周等元件的焊接

这类元器件的共同弱点是加热时间过长就会失效，其中瓷片电容、中周等元件是内部接

点开焊,发光管则管芯损坏。焊接前一定要处理好焊点,施焊时强调一个"快"字。采用辅助散热措施可避免过热失效,如图 3.3.12 所示。

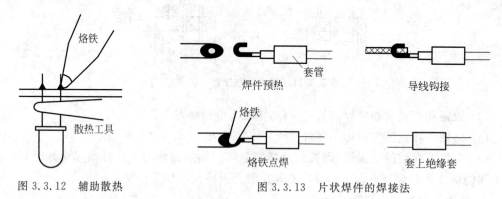

图 3.3.12　辅助散热　　　　　　　图 3.3.13　片状焊件的焊接法

4. 几种典型焊点的焊接

1) 片状焊件的焊接法

片状焊件在实际应用中非常广泛,例如接线焊片、电位器接线片、耳机和电源插座等,这类焊件一般都有焊线孔。片状焊件的焊接如图 3.3.13 所示,具体步骤如下:

(1) 首先将焊片、导线镀上锡,焊片孔不能堵死;

(2) 将导线穿过焊孔并弯曲成钩形。不要只用烙铁头沾上锡,在焊件上堆成一个焊点,这样容易造成虚焊。

2) 槽形、板形、柱形焊点焊接方法

这类焊件一般没有供缠线的焊孔,其连接方法可用挠、钩、搭接,如图 3.3.14 所示。

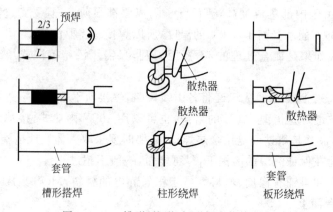

图 3.3.14　槽形、柱形、板形焊点焊接方法

3.3.7　拆焊

调试和维修中,常需要更换一些元器件,如果方法不当,就会破坏印制电路板,也会使换下而并没有失效的元器件无法重新使用。拆焊的时候,根据不同的焊件,需要选用不同的拆焊方法。

1. 拆焊的基本原则

拆焊前一定要弄清楚原焊接点的特点,不要轻易动手,其基本原则为:

(1) 不损坏待拆除的元器件、导线及周围的元器件;

(2) 拆焊时不可损坏印制电路板上的焊盘与印制导线;

(3) 对已经判定为损坏元器件的,可先将其引线剪断再拆除,这样可以减少其他损伤;

(4) 在拆焊过程中,应尽量避免拆动其他元器件或变动其他元器件的位置,如确实需要应做好复原工作。

2. 拆焊工具

常用的拆焊工具除以上介绍的焊接工具外还有以下几种。

(1) 吸锡电烙铁　用于吸去熔化的焊锡,使焊盘与元器件或导线分离,达到解除焊接的目的。

(2) 吸锡绳　用于吸取焊接点上的焊锡,使用时将焊锡熔化使之吸附在吸锡绳上。专用的吸锡绳价格昂贵,可用网状屏蔽线代替,效果也很好。

(3) 吸锡器　用于吸取熔化的焊锡,要与电烙铁配合使用。先使用电烙铁将焊点熔化,再用吸锡器吸除熔化的焊锡。

3. 拆焊方法

(1) 分点拆焊法　对卧式安装的阻容元器件,两个焊接点距离较远,可采用电烙铁分点加热,逐点拔出。如果引线是弯折的,用烙铁头撬直后再行拆除。拆焊时,将印制电路板竖起,一边用烙铁加热待拆元器件的焊点,一边用镊子或尖嘴钳夹住元器件引脚轻轻拉出。如图 3.3.15 所示。

(2) 集中拆焊法　晶体管及立式安装的阻容元器件之间焊接点距离较近,可用烙铁头同时快速交替加热几个焊接点,待焊锡熔化后一次拔出。对多接点的元器件,如开关、插头座、集成电路等,可用专用烙铁头同时对准各个焊接点,一次加热取下。

(3) 保留拆焊法　对需要保留元器件引线和导线端头的拆焊,用吸锡工具先吸去被拆焊接点外面的焊锡。一般情况下,用吸锡器吸去焊锡后能够摘下元器件。

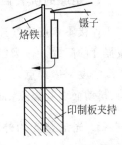

图 3.3.15　分点拆焊法

如果遇到多脚插焊件,虽然用吸锡器清除过焊料,但仍不能顺利摘除,这时候细心观察一下,其中哪些脚没有脱焊,如有,则用烙铁对引脚进行熔焊,并对引脚轻轻施力,向没有焊锡的方向推开,使引脚与焊盘分离,多脚插焊件即可取下。

如果是搭焊的元器件或引线,只要在焊点上沾上助焊剂,用烙铁熔开焊点,元器件的引线或导线即可拆下。如遇到元器件的引线或导线的接头处有绝缘套管,要先退出套管,再进行熔焊。如果是钩焊的元器件或导线,拆焊时先用烙铁清除焊点的焊锡,再用烙铁加热将钩下的残余焊锡熔开,同时须在钩线方向用铲刀撬起引线,移开烙铁并用平口镊子或钳子矫正。如果是绕焊的元器件或引脚,则用烙铁熔化焊点,清除焊锡,弄清楚原来的绕向,在烙铁头的加热下，用镊子夹住线头逆绕退出，再调直待用。

（4）剪断拆焊法　被拆焊点上的元器件引脚及导线如留有余量，或确定元器件已损坏，可先将元器件或导线剪下，再将焊盘上的线头拆下，如图 3.3.16 所示。

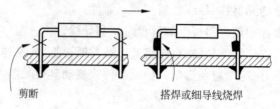

剪断　　　　　　　搭焊或细导线烧焊

图 3.3.16　剪断拆焊法

3.4　焊点的要求及质量检查

3.4.1　焊点的要求

1. 可靠的电连接

电子产品工作的可靠性与电子元器件的焊接紧密相连。一个焊点要能稳定、可靠地通过一定的电流，必须达到足够的连接面积。如果焊锡只是将焊料堆在焊件的表面或只有少部分形成合金层，在长时间的工作中，会出现脱焊现象，电路会产生时通时断或者干脆不工作。

2. 足够的机械强度

焊接不仅起电气连接的作用，同时也是固定元器件、保证机械连接的手段，因而就有机械强度的问题。作为铅锡焊料的铅锡合金本身，强度是比较低的，可以通过增大连接面积来提高强度。虚焊点、焊接时焊锡未流满焊盘或焊锡量过少、焊接时焊料尚未凝固就使焊件振动、抖动而引起焊点结晶粗大或有裂纹，都会影响焊点的机械强度。

3. 光洁整齐的外观

良好的焊点要求焊料用量恰到好处，外表有金属光泽，没有桥接、拉尖等现象，导线焊接时不伤及绝缘皮。良好的外表是焊接高质量的反映。表面有金属光泽，是焊接温度合适、生成合金层的标志。

3.4.2　焊点检查

1. 焊点外观检查项目

焊接结束后，要对焊点进行外观检查。因为焊点质量的好坏，直接影响整机的性能指标。对焊点的基本质量要求有下列几个方面。

1）防止假焊、虚焊和漏焊

假焊是指焊锡与被焊金属之间被氧化层或焊剂的未挥发物及污物隔离，没有真正焊接在一起。虚焊是指焊锡只简单地依附于被焊金属表面，没有形成真正的金属合金层。假焊和虚焊没有严格的区分界线，也可统称为虚焊。至于漏焊，由于它是应焊的焊接点未经焊接，比较直观。

2）焊点不应有毛刺、砂眼和气泡

这对于高频、高压设备极为重要。因为高频电子设备中高压电路的焊点，如果有毛刺，将会发生尖端放电。同时，毛刺、砂眼和气泡的存在，除影响导电性能外，还影响美观。

3）焊点的焊锡要适量

焊锡太多，易造成接点相碰或掩盖焊接缺陷，而且浪费焊料。焊锡太少，不仅机械强度低，而且由于表面氧化层随时间逐渐加深，容易导致焊点失效。

4）焊点要有足够的强度

由于焊锡主要是由锡和铅组成，它们的强度较弱。为了使焊点有足够强度，除了适当增大焊接面积外，还可将被焊接的元器件引线、导线先进行网绕、绞合、钩接在接点上再进行焊接。

5）焊点表面要光滑

良好的焊点要有特殊光泽和良好的颜色，不应有凸凹不平和波纹状以及光泽不均匀的现象。这主要与焊接温度和焊剂的使用有关。

2. 通电检查

通电检查的前提是外观检查及连线检查无误，主要检查的故障及其原因如图 3.4.1 所示。

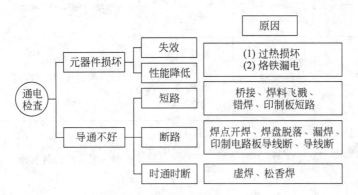

图 3.4.1 通电检查可能故障与焊接缺陷分析

3.4.3 焊点缺陷分析

造成焊接缺陷的原因有很多，但主要可从四个要素进行分析。在材料与工具一定的情况下，采用什么焊接方式和操作者的人为因素成为决定性因素。元器件的焊接与导线的焊接常见缺陷如图 3.4.2 所示。常见焊点缺陷与分析见表 3.4.1。

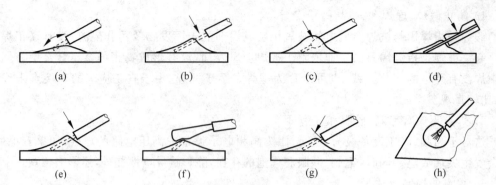

图 3.4.2　接线端子的缺陷

（a）虚焊；（b）芯线过长；（c）焊锡漫过外皮；（d）外皮烧焦；（e）焊锡上吸；（f）断丝；（g）甩丝；（h）芯线散开

表 3.4.1　常见焊点缺陷与分析

焊点缺陷	外观特点	危　害	原　因　分　析
焊料过多	焊料面呈凸形	浪费焊料，且可能包藏缺陷	焊丝撤离过迟
焊料过少	焊料未形成平滑面	机械强度不足	焊丝撤离过早
松香焊	焊点中夹有松香渣	强度不足，导通不良，有可能时通时断	1. 加焊剂过多，或已失效； 2. 焊接时间不足，加热不足
过热	焊点发白，无金属光泽，表面较粗糙	1. 容易剥落，强度降低； 2. 造成元器件失效损坏	烙铁功率过大；加热时间过长
扰焊	表面呈豆腐渣状颗粒，有时可有裂纹	强度低，导电性不好	焊料未凝固时焊件抖动
冷焊	润湿角过大，表面粗糙，界面不平滑	强度低，不通或时通时断	1. 焊件加热温度不够； 2. 焊件清理不干净； 3. 助焊剂不足或质量差
不对称	焊锡未流满焊盘	强度不足	1. 焊料流动性不好； 2. 助焊剂不足或质量差； 3. 加热不足

焊点缺陷	外观特点	危害	原因分析
松动	导线或元器件引线可移动	导通不良或不导通	1. 焊锡未凝固前引线移动造成空隙； 2. 引线未处理好； 3. 润湿不良或不润湿
拉尖	出现尖端	外观不佳，容易造成桥接现象	1. 加热不足； 2. 焊料不合格
针孔	目测或放大镜可见有孔	焊点容易腐蚀	焊盘孔与引线间隙太大
气泡	引线根部有时有焊料隆起，内部藏有空洞	暂时导通但长时间容易引起导通不良	引线与孔间隙过大或引线润湿性不良
桥接	相邻导线搭接	电气短路	1. 焊锡过多； 2. 烙铁施焊撤离方向不当
焊盘脱落	焊盘与基板脱离	焊盘活动，进而可能断路	1. 烙铁温度过高； 2. 烙铁接触时间过长
焊料球	部分焊料成球状散落在PCB上	可能引起电气短路	1. 一般原因见不良焊点的形貌中"气孔"部分； 2. 波峰焊时，印制电路板通孔较少或小时，各种气体易在焊点成形区产生高压气流； 3. 焊料含氧高且焊接后期助焊剂已失效； 4. 在表面安装工艺中，焊膏质量差（金属含氧超标、介质失效），焊接曲线通热段升温过快，环境相对湿度较高造成焊膏吸湿
丝状桥接	此现象多发生在集成电路焊盘间隔小且密集区域，丝状物多呈脆性，直径数微米至数十微米	电气短路	1. 焊料槽中杂质 Cu 含量超标，Cu 含量越高，丝状物直径越粗； 2. 由于杂质 Cu 所形成松针状的 Cu_3Sn_4 合金的固相点（217℃）与 Sn53Pb37 焊料的固相点（183℃）温差较大，因此在较低的温度下进行波峰焊接时，积聚的松针状 Cu_3Sn_4 合金易产生丝状桥接

3.5　电子工业生产中焊接技术

3.5.1　波峰焊技术

波峰焊是在电子焊接中使用较广泛的一种焊接方法,其原理是让电路板焊接面与熔化的钎料波峰接触,形成连接焊点。这种方法适宜一面装有元器件的印制电路板,并可大批量焊接。凡与焊接质量有关的重要因素,如钎料与助焊剂的化学成分、焊接温度、速度、时间等,在波峰焊时均能得到比较完善的控制。

将已完成插件工序的印制电路板放在匀速运动的导轨上,导轨下面装有机械泵和喷口的熔锡缸。机械泵根据焊接要求,连续不断地泵出平稳的液态锡波,焊锡以波峰形式溢出至焊接板面进行焊接。为了获得良好的焊接质量,焊接前应做好充分的准备工作,如预镀焊锡、涂敷助焊剂、预热等;焊接后的冷却、清洗这些操作也都要做好。整个焊接过程都是通过传送装置连续进行的。

波峰焊机的钎料在锡锅内始终处于流动状态,使工作区域内的钎料表面无氧化层。由于印制电路板和波峰之间处于相对运动状态,所以助焊剂容易挥发,焊点内不会出现气泡。波峰焊机适用于大批量的生产需要。但由于多种原因,波峰焊机容易造成焊点短路现象,补焊的工作量较大。波峰焊的工艺原理如图 3.5.1 所示。

在自动生产化流程中,除了有预热的工序外,基本上同手工焊接过程类似。预热,可以使助焊剂达到活化点,它是在进入焊锡槽前的加热工序,可以是热风加热,也可以用红外线加热。涂助焊剂一般采用发泡法,即用气泵将助焊剂溶液泡沫化(或雾化),从而均匀地涂敷在印制电路板上。

在焊锡槽中,印制电路板接触熔化状态的焊锡,一次完成整块电路板上全部元器件的焊接。印制电路板不需要焊接的焊点和部位,可用特制的阻焊膜贴住,或在那里涂敷阻焊剂,防止焊锡不必要的堆积。

波峰焊由机械或电磁泵产生并控制波峰,印制电路板由传送带以一定速度和倾斜度通过波峰,完成焊接。如图 3.5.2 所示。

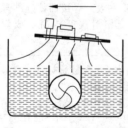

图 3.5.1　波峰焊原理图

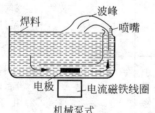

机械泵式

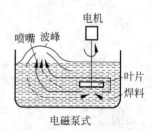

电磁泵式

图 3.5.2　波峰焊技术

3.5.2　浸焊

浸焊是将装好元器件的印制电路板在熔化的锡锅内浸锡，一次完成印制电路板上众多焊接点的焊接方法，如图3.5.3所示。浸焊要求先将印制电路板安装在具有振动头的专用设备上，然后再进入焊料中。此法在焊接双面印制电路板时，能使焊料浸润到焊点的金属化孔中，使焊接更加牢固，并可振动掉多余的焊料，焊接效果较好。需要注意的是，使用锡锅浸焊，要及时清理掉锡锅内熔融焊料表面形成的氧化膜、杂质和焊渣。此外，焊料与印制电路板之间大面积接触，时间长，温度高，容易损坏元器件，还容易使印制电路板变形。

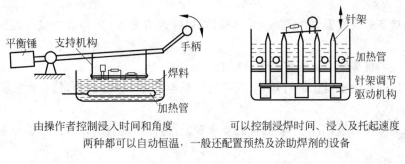

由操作者控制浸入时间和角度　　　　　可以控制浸焊时间、浸入及托起速度
两种都可以自动恒温，一般还配置预热及涂助焊剂的设备

图3.5.3　浸焊技术

3.5.3　无锡焊接

除锡焊连接法以外，还有无锡焊接，如压接、绕接等。无锡焊接的特点是不需要焊料与焊剂即可获得可靠的连接。下面简要介绍一下目前使用较多的压接和绕接。

1. 压接

借助机械压力使两个或两个以上的金属物体发生塑性变形而形成金属组织一体化的结合方式称为压接，它是电线连接的方法之一。压接的具体方法是，先除去电线末端的绝缘包皮，并将它们插入压线端子，用压接工具给端子加压进行连接。压线端子用于导线连接，有多种规格可供选用。

压接具有如下特点：

(1) 压接操作简便，不需要熟练的技术，任何人、任何场合均可进行操作；

(2) 压接不需要焊料与焊剂，不仅节省焊接材料，而且接点清洁无污染，省去了焊接后的清洗工序，也不会产生有害气体，保证了操作者的身体健康；

(3) 压接电气接触良好，耐高温和低温，接点机械强度高，一旦压接点损伤后维修也很方便，只需剪断导线，重新剥头再进行压接即可；

(4) 应用范围广，压接除用于铜、黄铜外，还可用于镍、镍铬合金、铝等多种金属导体的连接。

压接虽然有不少优点，但也存在不足之处，如压接点的接触电阻较高，手工压接时有一定的劳动强度,质量不够稳定等。

2. 绕接

绕接是利用一定压力把导线缠绕在接线端子上,使两金属表面原子层产生强力结合,从而达到机械强度和电气性能均符合要求的连接方式。

绕接具有如下特点:

(1) 绕接的可靠性高,而锡钎焊的质量不容易控制。

(2) 绕接不使用钎料和焊剂,所以不会产生有害气体污染空气,避免了焊剂残渣引起的对印制电路板或引线的腐蚀,省去了清洗工作,同时节省了钎料、焊剂等材料,提高了劳动生产率,降低了成本。

(3) 绕接不需要加温,故不会产生热损伤;锡钎焊需要加热,容易造成元器件或印制电路板的损伤。

(4) 绕接的抗振能力比锡钎焊大 40 倍。

(5) 绕接的接触电阻比锡钎焊小,绕接的接触电阻在 1 mΩ 以内,锡钎焊接点的接触电阻约为数毫欧。

(6) 绕接操作简单,对操作者的技能要求较低;锡钎焊则对操作者的技能要求较高。

3.5.4　特种焊接技术

在汽车、火车、飞机、舰船、电子装备、化工设备乃至宇宙航行工具等工业产品的制造过程中,都需要把各种各样的金属零件按设计要求组装起来,焊接就是将这些零件组装起来的重要的连接方法之一。它与铆接、螺钉连接等连接方法相比,具有节省金属、减轻结构重量、生产率高、接头机械性能和紧密性好等特点,因而得到十分广泛的应用。据工业发达国家的统计,每年经焊接加工后使用的钢材达到钢材总产量的 45% 左右。

常用电子仪器仪表

电子仪器仪表是指利用电子技术对各种信息进行测量分析的时候使用的设备。随着电子技术的发展,在生产、科研、教学试验及其他各个领域中,越来越广泛地要用到各种各样的电子仪器仪表,只有熟练地掌握这些仪器仪表的使用方法,才能安全、准确地测量出需求数据。本章主要介绍万用表、示波器、信号发生器、图示仪、交流毫伏表等的基本工作原理及使用方法,使同学们能正确使用,提高分析测量结果的科学性、准确性。

4.1 万 用 表

万用表又称多用表或万用电表,是目前电子领域中应用最广泛的一种仪表,其具有使用简单、测试范围广、携带方便等特点。万用表主要分指针式和数字式两大类。

4.1.1 指针式万用表

指针式万用表是由磁电式微安表头加上相应的元器件构成的,下面以 M47 式万用表(如图 4.1.1 所示)为例,详细介绍其使用方法及注意事项。

图 4.1.1　M47 式万用表

1. 使用方法

在使用前应检查指针是否指在机械零位上,如不指在零位,可旋转表盖上的调零器使指针指示在零位上,然后将测试棒红黑插头分别插入"＋""－"插孔中,如测量交直流 2500 V 或直流 10 A 时,红插头则应分别插到标有"2500 V"或"10 A"的插座中。

(1) 直流电流测量:测量 0.05～500 mA 时,转动开关至所需电流挡。测量 10 A 时,应将红插头"＋"插入 10 A 插孔内,转动开关可放在 500 mA 直流电流量限上,而后将测试棒串接于被测电路中。

(2) 交、直流电压测量:测量交流 10～1000 V 或直流 0.25～1000 V 时,转动开关至所需电压挡。测量交、直流 2500 V 时,开关应分别旋转至交、直流 1000 V 位置上,而后将测试棒跨接于被测电路两端。若配以高压探头,可测量电视机≤25 kV 的高压。测量时,开关应放在 50 μA 位置上,高压探头的红黑插头分别插入"＋""－"插座中,接地夹与电视机金属底板连接,而后握住探头进行测量。测量交流 10 V 电压时,读数请看交流 10 V 专用刻度(红色)。

(3) 直流电阻测量:装上电池(R14 型 2#1.5 V 及 6F22 型 9 V 各一只)转动开关至所需测量的电阻挡,将测试棒两端短接,调整欧姆旋钮,使指针对准欧姆"0"位上,然后分开测试棒进行测量。测量电路中的电阻时,应先切断电源,如电路中有电容应先行放电。当检查有极性电解电容器漏电电阻时,可转动开关至 R×1 k 挡,测试棒红表笔必须接电容器负极,黑表笔接电容器正极。注意:当 R×1 k 挡不能调至零位或蜂鸣器不能正常工作时,请更换 2#(1.5 V)电池。当 R×10 k 挡不能调至零位时,或者红外线检测挡发光管亮度不足时,请更换 6F22(9 V)层叠电池。

(4) 通路蜂鸣器检测:首先同欧姆挡一样将仪表调零,此时蜂鸣器工作发出约 1 kHz 长鸣叫声,即可进行测量。当被测电路阻值低于 10 Ω 左右时,蜂鸣器发出鸣叫声,此时不必观察表盘即可了解电路通断情况。音量与被测线路电阻成反比例关系,此时表盘指示值约为 R×3(参考值)。

(5) 红外线遥控发射器检测:该挡是为判别红外线遥控发射器工作是否正常而设置的。旋至该挡时,将红外线发射器的发射头垂直对准表盘左下方接收窗口(偏差不大于 ±15°),按下需检测功能按钮。如红色发光管闪亮,表示该发射器工作正常。在一定距离内(1～30 cm)移动发射器,还可以判断发射器输出功率状态。使用该挡时应注意:发射头必须垂直于接收窗口±15°内检测;当有强烈光线直射接收窗口时,红色指示灯会点亮,并随入射光线强度不同而变化,所以检测红外遥控器时应将万用表表盘面避开直射光。

(6) 音频电平测量:在一定的负荷阻抗上,用来测量放大器的增益和线路输送的损耗,测量单位以 dB 表示,音频电平是以交流 10 V 为基准刻度,如指示值大于＋22 dB 时,可在 50 V 以上各量限测量,按表上对应的各量限的增加值进行修正。测量方法与交流电压基本相似,转动开关至相应的交流电压挡,并使指针有较大的偏转。如被测电路中带有直流电压成分时,可在"＋"插座中串接一个 0.1 μF 的隔直流电容器。

(7) 电容测量:使用 C(μF)刻度线。首先将开关旋转至被测电容容量大约范围的挡位上(见表 4.1.1),用 0 Ω 调零电位器校准调零。被测电容接在表棒两端,表针摆动的最大指示值即为该电容容量。随后表针将逐步退回,表针停止位置即为该电容的品质因数(损耗电阻)值。注：每次测量后应将电容彻底放电后再进行测量,否则测量误差将增大;有极性电容应按正确极性接入,否则测量误差及损耗电阻将增大。

表 4.1.1　万用表电容挡位对应测量范围

电容挡位 C	C×0.1	C×1	C×10	C×100	C×1 k	C×10 k
测量范围	1000 pF~1 μF	0.01~10 μF	0.1~100 μF	1~1000 μF	10~10 000 μF	100~100 000 μF

(8) 电感测量：使用 L(H)刻度线。首先准备交流 10 V/50 Hz 标准电压源一只,将开关旋至交流 10 V 挡,需测电感串接于任一测试棒而后跨接于 10 V 标准电压源输出端,此时表盘 L(H)刻度值即为被测电感值。

(9) 晶体管放大倍数测量：转动开关至 R×10 hFE 处,同欧姆挡相同方法调零后将 NPN 或 PNP 型晶体对应插入晶体管 N 或 P 孔内,表针指示值即为该管直流放大倍数。如指针偏转指示大于 1000 时应首先检查：是否插错管脚;晶体管是否损坏。

(10) 电池电量测量：使用 BATT 刻度线,该挡位可供测量 1.2~3.6 V 各类电池(不包括纽扣电池)电量用,负载电阻 $R_L=8~12$ Ω。测量时将电池按正确极性搭在两根表棒上,观察表盘上 BATT 对应刻度,分别为 1.2 V、1.5 V、2 V、3 V、3.6 V 刻度。绿色区域表示电池电力充足,"?"区域表示电池尚能使用,红色区域表示电池电力不足。测量纽扣电池及小容量电池时,可用直流 2.5 V 电压挡($R_L=50$ kΩ)进行测量。

(11) 负载电压 LV(V)(稳压)、负载电流 LI(mA)参数测量：该挡主要测量在不同的电流下非线性器件电压降性能参数或反向电压降(稳压)性能参数。如发光二极管、整流二极管、稳压二极管及三极管等,在不同电流下的曲线,或稳压二极管性能。测量方法同 Ω 挡,其中 0~1.5 V 刻度供 R×1~R×1 k 挡用,0~10.5 V 供 R×10 k~R×100 k 挡用(可测量 10 V 以内稳压管)。各挡满度电流见表 4.1.2。

表 4.1.2　万用表各挡位对应满度电流

开关位置(Ω)挡	R×1	R×10	R×100	R×1 k	R×10 k	R×100 k
满度电流 LI	100 mA	10 mA	1 mA	100 μA	70 μA	7 μA
测量范围 LV	0~1.5 V				0~10.5 V	

(12) 220 V(交流)火线判别(测电笔功能)：将仪表开关旋转至 220 V(交流)火线判别挡位,首先将正负表棒插入 220 V(交流)插孔内,此时红色指示灯应发亮,将其中任一根表棒拔出,红色指示灯继续点亮的一端即为火线端。使用此挡时,如发光管亮度不足应及时更换 9 V 层叠电池,以免发生误判断。

2. 注意事项

(1) 测量高压或大电流时,为避免烧坏开关,应在切断电源情况下,变换量限。

(2) 测未知量的电压或电流时,应先选择最高量程,待第一次读取数值后,方可逐渐转至适当位置以取得较准读数并避免烧坏电路。

(3) 测量高压时,要站在干燥绝缘板上,并一手操作,防止意外事故。

4.1.2　数字式万用表

数字式万用表是在模拟指针式刻度测量的基础上,用数字形式直接将检测结果显示出来,它与指针式万用表相比,具有读数直观清晰、测量精度高、分辨力强、抗干扰能力强、测量范围宽、测试功能齐全等优点。下面以 UT39C 数字万用表(如图 4.1.2 所示)为例,详细介绍其使用方法及注意事项。

1. 按键功能

(1) 电源开关键　当黄色"POWER"键被按下时,万用表电源即被接通;黄色"POWER"键处于弹起状态时,万用表电源即被关闭。

(2) 自动关机　万用表工作 15 min 左右,电源将自动切断,万用表进入休眠状态。当万用表自动关机后,若要重新开启电源,则需重复按电源开关两次。

(3) 数据特性显示　按下蓝色"HOLD"键,万用表 LCD 上保持显示当前测量值,再次按一下该键则退出数据保持显示功能。

图 4.1.2　UT39C 数字万用表

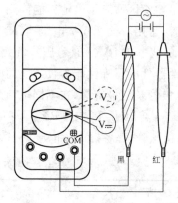

图 4.1.3　交、直流电压测量

2. 使用方法

该万用表具有电源开关,同时设置有自动关机功能,当仪表持续工作约 15 min 后会自动进入休眠状态,因此,当该万用表的 LCD 上无显示时,首先应确认是否已自动关机。

开启该万用表电源后,观察 LCD 显示屏,如出现 ▨ 符号,则表明电池电力不足,为了确保测量精度,须更换电池。

测量前须注意测试电压和电流,不要超出指示值。

(1) 直流电压测量(如图 4.1.3 所示):将红表笔插入"VΩ"插孔,黑表笔插入"COM"插孔,将功能开关置于直流电压量程挡,并将测试表笔并联到待测电源或负载上,从显示器上读取测量结果。

(2) 交流电压测量(如图 4.1.3 虚线框所示):操作说明同直流电压测量相同。

（3）直流电流测量（如图 4.1.4 所示）：将红表笔插入"mA"或"10 A 或 20 A"插孔（当测量 200 mA 以下的电流时，插入"mA"插孔；当测量 200 mA 及以上的电流时，插入"10 A 或 20 A"插孔），黑表笔插入"COM"插孔；将功能开关置 A 量程，并将测试表笔串联接入到待测负载回路里；从显示器上读取测量结果。

（4）交流电流测量（如图 4.1.4 虚线框所示）：操作说明同直流电流测量相同。

（5）电阻测量（如图 4.1.5 所示）：将红表笔插入"VΩ"插孔，黑表笔插入"COM"插孔；将功能开关置于 Ω 量程，并将测试表笔并接到待测电阻上；从显示器上读取测量结果。

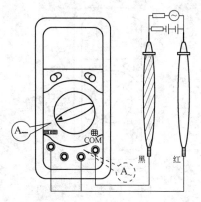

图 4.1.4　交、直流电流测量

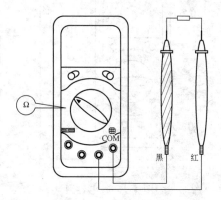

图 4.1.5　电阻测量

（6）频率测量（如图 4.1.6 所示）：将红表笔插入"VΩ"插孔，黑表笔插入"COM"插孔；将功能开关置于 kHz 量程，并将测试表笔并接到待测电路上；从显示器上读取测量结果。

（7）温度测量（如图 4.1.7 所示）：将热电偶传感器冷端"＋"、"－"极分别插入"VΩ"插孔和"COM"插孔；将功能开关置于 TEMP(℃) 量程，热电偶的工作端（测温端）置于待测物上面或内部；从显示器上读取读数，其单位为℃。

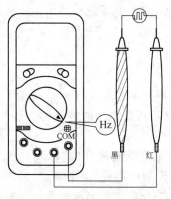

图 4.1.6　频率测量

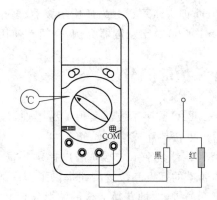

图 4.1.7　温度测量

（8）电容测量（如图 4.1.8 所示）：将功能开关置于电容量程挡；将待测电容插入电容测试输入端，如超量程，LCD 上显示"1"，需调高量程；从显示器上读取读数。

（9）二极管和蜂鸣通断测量：将红表笔插入"VΩ"插孔，黑表笔插入"COM"插孔；将功能开关置于二极管和蜂鸣通断测量挡位；如将红表笔连接到待测二极管的正极、黑表笔连接到待测二极管的负极，则 LCD 上的读数为二极管正向压降的近似值；如将表笔连接到待测线路的两端,若被测线路两端之间的电阻大于 70 Ω,认为电路断路;被测线路两端之间的电阻≤10 Ω,认为电路良好导通,蜂鸣器连续声响;如被测两端之间的电阻在 10～70 Ω 之间,蜂鸣器可能响,也可能不响,同时 LCD 显示被测线路两端的电阻值。

(10) 晶体管参数测量(如图 4.1.9 所示):将功能/量程开关置于"hFE";决定待测晶体管是 PNP 或 NPN 型,正确将基极(B)、发射极(E)、集电极(C)对应插入四脚测试座,显示器上即显示出被测晶体管的 hFE 近似值。

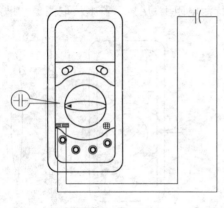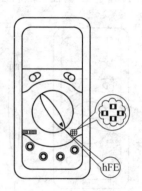

图 4.1.8　电容测量　　　　　　　　　　　图 4.1.9　晶体管参数测量

4.2　示　波　器

示波器是近代电子领域最重要的测试仪器之一,同时在其他领域的用途也非常广泛。示波器的主要用途是观察和测量电信号的波形,同时还可以利用其图像显示功能,直接测量出电信号的幅度、频率、相位、脉宽等参数。示波器的种类和型号很多,它们的用途及特点也各不相同,但大致可以分为通用示波器、多束多踪示波器、逻辑示波器和专用示波器等。下面以 DS1022C 数字示波器为例,介绍其使用方法。

4.2.1　功能简介

DS1022C 数字示波器实现了易用性、优异的技术指标及众多功能特性的完美结合,可帮助用户更快地完成工作任务。

DS1022C 数字示波器向用户提供了简单而功能明晰的前面板,以进行所有的基本操作。各通道的标度和位置旋钮提供了直观的操作,而且为加速调整,便于测量,用户可直接按(AUTO)键,立即获得适合的波形显现和挡位设置。DS1022C 数字示波器还具有更快完成测量任务所需要的高性能指标和强大功能。

DS1022C 数字示波器的性能特点如下:

(1) 双模拟通道,多通道带宽;

(2) 十六个数字通道,可独立接通关闭通道,或以 8 个为一组接通或关闭(混合信号示波器);

(3) 高清晰彩色液晶显示系统,320×234 分辨率;

（4）支持即插即用 USB 存储设备和打印机，并可通过 USB 存储设备进行软件升级；

（5）模拟通道的波形亮度可调；

（6）自动波形，状态设置（AUTO）；

（7）波形、设置、CSV 和位图文件存储以及波形和设置再现；

（8）精细的延迟扫描功能，轻易兼顾波形细节与概貌；

（9）自动测量 20 种波形参数；

（10）自动光标跟踪测量功能；

（11）独特的波形录制和回放功能；

（12）支持示波器快速校准功能；

（13）内嵌 FFT；

（14）实用的数字滤波器，包含 LPF、HPF、BPF、BRF；

（15）Pass/Fail 检测功能，光电隔离的 Pass/Fail 输出端口；

（16）多重波形数学运算功能；

（17）独一无二的可变触发灵敏度，适应不同场合下的特殊测量要求；

（18）多国语言菜单显示；

（19）弹出式菜单显示，用户操作更方便、直观；

（20）中英文帮助信息显示；

（21）支持中英文输入。

4.2.2 面板介绍

DS1002C 向用户提供简单而功能明晰的前面板（如图 4.2.1 所示），以进行基本操作。面板上包括旋钮和功能键。显示屏右侧的一列 5 个灰色按键为菜单操作键（自上而下定义为 1 号至 5 号），通过它们，可以设置当前菜单的不同选项；其他按键为功能键，通过它们，可以进入不同的功能菜单或直接获得特定的功能应用。

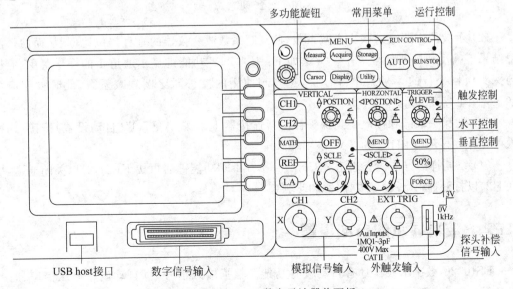

图 4.2.1 DS1002C 数字示波器前面板

4.2.3　功能检查操作

做一次快速功能检查,以核实仪器运行正常。

1. 接通仪器电源

接通电源后,仪器执行所有自检项目,并确认通过自检,按 STORAGE 按钮,用菜单操作键从顶部菜单框中选择"存储类型",然后调出"出厂设置"菜单框。

2. 示波器接入信号

按照如下步骤接入信号:

(1)用示波器探头将信号接入通道 1(CH1):将探头开关设定为 10 X,并将示波器探头与通道 1 连接,将探头连接器的插槽对准 CH1,同轴电缆插接件(BNC)上的插口并插入,然后向右旋转以拧紧探头,如图 4.2.2 所示。

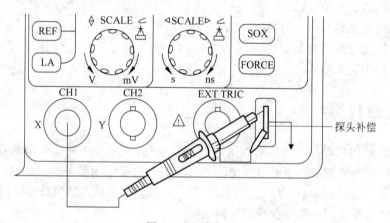

图 4.2.2　步骤(1)

(2)示波器需要输入探头衰减系数,此衰减系数改变仪器的垂直挡位比例,从而使得测量结果正确反映被测信号电平。方法如下:按"CH1"功能键显示通道 1 的操作菜单,应用与探头项目平行的 3 号菜单操作键,选择与使用的控头同比例衰减系数,此时设定应为 $10\times$,如图 4.2.3 所示。

(3)把探头端部和接地夹到探头补偿器连接器上。按"AUTO"(自动设置)按钮,几秒内可见方波显示(1 kHz:约 3 V,峰到峰)。

(4)以同样的方法检查通道 2(CH2)。按"OFF"功能键后再按下(CH2)以关闭通道,按(CH2)以打开通道 2,重复步骤(2)和步骤(3)。

4.2.4　波形显示的自动设置

DS1022C 数字示波器具有自动设置功能。根据输入信号,可自动调整电压倍率、时基以及触发方式达到最好的形态显示。应用自动设置要求被测信号的频率≥50 Hz,占空比大

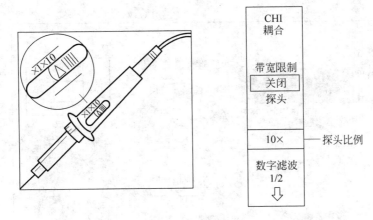

图 4.2.3　步骤(2)

于 1%。

使用自动设置的操作步骤如下：

(1) 将被测信号连接到信号输入通道(如收音机的调频、调幅信号)；

(2) 按下"AUTO"按钮。示波器将自动设置垂直、水平和触发控制。如需要，可手工调整这些控制使波形显示达到要求。

4.3　信号发生器

信号发生器可以产生频率、幅度都可以连续调节的正弦波信号，调频、调幅信号和各种频率的锯齿波、三角波、方波等多种信号。它的用途广泛，可用于无线电通信、教学、科研、生产等领域，种类也很多，一般可分为高频信号发生器和低频信号发生器。下面分别以 DF1070 信号发生器(频率计数器)和 SP1461-V 数字合成高频标准信号发生器为例进行介绍。

4.3.1　DF1070 信号发生器(频率计数器)

1. 面板介绍

DF1070 信号发生器(频率计数器)的前后面板如图 4.3.1 及图 4.3.2 所示。

(1) POWER 开关：开启或关闭电源。

(2) 监视器显示：LED 六位数字显示，可直接读取 RF 信号发生器的振荡频率和外部输入信号频率。Hz、kHz、MHz 三个指示灯分别代表信号的频率范围，GATE 灯的闪烁是闸门时间，OVER 灯亮是代表输入的信号频率超出范围。

(3) INT/HF/VHF 开关：开关置于"INT"位置时，仪器作为 RF 信号发生器使用；开关置于"HF"位置和"VHF"位置时，仪器作为频率计数器使用，测量频率范围分别为 DHF 挡 10 Hz～100 MHz 和 VHF 挡 100～1300 MHz。

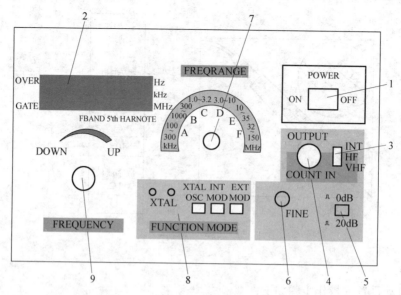

图 4.3.1   DF1070 信号发生器前面板

（4）OUTPUT/COUNT IN 插座：把"INT/HF/VHF"开关置于"INT"位置时,该接头作为 RF 信号发生器的输出使用。把开关置于"HF"或"VHF"位置时,该接头作为频率计数器的输入端口。

（5）0 dB/20 dB 开关：开关按下"20 dB"时,信号发生器的输出信号衰减约 20 dB。

（6）"FINE"旋钮：该旋钮是用来调节信号发生器输出电平大小的,顺时针调节输出电平增大,反时针调节输出电平减小。

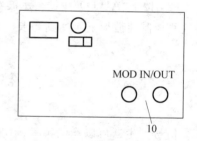

图 4.3.2   DF1070 信号发生器后面板

（7）FREQRANGE 开关：用来选择工作频段。

A 100～300 kHz   B 300～1000 kHz

C 1～3.2 MHz   D 3～10 MHz

E 10～35 MHz   F 32～150 MHz(三次谐波可达 450 MHz)

（8）FUNCTION MODE 开关功能如下。

EXT MOD：用外部的音频源对载波进行调制。

INT MOD：内部的 1 kHz 正弦波对载波进行调制,该调制信号也可用于外部电路的调制。

XTAL OSC：晶体振荡器的输出频率由所使用的晶体决定。

XTAL 插座：可插入 1～15 MHz 石英晶体。

（9）FREQUENCY 旋钮：当调到所需要的频段后,调该旋钮到所需要的工作频率。

（10）MOD IN/OUT 插孔：在仪器的后面板上,用于外调制信号输入或内 1 kHz 振荡器的输出。

2. 信号发生器的使用方法

(1) 开机前的准备：POWER 开关置于 OFF；插入电源线；连接 RF 输出电缆到 OUTPUT/COUNT IN 端口；FINE 旋钮调在中间位置，根据所需信号的大小按下 20 dB 衰减开关或 0 dB 开关。

(2) POWER 开关置于 0 N。

(3) INT/HF/VHF 开关置于 INT 位置。

(4) 连接：仪器的 OUTPUT/COUNT IN 端口与测试电路的输入用 RF 电缆连接。作为接收机天线输入的 RF 信号，串接一只 0.25 W、50~200 Ω 的电阻。当用鞭状天线检查设备时，RF 电缆与一只用少许金属线弯成的线圈相接而该线圈与天线相耦合。在检查 RF 和 IF 放大器电路时，应该接一只 1~5 pF 的小电容，以防止失谐效应。注意：当与输入电路直接相连接时，要确保无直流高压出现。另外，根据使用的频率，连接一只 0.05~100 μF 隔离电容。

(5) 调制载波，内部源：按下"INT MOD"开关。调谐接收机到信号发生器的频率，反过来也一样，在扬声器里将听到音频单音。当调准内部电路时，音频电压表应该跨接在扬声器终端上，在移动线圈的地方用一只适当功率的电阻替代，保持适当的 RF 信号电平并尽可能地低以防止电路中的晶体管或电子管过载。过度的输入电压将引起老化效应和(或者)再现两个谐振点而将不可能真正地调准或者调整。在 A 波段的频率高端和 F 波段有可能波形失真。

(6) 调制载波，外部源：按下"EXT MOD"开关。从外部音频发生器的输出连线到 DF1070 后面板上"MOD IN/OUT"插口上。调制频率直到 15 kHz，可以用来调制 3 MHz 以上的 RF 信号。音频输入电压不应超过 2 V，以防止调制失真。

(7) 非调制载波：按下"EXT MOD"开关，断开外部音频调制信号的输入，仪器输出为无调制的连续波信号，该信号可以用于只需要连续波信号的电路或设备中。

3. 频率计数器的使用方法

(1) POWER 开关置于 0 N。

(2) 根据所要测量范围将 INT/HF/VHF 开关分别置于"HF"或"VHF"位置，在 10 Hz~100 MHz 频率范围内置于"HF"位置，而在 100~1300 MHz 频率范围内置于"VHF"位置。

(3) 连接被测信号的输出到仪器的"OUTPUT/COUNT IN"端口，该端口是做频率计数器的输入端口。

(4) 要保证输入信号电压是在规定范围内，若信号电压太高需用分压器，信号电压太低需用前置放大器。

(5) 当 INT/HF/VHF 开关置于"VHF"位置用来测量较高 RF 信号频率时，将"FREQ RANGE"开关置于 A、B、C、D 四挡中任意一挡。

4. 注意事项

(1) POWER 开关置于 OFF，然后再连接电源线。

(2) 连接 RF 电缆到"OUT PUT/COUNT IN"端口。

(3) 调"FREQ RANGE"开关到所需要的工作波段，并且调"FREQ VENCY"旋钮到所需要的频率。

（4）输出连接线应尽可能地短，以防止引入不需要的噪声，过长的连接电缆将影响到高频段的输出响应。

（5）RF线连接到测试电路的输入端，红端为高电位端，而黑线为低电位端。当与输入电路直接连接时，要确保无高的DC电压出现。另外，要根据频率的高低，连接一只0.05～100 μF的隔直电容。

4.3.2 SP1461-V 数字合成高频标准信号发生器

1. 面板介绍及按键说明

1）前面板（如图4.3.3所示）

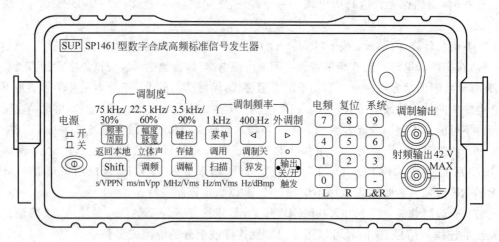

图4.3.3 SP1461-V信号发生器前面板

前面板一共24个按键，按键按下后，会用响声"嘀"来提示。每个按键的基本功能标在该按键上，实现某个按键功能只需要按下该键即可。多数按键有第二功能，第二功能用蓝色标在这些按键的上方或下方，实现按键第二功能，只需先按下（Shift）键再按下该键即可。少数按键还可作单位键，单位标在这些键的下方。要实现按键的单位功能，只需先按下数字键，接着再按下该键即可。不同功能模式的按（菜单）键出现不同菜单。

数字输入键功能见表4.3.1。

表4.3.1 数字输入键功能

键名	主 功 能	第二功能	键名	主 功 能	第二功能
0	输入数字0	立体声左声道	7	输入数字7	进入点频
1	输入数字1	无	8	输入数字8	进入复位
2	输入数字2	无	9	输入数字9	进入系统
3	输入数字3	无	·	输入小数点	立体声右声道
4	输入数字4	无	—	输入负号	立体声左 & 右声道
5	输入数字5	无	◀	闪烁数字左移	内调制 400 Hz 选择
6	输入数字6	无	▶	闪烁数字右移	外调制选择

功能键功能见表 4.3.2。

表 4.3.2　功能键功能

键　　名	主　功　能	第　二　功　能	单位功能
频率/周期	频率或周期选择	调频 75 kHz 或调幅 30% 选择	无
幅度/脉宽	幅度选择	调频 22 kHz 或调幅 60% 选择	无
键控	键控功能	调频 3.5 kHz 或调幅 90% 选择	无
菜单	菜单选择	内调制 1 kHz 选择	无
调频	调频功能选择	立体声调频功能选择	ms/mVpp
调幅	调幅功能选择	存储功能选择	MHz/Vrms
扫描	扫描功能选择	调用功能选择	kHz/mVrms
猝发	猝发功能选择	调制关功能选择	Hz/dBm

其他键功能见表 4.3.3。

表 4.3.3　其他键功能

键名	主　功　能	其　　他
输出	信号输出与关闭切换	扫描功能和猝发功能的单次触发
Shift	和其他键一起实现第二功能;远程时退出远程	单位 s/Vpp/N

显示屏各符号及含义见表 4.3.4。

表 4.3.4　显示屏符号及含义

显示	表　　示	显示	表　　示
∼	(不显示)	Sweep	扫描功能模块
⌐⌐	(不显示)	Ext	外部信号输入状态
∿	(不显示)	Freq	(不显示)
⟋	(不显示)	Count	(不显示)
Arb	(不显示)	Ref	(与 Ext)外基准输入状态
Filter	(不显示)	FSK	频移功能模块
ATT	(不显示)	◀FSK	相移功能模块
GATE	(不显示)	Burst	猝发功能模块
Adrs	(与 Rmt)仪器处于远程控制状态	Offset	(不显示)
Trig	等待单次或外部触发	Shift	【Shift】键按下
FM	调频功能模块	Rmt	(与 Adrs)仪器牌远程控制状态
AM	调频功能模块	Z	频率单位 Hz 的组成部分

2) 后面板(如图 4.3.4 所示)

2. 使用说明(以调试收音机为例)

1) 使用前准备工作

先检查电源电压是否符合本仪器电压工作范围,确定无误后方可将电源线插入本仪器后面板上的电源插座内。仔细检查测试系统电源情况,保证系统间接地良好,仪器外壳和所有的外露金属均已接地。在与其他仪器相连时,各仪器间应无电位差。

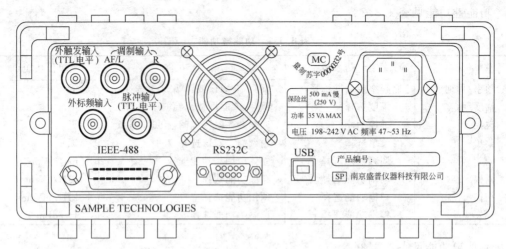

图 4.3.4 SP1461-V 信号发生器后面板

2) 信号输出使用说明

（1）仪器开机：插上电源后，按下电源开关，仪器进入初始化。先闪烁显示"WELCOME"2 s，再闪烁显示仪器型号"SP1461-V"1 s，之后根据系统功能中开机状态设置，如开机设置是"DEFAULT"，则进入"点频"功能状态，如开机设置是"LAST STATE"，则进入上次关机前的状态。

（2）数据输入：数据输入有两种方式，分别是数据键输入和调节旋钮输入。数据键输入是用十个数字键向显示区写入数据；调节旋钮输入是通过调节旋钮对信号进行连续调节。

（3）功能选择：仪器开机出厂设置为"点频"功能模式，输出单一频率连续波，按"调频"、"调幅"、"扫描"、"猝发"、"点频"、"FSK"、"PSK"、"立体声调频（选件）"、"脉冲调制（选件）"可分别实现 9 种功能模式。

（4）点频功能模式：指的是输出单一频率的连续波——正弦波，可设定频率、幅度。在其他功能时，可先按下【Shift】键，再按下【点频】键来进入点频功能。从点频转到其他功能，点频设置的参数就作为载波的参数；同样，在其他功能中设置载波的参数，转到点频后就作为点频的参数。频率设定是先按【频率】键，显示出当前频率值，然后可用数字键或调节旋钮输入频率值。调节收音机时，无论是在调频状态下还是在调幅状态下，都是在点频功能模式下进行调节。

（5）调频功能模式（FM）：调频又称为"频率调制"，在点频功能模式下进行如下操作。

按【调频】键，进入调频功能模式；按【频率/周期】键，设置载波频率；按【幅度/脉宽】键，设置载波幅度；按【菜单】键，选择调制频偏（FM DEVIA）选项，设置调制频偏；按【菜单】键，选择调制信号频率（FM FREQ）选项，设置调制信号频率。

（6）调幅功能模式（AM）：调幅又称为"幅度调制"，在点频功能模式下进行如下操作。

按【调幅】键，进入调幅功能模式；按【频率】键，设置载波频率；按【幅度】键，设置载波幅度；按【菜单】键，选择（AM，EVEL）选项，设置调制深度；按【菜单】键，选择（AM FREQ）选项，设置调制信号频率；按【菜单】键，选择（AM SOURCE）选项，设置调制信号源。

4.4 晶体管特性图示仪

晶体管特性图示仪是由测试晶体管特性参数的辅助电路和示波器组成的专用仪器,用它可以在荧光屏上直接观察晶体管的各种特性曲线,并且能够通过标尺刻度直接读出晶体管的各项参数,它也是电子线路实验常用的仪器之一。下面以 DF4810 晶体管特性图示仪做介绍。

4.4.1 总体结构

为了便于使用者能有效熟悉和了解各部分的操作和各控制键的位置及作用,现将其分成几个单元分别说明。DF4810 晶体管特性图示仪前面板各单元结构如图 4.4.1 所示。

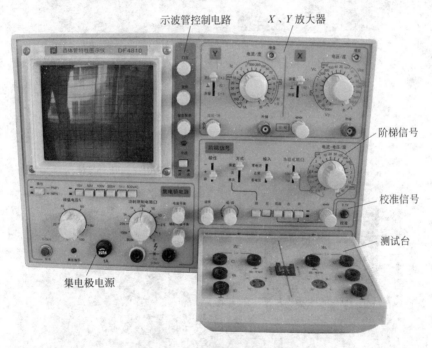

图 4.4.1 前面板各单元结构

4.4.2 各单元功能简介

1. 示波管及显示电路(见图 4.4.2)

它是通过改变示波管栅阴之间的电压来改变发射电子的多少从而控制辉度,使用的辉度(R722)应适中。聚焦(R720)与辅助聚集(R726),相互配合调节,使图像清晰。

2. Y 轴作用(见图 4.4.3)

(1) 电流/度 S201:一种具有 22 挡,四种偏转作用的开关。

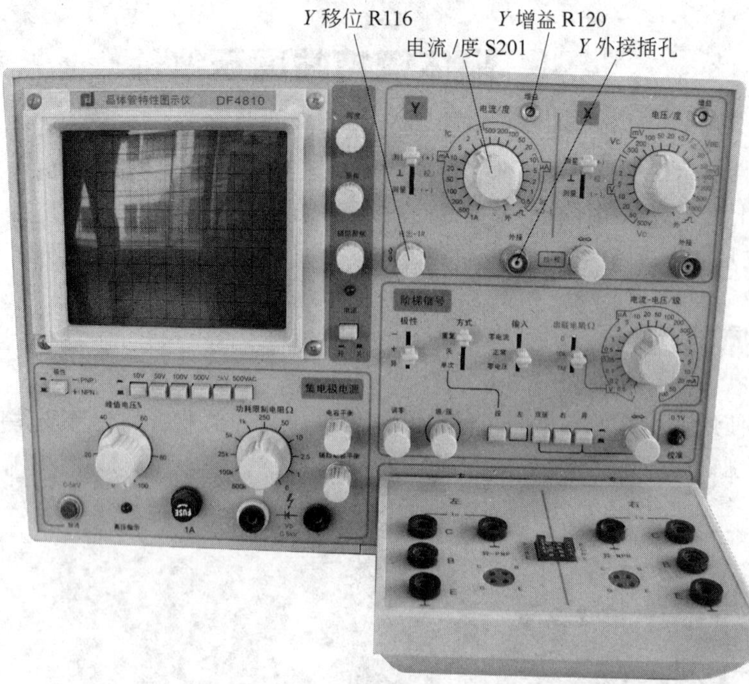

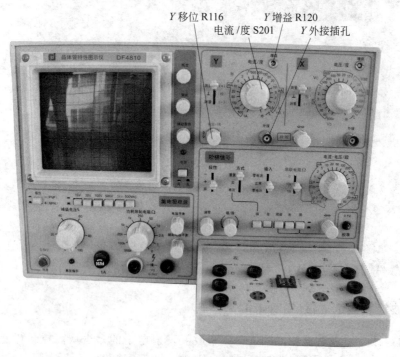

图 4.4.2 示波管及显示部分

图 4.4.3 Y 轴作用选择

(2) 集电极电流 Ic：0.5 μA/div～1 A/div 共 20 挡。

(3) 二极管漏电流 IR：0.05～1 μA/div 共 5 挡。

(4) 移位 R116：使被测信号或集电极扫描线在 Y 轴方向移动。

(5) 增益 R120：用以放大器放大量的校准。

3. X 轴作用（见图 4.4.4）

(1) 电压/度 S301：一种具有 22 挡，四种偏转作用的开关。

(2) 集电极电压 Vc：10 MV/div～50 V/div 共 12 挡。当开关置 500 V/div 时，可进行 5 kV 内二极管反向电压的测试。

(3) 移位 R154，使被测信号或集电极扫描在 X 方向移动。

(4) 增益 R159，用以放大器放大量的校准。

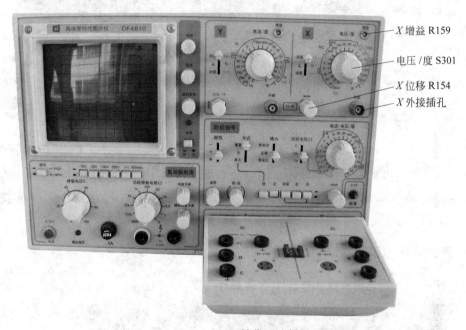

图 4.4.4　X 轴作用选择

4. 集电极电源（见图 4.4.5）

(1) 峰值电压范围 S602：有 6 挡，分别为 0～5 V(10 A)，0～50 V(1 A)，0～100 V(0.5 A)，0～500 V(0.1 A)，0～5 kV(5 mA)，0～500 V(AC)。

(2) 观察晶体管的特性时，必须先将峰值电压 T601 调到 0 值。再按需要调节输出电压，以避免损坏被测晶体管。

(3) 0～500 V(AC)挡的设置专为二极管或其他测试提供双向扫描，能方便地同时显示二极管的正反向特性曲线；0～5 kV 挡，可对二极管 0～5 kV 内进行反向耐用压测试。

(4) 极性 S601：极性开关可以转换集电极电压的正、负极性，以便 NPN 型和 PNP 型晶体管的测试。

(5) 峰值电压% T601：通过峰值电压调节，可以使输出电压的峰值在 0～5 V、0～50 V、0～100 V、0～500 V、5 kV 之间变化。面板上的标称值只作近似值所用，精确的读数应由 X 轴偏转灵敏度读测。

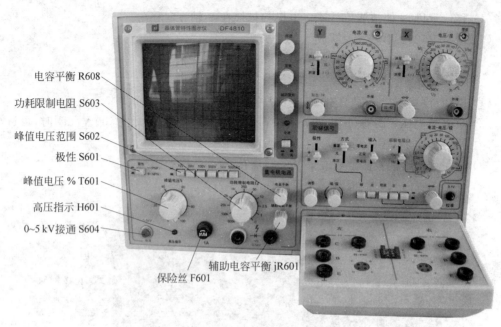

图 4.4.5 集电极电源

（6）功耗限制电阻 S603：串接在被测管的集电极电路上限制超过功率,亦可作为被测半导体管集电极的负载电阻,通过图示仪的特性曲线簇的斜率,可选择合适的负载电阻阻值。

5. 阶梯信号（见图 4.4.6）

（1）极性 S402：选用取决于被测半导体器件需要。

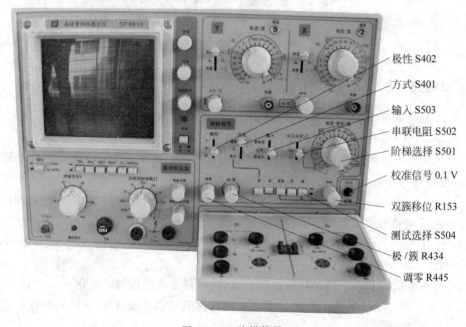

图 4.4.6 阶梯信号

（2）极/簇 R434：用来调节阶梯信号的级数，在 1～10 级范围内连续可调。

（3）调零 R445：未测试前，应先调整阶梯信号起始级，零电位的位置。当荧光屏上已显示基极阶梯信号后将 S503 开关置于"零电压"，观察光点停留在荧光屏上的位置，复位后调节"调零"电位器，使阶梯信号的起始级光点仍在该处，这样阶梯信号的"零电位"即被准确校准。

（4）阶梯选择 S501：是一个具有 22 挡、两种作用的开关。

（5）基极电流 0.5 μA/级～100 mA/级，共 17 挡，其作用是通过改变开关的不同挡级，使基极电流按 0.5 μA/级～100 mA/级各挡级内的电流通过被测晶体管。

（6）重复、关：重复，使阶梯信号重复出现，作正常测试；关的位置是阶梯信号处于待触发状态。

（7）方式 S401：即单次按开关，单次的按动是使预先调整好的电压（电流/级），出现一次阶梯信号后回到等待触发位置。因此可利用它的瞬间作用特性来观察被测管的各种极限特性。

（8）测试选择 S504：测试选择开关可任意测试左、右两个被测管的各种特性。当置"双簇"时，即通过电子开关自动交替显示双簇特性曲线。当双簇测试异极性晶体管时，应将 PNP 管插入左测试座，NPN 管插入右测试座。将光点通过 Y 移位调到屏幕中间然后进行测试。可视需要改变双簇移位电位器（R53）的位置。双簇测试时阶梯电流以 10 μA/级～50 mA/级为宜。

4.5　交流毫伏表

交流毫伏表是测量正弦波电压信号有效值的仪表，用于测量频率较高而又微弱的信号交流电压值。下面以 DF1933 全自动数字交流毫伏表为例介绍其使用等。

4.5.1　面板及按键说明

DF1933 全自动数字交流毫伏表面板如图 4.5.1 及图 4.5.2 所示。

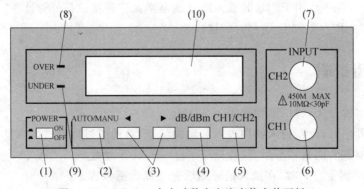

图 4.5.1　DF1933 全自动数字交流毫伏表前面板

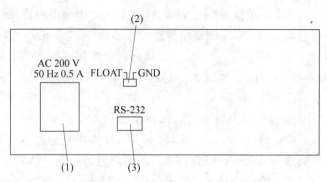

图 4.5.2   DF1933 全自动数字交流毫伏表后面板

1. 前面板控件说明（序号同图 4.5.1）

（1）POWER 电源开关。

（2）AUTO/MANU 自动/手动测量选择按键。

（3）量程切换按键，用于手动测量时量程的切换。

（4）dB/dBm 用于显示 dB/dBm 选择按键。

（5）CH1/CH2 用于 CH1/CH2 测量选择按键。

（6）CH1 被测信号输入通道 1。

（7）CH2 被测信号输入通道 2。

（8）OVER 过量程指示灯。当手动或自动测量方式时，读数超过 3999 时该指示灯闪烁。

（9）UNDER 欠量程指示灯。当手动或自动测量方式时，读数低于 300 时该指示灯闪烁。

（10）参数显示窗口。用于显示当前的测量量程、测量方式（自动/手动）、测量通道实测输入信号电压值、dB 或 dBm 值。

2. 后面板控件说明（序号同图 4.5.2）

（1）交流电源输入插座，用于 220 V 电源的输入。

（2）FLOAT/GND 用于测量时输入信号地是浮置还是接机箱外壳地。

（3）RS-232 用于 RS-232 通信时的接口端。

4.5.2   使用说明

（1）打开电源开关，将仪器预热 15～30 min。

（2）电源开启后，仪器进入使用提示和自检状态，自检通过后即进入测量状态。

（3）在仪器进入测量状态后，仪器处于 CH1 输入，手动量程 300 V 挡，电压和 dB 的显示。当采用手动测量方式时，在加入信号前请先选择合适量程。

（4）在使用过程中，两个通道均能保持各自的测量方式和测量量程，因此选择测量通道时不会更改原通道的设置。

（5）当仪器设置为自动测量方式时，仪器能根据被测信号的大小自动选择测量量程。当仪器在自动方式下量程处于 300 V 挡时，若 OVER 灯亮表示过量程，此时，电压显示 ▶▶▶▶▶V，dB 显示为 ▶▶▶▶▶dB，表示输入信号过大，超过了仪器的使用范围。

（6）当仪器设置为手动方式时，用户可根据仪器的提示设置量程。若 OVER 灯亮表示过量程，此时电压显示 ▶▶▶▶▶V，dB 显示为 ▶▶▶▶▶dB，应该手动切换到上面的量程。当 UNDER 灯亮时，表示测量欠量程，用户应切换到下面的量程测量。

（7）在使用过程中，若面板上的量程指示键为"◀▶"，表示此时的量程设置处于中间位置，量程可以向上设置，亦可向下设置。若量程指示键为"◀"，表示量程处于最大 300 V 挡，此时只可向下设置，若量程指示键为"▶"，表示量程处于最小 3 mV 挡，此时只可向上设置量程。

（8）当仪器设置为手动测量方式时，从输入端加入被测信号后，只要量程选择恰当，读数能马上显示出来。当仪器设置为自动测量方式时，由于要进行量程的自动判断，读数显示略慢于手动测量方式。在自动测量方式下，允许用手动量程设置按键设置量程。

4.5.3　注意事项

（1）仪器应放在干燥及通风的地方，并保持清洁，久置不用时应罩上塑料套。

（2）仪器使用电压为 220 V、50 Hz，应注意不应过高或过低。

（3）仪器在使用过程中不应进行频繁的开机和关机，关机后重新开机的时间间隔应大于 5 s 以上。

（4）仪器在开机或使用过程中若出现死机现象，先关机然后再开机检查。

（5）仪器在开机自检过程中若出现自检错误，表示仪器控制线路有故障，应停止使用。

（6）仪器在使用过程中，不要长时间输入过量程电压。

（7）仪器在自动测量过程中，进行量程切换时会出现瞬态的过量程现象，此时只要输入电压不超过最大量程，片刻后读数即可稳定下来。

（8）仪器在测量过程中，UNDER/OVER 指示灯闪烁，应依要求切换量程，否则其测量读数只供参考。

（9）本仪器属于测量仪器，非专业人员不得进行拆卸、维修和校正，以免影响其测量精度。

4.6　数字电桥

以 DF2812C LCR 数字电桥为例做介绍。

4.6.1　面板介绍

DF2812C LCR 数字电桥前面板如图 4.6.1 所示。

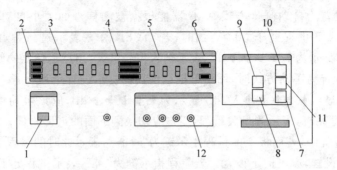

图 4.6.1　DF2812C LCR 数字电桥前面板图

1—电源开关；2—功能指示 1；3—主参数显示；4—主参数单位指示；5—副参数显示；

6—功能指示 2；7—参数键；8—频率键；9—等效键；10—锁定键；11—清"0"键；12—测试端

（1）电源开关：控制仪器电源开或关。

（2）功能指示 1：三只 LED 指示灯，指示当前测量参数 L、C、R。

（3）主参数显示：五位 LED 数码管，用于显示 L、C、R 参数值。

（4）主参数单位指示：三只 LED 指示灯，用于指示当前显示主参数的单位。

（5）副参数显示：四位 LED 数码管，用于显示 D 或 Q 值。

（6）功能指示 2：二只 LED 指示灯，用于指示当前测量副参数 D、Q。

（7）参数键：按键进行主参数选择，L、C 或 R。

（8）频率键：按键选择设定施加于被测元件上的测试信号频率，由三只 LED 指示灯进行指示。

（9）等效键：按键选择仪器测量时的等效电路，有串联和并联两种。

（10）锁定键：按键指示灯亮时（ON），选定量程锁定，在元件批量测试时，可提高测试速度。指示灯灭时，为量程选择自动。

（11）清"0"键：按键指示灯亮时（ON），表示已对仪器进行清"0"操作，指示灯灭时，表示不对仪器进行清"0"操作。

（12）测试端：HD、HS、LS、LD 测试信号端。

4.6.2　使用方法

（1）插入电源插头，将面板电源开关按至 ON，显示窗口应有数字显示，否则请重新启动仪器。

（2）预热 10 min，等机内达到热平衡后，进行正常测试。

（3）根据被测器件，选用合适的测试夹具或测试电缆，测试端保持良好接触。

（4）根据被测件的要求选择相应的测试条件。

① 测试频率：根据被测件的测试标准或使用要求选择合适的频率，按"频率"键使仪器指示在指定的频率上，100 Hz、120 Hz、1 kHz。

② 测量参数：用"参数"键选择合适的测量参数，电感 L、电容 C、电阻 R，选定参数在仪器面板上由 LED 指示灯指示。

③ 等效电路：用"等效"键选择合适的测量等效电路，一般情况，对于低值阻抗元件（通

常高值电容和低值电感)使用串联等效电路;对于高值阻抗元件(通常是低值电容和高值电感)使用并联等效电路。同时,也须根据元件的实际使用情况来决定其等效电路,如对电容器,用于电源滤波时应使用串联等效电路,而用于 LC 振荡电路时应使用并联等效电路。

④ 选择量程方式:有两种量程方式,分别是自动或锁定,电"锁定"键时进行选择。本仪器共分五个量程,不同量程决定了不同的测量范围,所有量程构成了仪器完整的测试范围。当量程处于自动状态时,仪器根据测量的数据自动选择最佳的量程,此时,最多可能需 3 次选择才能完成最终的测量。当量程处于锁定状态时,仪器不进行量程选择,在当前锁定的量程上完成测量,提高了测量速度。通常对一批相同的元件测量时选择量程锁定。设定时先将被测件插入测试夹具,待数据稳定后,按动"锁定"键,锁定指示灯"ON"点亮,则完成锁定设置。

⑤ 清"0"功能:仪器清"0"包括两种清"0"校准,短路清"0"和开路清"0"。测电容时,先将夹具或电缆开路,按"清零"键使"ON"灯亮;测电阻、电感时,用短、粗裸体导线或短路片短路测试夹具,按"清零"键,使"ON"灯亮。如果需要重新清"0",则按"清零"键,使"ON"灯熄灭,再按"清零"键,使"ON"灯点亮,即完成了再次清"0"。

印制电路板的设计与制作

印制电路板(printed circuit board,PCB)也称为印刷电路板,通常称为印制板或 PCB。由绝缘基板、印制导线、焊盘和印制元件组成,是电子设备的重要组成部分,具有导线和绝缘底板的双重作用,被广泛用于家用电器、仪器仪表、计算机等各种电子设备中。它既可以实现电路中各个元器件之间的电气连接或电气绝缘,代替复杂的布线,同时也可以为电路中各种元器件的固定、装配提供机械支撑,为元器件的插装、检查和维修提供识别字符和图形等。

随着电子产品向小型化、轻量化、薄型化、多功能和高可靠性的方向发展,印制电路板由过去的单面板发展到双面板、多层板、挠性板,其精度、布线密度和可靠性不断提高。不断发展的印制电路板制作技术使电子产品设计、装配走向了标准化、规模化、机械化和自动化的时代。掌握印制电路板的基本设计方法和制作工艺,了解生产过程是学习电子工艺技术的基本要求。

5.1　印制电路板基础知识

最早使用的印制电路板是单面纸基覆铜板,随着半导体晶体管的出现,对印制电路板的需求量也在急剧上升,特别是集成电路的迅速发展及广泛应用,使电子设备的体积越来越小,电路布线密度及难度越来越大,因而对覆铜板的要求越来越高。覆铜板也由原来的单面纸基覆铜板发展到环氧覆铜板、聚四氟乙烯覆铜板和聚酰亚胺柔性覆铜板。新型覆铜板的出现,使印制电路板不断更新,结构和质量都得到不断提高。

印制电路板设计通常有两种方式:一种是人工设计,另一种是计算机辅助设计。无论采用哪种方式,都必须符合原理图的电气连接和产品电气性能、机械性能的要求,符合相应的国家标准要求。目前,计算机辅助设计(CAD)印制电路板的应用软件已经普及推广,在专业化的印制电路板生产厂家中,新的设计方法和工艺不断出现,机械化、自动化生产已经完全取代了手工操作。

5.1.1　印制电路板的材料及分类

在绝缘基材的覆铜板上,按预定设计,用印制的方法制成印制线路、印制元件或两者组合而成的电路,称为印制电路。完成了印制电路或印制线路加工的板,称为印制电路板。印制电路板的主要材料是覆铜板。所谓覆铜板,就是经过黏结、热挤压工艺,使一定厚度的铜箔牢固地附着在绝缘基板上。采用不同材料及厚度的基板、不同的铜箔与黏合剂,制造出来的覆铜板在性能上就有很大差别。板材通常按增强材料类别、黏合剂类别或板材特性来分类。在设计选用时,应根据产品的电气特性和机械特性及使用环境,选用不同种类的覆铜板。同时,应满足国家(部)标准要求。

1. 印制电路板材料

1) 增强材料

常用的增强材料有纸、玻璃布、玻璃毡等,主要分为以下几类。

(1) 酚醛纸基覆铜箔层压板　由绝缘浸渍纸或棉纤维浸以酚醛树脂,两面为无碱玻璃布,在其一面或两面覆以电解紫铜箔,经热压而成的板状纸品。此种层压板的缺点是机械强度低、易吸水和耐高温性能差(一般不超过 100℃),但由于价格低廉,广泛用于低档民用电器产品中。

(2) 环氧纸基覆铜箔层压板　与酚醛纸基覆铜箔层压板不同的是,它所使用的黏合剂为环氧树脂,性能优于酚醛纸基覆铜板。环氧树脂的黏结能力强,电绝缘性能好,又耐化学溶剂和油类腐蚀,机械强度高、耐高温和耐潮湿性较好,但价格高于酚醛纸板。环氧纸板广泛应用于工作环境较好的仪器、仪表及中档民用电器中。

(3) 环氧玻璃布覆铜箔层压板　由玻璃布浸以双氰胺固化剂的环氧树脂,并覆以电解紫铜,经热压而成。这种覆铜板基板的透明度好,耐高温和耐潮湿性优于环氧纸基覆铜板,具有较好的冲剪、钻孔等机械加工性能。环氧玻璃板被用于电子工业、军用设备、计算机等高档电器中。

(4) 聚四氟乙烯玻璃布覆铜箔层压板　具有优良的介电性能和化学稳定性,介电常数低,介质损耗低,是一种耐高温、高绝缘的新型材料。聚四氟乙烯玻璃板应用于微波、高频、家用电器、航空航天、导弹、雷达等产品中。

(5) 聚酰亚胺柔性覆铜板　其基材是软性塑料(聚酯、聚酰亚胺、聚四氟乙烯薄膜等),厚度约 0.25~1 mm。在其一面或两面覆以导电层以形成印制电路系统。使用时将其弯成适合形状,用于内部空间紧凑的场合,如硬盘的磁头电路和数码相机的控制电路。

2) 铜箔

铜箔是覆铜板的关键材料,必须有较高的电导率和良好的可焊性。铜箔质量直接影响到铜板的质量,要求铜箔不得有划痕、砂眼和皱折等。其铜纯度不低于 99.8%,厚度均匀误差不大于 $\pm 5\ \mu m$。铜箔厚度选用标准系列为 $18\ \mu m$、$25\ \mu m$、$35\ \mu m$、$50\ \mu m$、$70\ \mu m$、$105\ \mu m$。目前较普遍采用的是 $35\ \mu m$ 和 $50\ \mu m$ 厚的铜箔。

3) 黏合剂

黏合剂有酚醛、环氧树脂、聚四氟乙烯和聚酰亚胺等。

2. 印制电路板分类

印制电路板的种类很多,一般情况下可按印制电路的分布和机械特性划分。

1) 按印制电路的分布划分

(1) 单面印制电路板　只在绝缘基板的一面覆铜,另一面没有覆铜的电路板,一般厚度为0.2~5.0 mm,是通过印制和腐蚀的方法在铜箔上形成印制电路。单面板只能在覆铜的一面布线,另一面放置元器件。它具有不需打过孔、成本低的优点,但因其只能单面布线,使实际的设计工作往往比双面板或多层板困难得多。它适用于对电性能要求不高的收音机、电视机、仪器仪表等。

(2)双面印制电路板　在绝缘基板的顶层和底层两面都有覆铜,中间为绝缘层。双面板两面都可以布线,一般需要由金属化孔连通。双面板可用于比较复杂的电路,但设计工作并不一定比单面板困难,因此被广泛采用,是现在最常见的一种印制电路板。它适用于电性能要求较高的通信设备、计算机和电子仪器等产品。由于双面印制电路的布线密度高,在某种程度上可减小设备的体积。

(3)多层印制电路板　多层板是指具有3层或3层以上导电图形和绝缘材料层压合而成的印制电路板,包含了多个工作层面。它是在双面板的基础上增加了内部电源层、内部接地层及多个中间布线层。当电路更加复杂,双面板已经无法实现理想的布线时,采用多层板就可以很好地解决这一困扰。多层板可以使集成电路的电气性能更合理,使整机小型化程度更高。

2)按机械特性划分

(1)刚性板　具有一定的机械强度,用它装成的部件具有一定的抗弯能力,在使用时处于平展状态,主要在一般电子设备中使用。酚醛树脂、环氧树脂、聚四氟乙烯等覆铜板都属刚性板。

(2)柔性板,也叫挠性板　柔性板是以软质绝缘材料(如聚酰亚胺或聚酯薄膜)为基材而制成的,铜箔与普通印制电路板相同,使用黏合力强、耐折叠的黏合剂压制在基材上。表面用涂有黏合剂的薄膜覆盖,防止电路和外界接触引起短路和绝缘性下降,并能起到加固作用。使用时可以弯曲,减小使用空间。

(3)刚挠(柔)结合板　采用刚性基材和挠性基材结合组成的印制电路板,刚性部分用来固定元器件作为机械支撑,挠性部分折叠弯曲灵活,可省去插座等元件。

5.1.2　印制电路板设计前的准备

印制电路板的设计质量不仅关系到元器件在焊接装配、调试中是否方便,而且直接影响到整机的技术性能。印制电路板设计不一定需要严谨的理论和精确的计算,但应遵守一定的规范和原则。印制电路设计主要是排版设计,设计前应对电路原理及相关资料进行分析,熟悉原理图中出现的每一个元器件,掌握每个元器件的外形尺寸、封装形式、引脚的排列顺序、功能及形状;确定哪些元器件因发热而需要安装散热装置,哪些元器件装在板上,哪些装在板外;找出线路中可能产生的干扰,以及易受外界干扰的敏感器件;确定覆铜板材及印制电路板的种类,了解印制电路板的工作环境等。

1. 覆铜板板材、板厚、形状及尺寸的选择

1)覆铜板的非电技术标准

覆铜板质量的优劣直接影响印制电路板的质量。衡量覆铜板质量的主要非电技术标准有以下几项:

(1)抗剥强度　使单位宽度的铜箔剥离基板所需的最小力(单位为 kgf/mm),用这个指标来衡量铜箔与基板之间的结合强度。此项指标主要取决于黏合剂的性能及制造工艺。

（2）翘曲度　单位长度的扭曲值，这是衡量覆铜板相对于平面的不平度指标，取决于基板材料和厚度。

（3）抗弯强度　覆铜板所承受弯曲的能力，以单位面积所受的力来计算（单位为 Pa）。这项指标取决于覆铜板的基板材料和厚度，在确定印制电路板厚度时应考虑这项指标。

（4）耐浸焊性　将覆铜板置入一定温度的熔融焊锡中停留一段时间（一般为 10 s）后铜箔所承受的抗剥能力。一般要求铜板不起泡、不分层。如果浸焊性能差，印制电路板在经过多次焊接时，可能使焊盘及导线脱落。此项指标对电路板的质量影响很大，主要取决于绝缘基板材和黏合剂。

除上述几项指标外，衡量覆铜板的技术指标还有表面平滑度、光滑度、坑深、介电性能、表面电阻、耐氰化物等，其相关指标可参考相关手册。

2）选择依据

覆铜箔板的选用，主要是根据产品的技术要求、工作环境和工作频率，以及经济性来决定的。其基本原则如下。

（1）根据产品的技术要求选用　产品的工作电压的高低，决定了印制电路板的绝缘强度，由此可以决定板材的材质和厚度，不同的材质其性能差异较大。设计者在对产品技术分析的基础上，合理经济的选用。工作电压高时选用绝缘性能较好的环氧玻璃布层压板，电压低时选用酚醛纸质层压板就可满足要求。

（2）根据产品的工作环境要求选用　在特种环境条件（如高温、高湿、高寒等条件）下工作的电子产品，整机要求防潮处理等，这类产品的印制电路板要选用环氧玻璃布层压板或更高档次的板材，如宇航、遥控遥测、舰用设备、武器设备等。

（3）根据产品的工作频率选用　电子线路的工作频率不同，印制电路板的介质损耗也不同。工作在 30～100 MHz 的设备，可选用环氧玻璃布层压板；工作在 100 MHz 以上的电路，各种电气性能要求相对较高，可选用聚四氟乙烯铜箔板。

（4）根据整机给定的结构尺寸选用　产品进入印制电路板设计阶段，整机的结构尺寸已基本确定，安装及固定形式也应给定。如印制电路板尺寸较大，有大体积的元器件装入，板材要选用厚一些的，以加强机械强度，以免翘曲。如果电路板是立式插入，且尺寸不大，又无太重的器件，板材可选薄些。如印制电路板对外通过插座连接时，必须注意插座槽的间隙，一般为 1.5 mm，若板材过厚则插不进去，过薄则容易造成接触不良。电路板厚度的确定还和面积及形状有直接关系，选择不当，产品进行冲击、振动和运输等例行实验时，印制电路板容易损坏，整机性能的质量难以保证。

（5）根据性能价格比选用　设计档次较高的印制电路板产品时，一般对覆铜板的要求较好，价格也相应较高。设计一般民用产品时，在确保产品质量的前提下，尽量采用价格较低的材料。如袖珍收音机的线路板尺寸小，整机工作环境好，市场价格低廉，选用酚醛纸质板就可以了。

总之，印制电路板的选材是一个很重要的工作，选材恰当，既能保证整机质量，又不浪费成本；否则，容易造成浪费或者容易损坏造成更大的浪费。

2. 对外连接方式

印制电路板是整机中的一个组成部分，因此，存在印制电路板与印制电路板间、印制电路板与板外元器件之间的连接问题。要根据整机结构选择连接方式,总的原则是:连接可靠,安装调试维修方便。

1) 导线连接

(1) 单股导线连接　这是一种操作简单、价格低廉且可靠性高的一种连接方式,连接时不需任何接插件,只需用导线将印制电路板上的对外连接点与板外元器件或其他部件直接焊牢即可。其优点是成本低、可靠性高,可避免因接触不良而造成的故障;缺点是维修调试不方便。一般适用于对外引线较少的场合,如收音机中的喇叭、电池盒等。

焊接时应注意:

① 印制电路板的对外焊接导线的焊盘应尽可能在印制电路板边缘,并按统一尺寸排列,以利于焊接与维修;

② 为提高导线与板上焊盘的机械强度,引线应通过印制电路板上的穿线孔,再从印制电路板的元件面穿过焊盘;

③ 将导线排列或捆扎整齐,通过线卡或其他紧固件将导线与印制电路板固定,避免导线移动而折断。

(2) 排线焊接　两块印制电路板之间采用排线连接,既可靠又不易出现连接错误,且两块印制电路板的相对位置不受限制。

(3) 印制电路板之间直接焊接　此方式常用于两块印制电路板之间为 90°夹角的连接,连接后成为一个整体印制电路板部件。

2) 插接器连接

在较复杂的电子仪器设备中,为了安装调试方便,经常采用插接器的连接方式,如图 5.1.1 所示。这是在电子设备中经常采用的连接方式,这种连接是将印制电路板边缘按照插座的尺寸、接点数、接点距离、定位孔的位置进行设计做出印制电路板插头,使其与专用印制电路板插座相配。这种连接方式的优点是可保证批量产品的质量,调试、维修方便;缺点是因为触点多,所以可靠性比较差。在印制电路板制作时,为提高性能,插头部分根据需要可进行覆涂金属处理。适用于印制电路板对外连接的插头、插座的种类很多,其中常用的几种为矩形连接器、口形连接器、圆形连接器等,如图 5.1.2 所示。一块印制电路板根据需要可有一种或多种连接方式。

图 5.1.1　插接器连接

图 5.1.2　连接器

3. 电路原理及性能分析

任何电路都存在着自身及外界的干扰,这些干扰对电路的正常工作将造成一定的影响。

设计前必须对电路原理进行认真的分析,并了解电路的性能及工作环境,充分考虑可能出现的各种干扰,提出抑制方案。通过对原理图的分析应明确以下几点。

（1）找出原理图中可能产生的干扰源,以及易受外界干扰的敏感元器件。

（2）熟悉原理图中出现的每个元器件,掌握每个元器件的外形尺寸、封装形式、引线方式、引脚排列顺序、功能及形状等,确定哪些元器件因发热而需要安装散热片并计算散热面积,确定元器件的安装位置。

（3）确定印制电路板种类:单面板、双面板或多面板。

（4）确定元器件安装方式、排列规则、焊盘及印制导线布线形式。

（5）确定对外连接方式。

5.2　印制电路板的排版设计

印制电路板设计的主要内容是排版设计,印制电路板的组件布局、电气连线方式及正确的结构设计是决定仪器能否正常工作的关键因素。排版设计不是单纯将元器件通过印制导线依照原理图简单连接起来,而是要采取一定的抗干扰措施,遵守一定的设计原则。合理的工艺结构,既可消除因布线不当而产生的干扰,同时也便于生产中的安装、调试与检修等。

在设计中考虑的最重要因素是可靠性高,调试维修方便。这些因素主要是通过合理的印制电路设计,正确地选择制作材料和采用先进的制造技术来实现的。这里介绍印制电路板整体布局的几个一般原则。

5.2.1　印制电路板的设计原则

实践证明,即使电路原理图设计正确,如果印制电路板设计不当,也会对电子设备的可靠性产生不良影响。例如,如果印制电路板两条细平行线靠得很近,则会形成信号波形的延迟,在传输线的终端形成反射噪声,影响设备正常工作。这里将介绍印制电路设计与布局的一般原则,便于设计者依据这些印制电路板设计的基础知识,更合理地进行排版设计。

1. 元器件布局原则

1）按照信号流向及功能布局

在整机电路布局时,将整个电路按功能划分成若干个电路单元,按照电信号的流动,逐次安排功能电路单元在印制电路板上的位置,使布局便于信号流通,并尽可能使信号流向保持一致。在多数情况下,信号流向安排成从左到右(左输入、右输出)或从上到下(上输入、下输出)。与输入、输出端直接相连的元器件应当放在靠近输入、输出接插件或连接器的地方。以每个功能电路的核心元件为中心,围绕它来进行布局。

2）特殊元器件的布局

所谓特殊元器件是指那些从电、热、磁、机械强度等方面对整机性能产生影响的元器件。元器件在印制电路板上布局时,要根据元器件确定印制电路板的尺寸。在确定 PCB 尺寸后,再确定特殊元器件的位置。最后,根据电路的功能单元,对电路的全部元器件进行布局。

在确定特殊元器件的位置时要遵守以下几项原则。

（1）高频元器件之间的连线应尽可能缩短，以减小它们的分布参数和相互间的电磁干扰，易受干扰的元器件之间不能距离太近。

（2）对某些电位差较高的元器件或导线，应加大它们之间的距离，以免放电引出意外短路。带高压的元器件应尽量布置在调试时手不易触及的地方。

（3）重量较大的元器件，安装时应加支架固定，或应装在整机的机箱底板上。对一些发热元器件应考虑散热方法，热敏元件应远离发热元件。

（4）对可调元器件的布局应考虑整机的结构要求，其位置布设应方便调整。

（5）在印制电路板上应留出定位孔及固定支架所占用的位置。

3）布局原则

根据电路的功能单元，对电路的全部元器件进行布局时，要符合以下原则：

（1）按照电路的流程安排各个功能电路单元的位置，使布局便于信号流通，并使信号尽可能保持方向一致；

（2）以每个功能电路的核心元器件为中心，围绕它来进行布局；

（3）在高频下工作的电路，要考虑元器件之间的分布参数。

2. 布线的原则

（1）印制导线的宽度要满足电流的要求且布设应尽可能短，在高频产品中更应如此。

（2）印制导线的拐弯应成圆角。直角或尖角在高频电路和布线密度高的情况下会影响电气性能。

（3）高频电路应采用岛形焊盘，并采用大面积接地布线。

（4）当双面板布线时，两面的导线宜相互垂直、斜交或弯曲走线，避免相互平行，以减小寄生耦合。

（5）电路中的输入及输出印制导线应尽量避免相邻平行，以免发生干扰，并在这些导线之间加接地线。

（6）充分考虑可能产生的干扰，并同时采取相应的抑制措施。良好的布线方案是仪器可靠工作的重要保证。

5.2.2　印制电路板干扰的产生及抑制

干扰现象在电气设备的调试和使用中经常出现，其原因是多方面的，除外界因素造成干扰外，印制电路板布线不合理、元器件安装位置不当等都可能产生干扰。这些干扰可能会导致电气设备不能正常工作甚至会导致设计失败。因此，在印制电路板排版设计时，就应对可能出现的干扰及抑制方法加以讨论。

1. 地线干扰的产生及抑制

原理图中的地线表示零电位。在整个印制电路板电路中的各个接地点相对电位差也应为零。印制电路板电路上各接地点，并不能保证电位差绝对为零。在较大的印制电路板上，地线处理不好,不同的位置有百分之几伏的电位差是完全可能的,这极小的电位差信号,经放大电路放大,可能形成影响整机电路正常工作的干扰信号。

为克服地线干扰,在印制电路设计中,应尽量避免不同回路电流同时流经某一段公用地线,特别是在高频电路和大电流电路中,更要注意地线的接法。在印制电路的地线设计中,首先要处理好各级的内部接地,同级电路的几个接地点要尽量集中(称一点接地),以避免其他回路的交流信号窜入本级,或本级中的交流信号窜到其他回路中。

在处理好同级电路接地后,在设计整个印制电路板上的地线时,防止各级电流的干扰的主要方法有以下几种。

(1) 正确选择接地方式　在高增益、高灵敏度电路中,可采用一点接地法来消除地线干扰。如一块印制电路板上有几个电路(或几级电路)时,各电子电路(各级)地线应分别设置(并联分路),并分别通过各处地线汇集到电路板的总接地点上,如图 5.2.1 所示。这只是理论上的接法,在实际设计过程中,印制电路的地线一般放置在印制电路板的边缘,并较一般印制导线宽,各级电路采取就近并联接地。

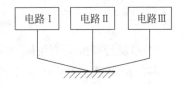

图 5.2.1　并联分路式接地

(2) 将数字电路地与模拟电路地线分开　在一块印制电路板上,如同时有模拟电路和数字电路,两种电路的地线应完全分开,供电也要完全分开,以抑制它们相互干扰。

(3) 尽量加粗接地线　若接地线很细,接地点电位则随电流的变化而变化,致使电子设备的定时信号电平不稳,抗噪声性能变差。因此,应将接地线尽量加粗,使它能通过三倍于印制电路板的允许电流。

(4) 大面积覆盖接地　在高频电路中,设计时应尽量扩大印制电路板上的地线面积,以减少地线中的感抗,从而削弱在地线上产生的高频信号,同时,大面积接地还可对电场干扰起到屏蔽作用。

2. 电源干扰及抑制

任何电子设备(电子产品)都需电源供电,并且绝大多数直流电源是由交流电通过变压、整流、稳压后供电的。供电电源的质量会直接影响整机的技术指标。而供电质量除了电源电路原理设计是否合理外,电源电路的工艺布线和印制电路板设计不合理都会产生干扰,这里主要包含交流电源的干扰和直流电源电路产生的电场对其他电路造成的干扰。所以,印制电路布线时,交直流回路不能彼此相连,电源线不要平行大环形走线,电源线与信号线不要靠得太近,并避免平行。必要时,可以在供电电源的输出端和用电器之间加滤波器。图 5.2.2 所示就是由于布线不合理,致使交直流回路彼此相连,造成交流信号对直流产生干扰,从而使质量下降的例子。

3. 电磁场的干扰及抑制

印制电路板的特点是使元器件安装紧凑、连接密集,但是如果设计不当,这一特点也会给整机带来麻烦,如分布参数造成干扰、元器件的磁场干扰等。印制电路板布线不合理、元器件安装位置不恰当等,都可能引起干扰。电磁场干扰的产生主要有以下几种。

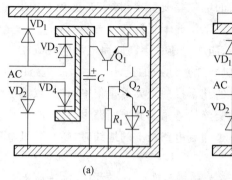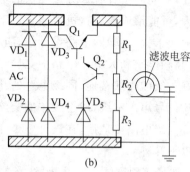

图 5.2.2　电器布线不合理引起的干扰

(a) 整流管接地过远；(b) 交流回路与取样电阻共地

1）印制导线间的寄生耦合

两条相距很近的平行导线，它们之间的分布参数可以等效为相互耦合的电感和电容，当其中一条导线中流过信号时，另一条导线内也会产生感应信号，感应信号的大小与原始信号的频率及功率有关。感应信号就是干扰源。为了抑制这种干扰，排版时要分析原理图，区别强弱信号线，使弱信号线尽量短，并避免与其他信号线平行靠近，不同回路的信号线要尽量避免相互平行，布设双面板上的两面印制线要相互垂直，尽量做到不平行布设。在某些信号线密集平行，无法摆脱较强信号干扰的情况下，可采用屏蔽线将弱信号屏蔽以抑制干扰。使用高频电缆直接输送信号时，电缆的屏蔽层应一端接地。为了减小印制导线之间寄生电容所造成的干扰，可通过对印制线屏蔽进行抑制。

2）磁性元器件相互间干扰

扬声器、电磁铁、永磁性仪表等产生的恒定磁场，高频变压器、继电器等产生的交变磁场，不仅对周围元器件产生干扰，同时对周围印制导线也会产生影响。根据不同情况采取的抑制对策有：

（1）减少磁力线对印制导线的切割；

（2）两个磁元件的相互位置应使两个元件磁场方向相互垂直，以减小彼此间的耦合；

（3）对干扰源进行磁屏蔽，屏蔽罩应良好接地。

4. 热干扰及抑制

电器中因为有大功率器件的存在，在工作时表面温度较高，这导致电路中存在热源，这也将对印制电路产生干扰。比如，晶体管是一种温度敏感器件，特别是锗材料半导体器件，更易受环境的影响而使之工作点漂移，从而造成整个电路的电性能发生变化，因此，在排版设计时，应根据原理图，首先区别发热元件和温度敏感元件，使温度敏感元件远离发热元件。并将热源（如功耗大的电阻及功率器件）安装在板外通风处，以防发热元件对周围元器件产生热传导或辐射。如必须安装在印制电路板上时，要配以足够大的散热片，防止温升过高。

5.2.3 元器件的布设

1. 元器件的排列方式

元器件在印制电路板上的排列方式有不规则与规则两种方式,在印制电路板上可单独采用一种方式,也可以同时采用两种方式。

1) 不规则排列

元器件不规则排列也称随机排列,如图 5.2.3(a)所示。即元器件轴线方向彼此不一致,排列顺序无一定规则。这种方式排列元器件,由于元器件不受位置与方向的限制,因而印制导线布设方便,可以减小和缩短元器件的连接,这对于减小印制电路板的分布参数、抑制对高频电路的干扰特别有利,这种排列方式常在立式安装中采用。

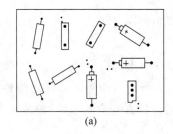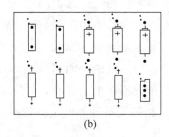

(a)   (b)

图 5.2.3 元器件排列方式

(a) 不规则排列;(b) 规则排列

2) 规则排列

元器件轴线方向排列一致,并与板的四边垂直或平行,如图 5.2.3(b)所示。这种方式排列元器件,可使印制电路板元器件排列规范、整齐、美观,方便装焊、调试,易于生产和维修。但由于元器件排列要受一定方向和位置的限制,因而印制电路板上的导线布设可能复杂一些,印制导线也会相应增加。这种排列方式常用于板面较大、元器件种类相对较少而数量较高的低频电路中。元器件卧式安装时一般均以规则排列为主。

2. 元器件的安装方式

元器件在印制电路板上的安装方式有立式、卧式两种,如图 5.2.4 所示。

立式   卧式

图 5.2.4 元器件的安装方式

1) 立式安装

立式安装是指元器件的轴线方向与印制电路板面垂直。元器件占用面积小,单位容纳元器件数量多,适合要求元器件排列紧凑密集的产品,如半导体收音机和小型便携式仪器。

元器件过大、过重不宜采用立式安装,否则整机的机械强度变差,抗振能力减弱,元器件容易倒伏造成相互碰接短路,降低电路的可靠性。

2) 卧式安装

卧式安装是指器件的轴线方向与印刷电路板平行。元器件卧式安装具有机械稳定性好、排列整齐等优点。卧式安装由于元器件跨距大,两焊点间走线方便,对印制导线的布设十分有利。对于较大元器件,装焊时应采取固定措施。

3. 元器件布设原则

元器件的布设在印制电路板的排版设计中至关重要,它决定板面的整齐、美观程度和印制导线的长短与数量,对整机的可靠性也有一定的影响。元器件在印制电路布设中应遵循以下原则。

(1) 元器件在整个板面上应布设均匀,疏密一致。

(2) 元器件不要布满整个板面,板的四周要留有一定余量(5~10 mm),余量大小应根据印制电路板的大小及固定的方式决定。

(3) 元器件应布设在板的一面,且每个元器件引出脚应单独占用一个焊盘。

(4) 元器件的布设不能上下交叉,如图 5.2.5 所示。相邻元器件之间要保持一定间距,不得过小或碰接。相邻元器件如电位差较高,则应留有安全间隙,一般环境中安全间隙电压为 200 V/mm。

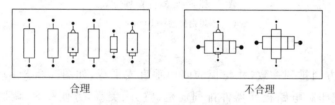

合理　　　　　　　　　　　不合理

图 5.2.5　元器件布设

(5) 元器件安装高度应尽量低,过高则安全性差,易倒伏或与相邻元器件碰接。

(6) 根据印制电路板在整机中的安装状态确定元器件的轴向位置。规则排列的元器件,应使元器件轴线方向在整机内处于竖立状态,从而提高元器件在板上的稳定性,如图 5.2.6 所示。

(7) 元器件两端跨距应稍大于元器件的轴向尺寸,如图 5.2.7 所示。弯引脚时不要齐根弯折,应留出一定距离(至少 2 mm),以免损坏元器件。

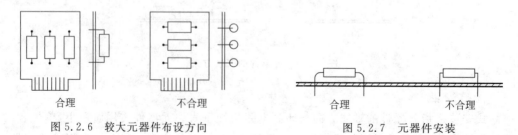

合理　　　　　　　不合理　　　　　　　　　　　　合理　　　　　　　不合理

图 5.2.6　较大元器件布设方向　　　　　图 5.2.7　元器件安装

5.2.4　焊盘及孔的设计

焊盘,也叫连接盘,是由引线及其周围的铜箔组成的。在印制电路中起到固定元器件和连接印制导线的作用。特别是金属化孔的双面印制电路板,连接盘要使两面印制导线连通。焊盘的尺寸、形状将直接影响焊点的外观与质量。

1. 焊盘的尺寸

焊盘的尺寸与钻孔设备、钻孔孔径、最小孔环宽度有关。为了便于加工和保持焊盘与基板之间有一定的黏附强度,应尽可能增大焊盘的尺寸。对于布线密度高的印制电路板,为了焊盘能更大,就得减少导线宽度与间距,从而会导致一些干扰。例如,表5.2.1列出了建议使用的不同钻孔直径情况下的焊盘直径。

表 5.2.1　钻孔直径与最小焊盘直径

钻孔直径/mm		0.4	0.5	0.6	0.8	0.9	1.0	1.3	1.6	2.0
最小焊盘直径/mm	Ⅰ级	1.2	1.2	1.3	1.5	1.5	2.0	2.5	2.5	3.0
	Ⅱ级	1.3	1.3	1.5	2.0	2.0	2.5	3.0	3.5	4.0

在单面板上,焊盘的外径一般可取比引线孔径大 1.3 mm 以上,即焊盘直径为 D,引线孔径为 d,应有:$D \geqslant d + 1.3$ mm。

2. 焊盘的形状

(1) 岛形焊盘　如图 5.2.8(a)所示。焊盘与焊盘之间的连线合为一体,犹如水上小岛,故称为岛形焊盘。岛形焊盘常用于元器件的不规则排列、元器件密集固定,特别适用于立式安装的元器件,这样可大量减少印制导线的长度与数量,在一定程度上能抑制分布参数对电路造成的影响。此外,焊盘与印制导线合为一体后,铜箔的面积加大,可增加印制导线的抗剥强度。

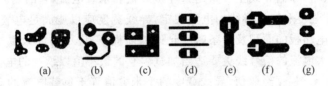

(a)　　　(b)　　　(c)　　　(d)　　　(e)　　　(f)　　　(g)

图 5.2.8　各式焊盘

(2) 圆形焊盘　由图 5.2.8(b)可见,焊盘与引线孔是同心圆。其外径一般为 2~3 倍孔径。设计时,如板面允许,应尽可能增大连接盘的尺寸,以方便加工制造和增强抗剥能力。

(3) 方形焊盘　如图 5.2.8(c)所示。当印制电路板上元器件体积大、数量少且印制线路简单时,多采用方形焊盘。这种形式的焊盘设计制作简单,精度要求低,容易制作。手工制作常采用这种方式。

(4) 椭圆焊盘　这种焊盘既有足够的面积以增强抗剥能力,又在一个方向上尺寸较小,利于中间走线。常用于双列直插式器件,如图 5.2.8(d)所示。

(5) 泪滴式焊盘　这种焊盘与印制导线过渡圆滑,在高频电路中有利于减少传输损耗,提高传输速率,如图 5.2.8(e)所示。

(6) 钳形(开口)焊盘　如图 5.2.8(f)所示,钳形焊盘上钳形开口的作用是为了保证在波峰后,使焊盘孔不被焊锡封死,其钳形开口应小于外圆的 1/4。

(7) 多边形焊盘和异形焊盘　如图 5.2.8(g)所示。矩形和多边形焊盘一般用于区别某些焊盘外径接近而孔径不同的焊盘。

3. 孔的设计

印制电路板上孔的种类主要有:引线孔、过孔、安装孔和定位孔。

(1) 引线孔　即焊盘孔,有金属化和非金属化之分。引线孔有电气连接和机械固定双重作用。引线孔的直径一般比元器件引线直径大 0.2～0.4 mm。引线孔过小,元器件引脚安装困难,焊锡不能润湿金属孔;引线孔过大,容易形成气泡等焊接缺陷。

(2) 过孔　也称连接孔。过孔均为金属化孔,主要用于不同层间的电气连接。一般电路过孔直径可取 0.6～0.8 mm,高密度板可减少到 0.4 mm,甚至用盲孔方式,即过孔完全用金属填充。孔的最小极限受制板技术和设备条件的制约。

(3) 安装孔　安装孔用于大型元器件和印制电路板的固定,安装孔的位置应便于装配。

(4) 定位孔　定位孔主要用于印制电路板的加工和测试定位,可用安装孔代替,也常用于印制电路板的安装定位,一般采用三孔定位方式,孔径根据装配工艺确定。

5.2.5　印制导线设计

印制导线用于连接各个焊点,是印制电路板最重要的部分,印制电路板设计都是围绕如何布置导线来进行的。因此在设计时,除了要考虑印制导线的机械、电气因素外,还要尽量使得干扰小、布线美观。

1. 印制导线的宽度

在印制电路板中,印制导线主要是用来连接焊盘和承载电流,它的宽度主要由铜箔与绝缘基板之间的黏附强度和流过导线的电流决定,导线宽度应以能满足电气性能要求和便于生产为宜,在印制电路板的面积及线条密度允许的前提下,应尽可能采取较宽的导线,特别是电源线、地线及大电流的信号线更要适当加宽。它的最小值以承受的电流大小而定,但最小不宜小于 0.2 mm。根据经验值,导线宽度的毫米数值等于负载电流的安培数,一般选用 1～1.5 mm 宽度导线就可能满足设计要求而不致引起温升过高。对于集成电路的信号线,导线宽度可以选 0.2～1 mm。

2. 印制导线的间距

印制导线之间的距离将直接影响电路的电气性能,导线之间间距的确定必须能满足电气安全要求,同时考虑导线之间的绝缘强度、相邻导线之间的峰值电压、电容耦合参数等。而且为了便于操作和生产,间距也应尽量宽些,最小间距至少要能适合承受的电压。这个电压一般包括工作电压、附加波动电压及其他原因引起的峰值电压。

当频率不同时,间距相同的印制导线,其绝缘强度也不同。频率越高时,相对绝缘强度就会下降。导线间距越小,分布电容就越大,电路稳定性就越差。在布线密度较低时,信号线的间距可适当地加大,对高、低电平悬殊的信号线应尽可能地短并且加大间距。表5.2.2给出的间距、电压参考值在一般设计中是安全的。

表 5.2.2 印制导线间距最大允许工作电压

导线间距/mm	0.5	1	1.5	2	3
工作电压/V	100	200	300	500	700

3. 印制导线走向与形状

印制电路板布线是按照原理图要求的,将元器件通过印制导线连接成电路,在布线时,"走通"是最起码的要求,"走好"是经验和技巧的表现。由于印制导线本身可能承受附加的机械应力,以及局部高电压引起的放电作用,在实际设计时,要根据具体电路选择下列准则。优先选用的和避免采用的导线形状如图5.2.9所示。

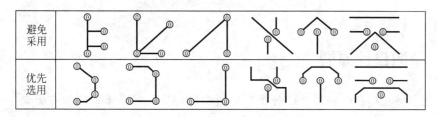

图 5.2.9 印制导线的形状

4. 印制导线的屏蔽与接地

印制导线的公共地线应尽量布置在印制电路板的边缘。在高频电路中,印制电路板上应尽可能多地保留铜箔做地线,最好形成环路或网状,这样不但屏蔽效果好,还可减小分布电容。多层印制电路板可采用其中某些层来做屏蔽层(如电源层、地线层),一般地线层和电源层设计在多层印制电路板的内层,信号线设计在内层和外层。

5. 跨接线的使用

在单面的印制电路板设计中,有些线路无法连接时,常会用到跨接线(也称飞线),跨接线常是随意的,有长有短,这会给生产带来不便。放置跨接线时,其种类越少越好,通常情况下只设3种,即6 mm、8 mm、10 mm,超出此范围会给生产带来不便。

5.3 草图设计

所谓草图,是指制作照相底图(也称黑白图)的依据。它是绘制在坐标纸上的,并要求图中的焊盘位置、焊盘间距、焊盘间的相互连接、印制导线的走向及板的大小等均应按一定比例或按印制电路板的实际尺寸绘制。在原理图中,为了便于电路分析及更好地反映各单元电路之间的关系,器件通常用电路符号表示,不考虑元器件的尺寸形状、引脚的排列顺序。为方便理解电路原理,允许在电路原理图中出现非电气连接的交叉线,但是在印制电路板上不允许出现非电气连接的导线交叉,如图 5.3.1 所示。在设计印制电路草图时,不必考虑原理图中电路符号的位置,为使印制导线不交叉可采用跨接导线(飞线)。

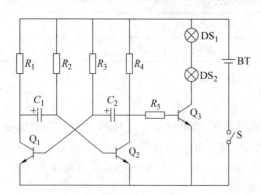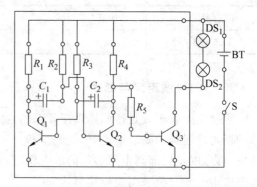

图 5.3.1　原理图及单面不交叉图

5.3.1　草图设计原则

(1) 元器件在印制电路板上的分布应尽量均匀,密度一致,排列应整齐美观,一般应做到横平竖直排列,不允许斜排,不允许立体交叉和重叠排列。

(2) 不论单面印制电路板还是双面印制电路板,所有元器件都应布置在同一面,特殊情况下的个别元器件可布置在焊接面。

(3) 安全间隙一般不应小于 0.5 mm,元器件的电压每增加 200 V 时,间隙增加 1 mm,对易受干扰的元器件加装金属屏蔽罩时,应注意屏蔽罩不得与元器件或引线相碰。

(4) 在特殊的情况下,元器件需要并排贴紧排列时,必须保证元器件外壳彼此绝缘良好。

(5) 对于面积大的印制电路板,应采取边框加固或用加强肋加固的措施。

(6) 元器件在印制电路板的安装高度要合理。对发热元器件、易热损坏的元器件或双面印制电路板元器件,元器件的外壳应与印制电路板有一定的距离,不允许紧贴印制电路板安装,同一种元器件的安装高度应一致。

5.3.2　草图设计的步骤

印制电路板草图设计通常先绘制单线不交叉图,在图中将具有一定直径的焊盘和一定宽度的直线分别用一个点和一根单线条表示。然后绘制正式的排版草图,此图要求版面尺寸、焊盘的尺寸与位置、印制导线宽度、连接与布设、板上各孔的尺寸位置等均与实际版面上的位置相同并明确标注出来,同时应在图中注明印制电路板的各项技术要求。图的比例可根据印制电路板上图形的密度和精度要求而定,可以采用 1 : 1、2 : 1、4 : 1 比例绘制。草图绘制的步骤如下。

（1）按草图尺寸选取网格纸或坐标纸，在纸上按草图尺寸绘制出版面外形尺寸，并在边框尺寸外面留出一定空间，用于说明标准技术要求。如图5.3.2(a)所示。

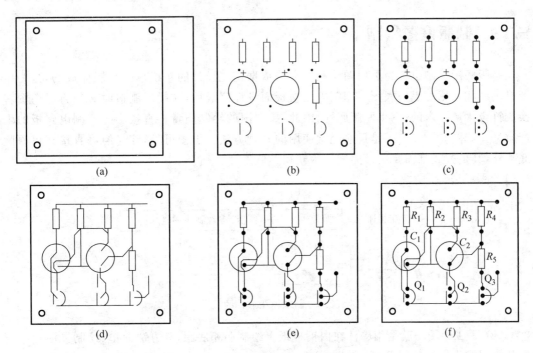

图5.3.2　草图绘制过程

(a) 画版面外形尺寸及固定孔；(b) 布设元器件画外形尺寸；(c) 确定焊盘位置；
(d) 勾画印制导线；(e) 整理印制导线；(f) 标注尺寸及技术要求

（2）在单线不交叉图上均匀、整齐地排列元器件，并用铅笔画出各元器件的外形轮廓，元器件的外形轮廓应与实物相对应，如图5.3.2(b)所示，使用较多的小型元器件时则可不画出轮廓。

（3）确定并标出各焊盘位置，有精度要求的焊盘要严格按尺寸标出，焊盘的位置由元器件的大小形状确定，保证元器件在装配后分布均匀，排列整齐，疏密适中，不一定考虑焊盘的间距是否整齐一致，如图5.3.2(c)所示。

（4）勾画印制导线，只需要用细线标明导线走向及路径即可，不需按导线的实际宽度画出，但应考虑导线间距离，如图5.3.2(d)所示。

（5）反复核对铅笔绘制的单线不交叉图，确认无误后，再用铅笔重描焊点和印制导线，元器件用细实线表示，如图5.3.2(e)所示。

（6）标注焊盘尺寸及线宽，注明印制电路板的技术要求，如图5.3.2(f)所示。

（7）对于双面印制电路板设计，还应考虑以下几点：

① 元器件应布设在板的一面（TOP面），主要印制导线布设在另外的元件面（BOT面），两面印制导线应尽量相互垂直，避免平行布设，以减小干扰；

② 两面印制导线最好分别画在两面，如在一面绘制，应用两种颜色以示区别，并注明在哪一面；

③ 印制电路板两面的对应焊盘和需要连接印制导线的通孔要严格地一一对应,可采用扎针穿孔法将一面的焊盘中心引到另一面;

④ 在绘制元器件面的导线时,注意避免元器件外壳和屏蔽罩可能产生短路的地方。

5.3.3　制版底图绘制

制版底图绘制也称为黑白图绘制。它是依据预先设计的布线草图绘制而成的,是为生产提供照相使用的黑白底图。印制电路板板面设计完成后,在投产制造时必须将黑白图转换成符合生产要求的 1∶1 原版底片,因此,黑白图的绘制质量将直接影响印制电路板的生产质量。如图 5.3.3 所示是目前经常使用的几种方法。由图可见,除光绘可直接获得原版底片外,其他方式都需要通过照相制版获得整版底片。

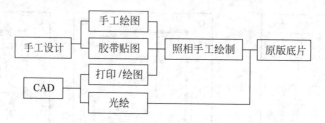

图 5.3.3　制取原版底片的几种方法

（1）手工绘图　就是用墨汁在白铜板纸上绘制照相底图,其方法简单、绘制灵活。在新产品研制或小批量试制中,常用这种方法。

（2）手工贴图　利用不干胶带和干式转移胶黏盘可直接在覆铜板上粘贴焊盘和导线,也可以在透明或半透明的胶片上直接贴制 1∶1 黑白图。

（3）计算机绘图　利用计算机辅助电路设计软件设计印制电路板图,然后采用打印机或绘图机绘制黑白图。

（4）光绘　使用计算机和光绘机,直接绘制出原版底片。

5.3.4　制版工艺图

制作一块标准的印制电路板,根据不同的加工工序,应提供不同的制版工艺图。

1. 机械加工图

图纸上提供有关制造工具、模具、加工孔及外形（包括钳工装配）的参数。图上应注明印制电路板的尺寸、孔位和孔径及形位公差、使用材料、工艺要求等。如图 5.3.4 所示是机械加工图样,采用 CAD 绘图,打印时选择机械层（Mech 层）。

2. 线路图

为区别其他印制电路板制作工艺图,一般将导电图形和印制元件组成的图称为线路图。图 5.3.5 采用 CAD 绘图时,打印时选顶层打印（TOP 层）。

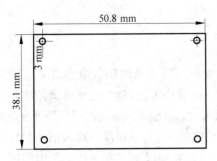

图 5.3.4 机械加工图样

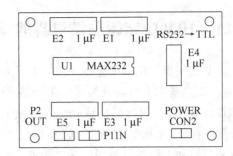

图 5.3.5 印制电路板丝印图

3. 字符标记图（装配图）

为了装配和维修方便,常将元器件标记、图形或字符印制到板上,其原图称为字符标记图,因为常采用丝印方法,所以也称丝印图,图 5.3.5 包括丝印图形和字符,可通过制版照相或光绘获得底片。

4. 阻焊图

采用机器焊接印制电路板时,为防止在非焊盘区桥接而在印制电路板焊点以外的区域印制一层阻止锡焊的涂层(绝缘耐锡焊涂料)或干膜,这种印制底图称为阻焊图,与印制电路板上全部焊点形状对应,略大于焊盘的图形构成,如图 5.3.6 所示。阻焊图可手工绘制,采用 CAD 时可自动生成标准阻焊图。

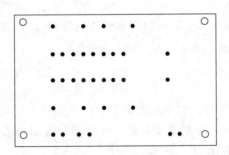

图 5.3.6 印制电路板阻焊图

5.4 印制电路板制造工艺

由于电子工业的发展,特别是微电子技术和集成电路的飞速发展,对印制电路板的制造工艺和精度也不断提出新要求。印制电路板种类从单面板、双面板发展到多层板和挠性板,印制电路板的线条越来越细,现在印制导线可做到 0.2 mm 以下宽度的高密度印制电路板。但应用最广泛的还是单面印制电路板和双面印制电路板。

5.4.1　印制电路板制造过程的基本环节

印制电路板的制造工艺技术发展很快,不同类型和不同要求的印制电路板采取不同工艺,制作工艺基本上可以分为减成法和加成法两种。减成法工艺,就是在覆满铜箔的基板上按照设计要求,采用机械的或化学的方法除去不需要的铜箔部分来获得导电图形的方法。如丝网漏印法、光化学法、胶印法、图形电镀法。加成法工艺,就是在没有覆铜箔的层压板基材上采用某种方法敷设所需的导电图形,如丝网电镀法、粘贴法等。在生产工艺中用得较多的方法是减成法,其工艺流程如下。

1.　绘制照相底图

当电路图设计完成后,就要绘制照相底图,绘制照相底图是印制电路板生产厂家的第一道工序,可以按照上节所讲的方法进行绘制,可按 1∶1、2∶1 或 4∶1 比例绘制,它是制作印制电路板的依据。

2.　底图胶片制版

底图胶片(原版底片)确定了印制电路板上要配置的图形。获得底图胶片有两种基本途径:一种是利用计算机辅助设计系统和激光绘图机直接绘制出来,另一种是先绘制黑白底图,再经过照相制版得到。

3.　图形转移

把照相底版制好后,将底版上的电路图形转移到覆铜板上,称为图形转移。具体方法有丝网漏印、光化学法(直接感光法和光敏干膜法)等。

4.　蚀刻钻孔

蚀刻在生产线上也称烂板。它是利用化学方法去除板上不需要的铜箔,留下组成图形的焊盘、印制导线与符号等。蚀刻的流程是:预蚀刻—蚀刻—水洗—浸酸处理—水洗—干燥—去抗氧膜—热水洗—冷水洗—干燥。

钻孔是对印制电路板上的焊盘孔、安装孔、定位孔进行机械加工,可在蚀刻前或蚀刻后进行。除用台钻打孔以外,现在普遍采用程控钻床钻孔。

5.　孔壁金属化

双面印制电路板两面的导线或焊盘要连通时,可通过金属化孔实现,即把铜沉积在贯通两面导线或焊盘的孔壁上,使原来非金属的孔壁金属化。在双面和多层板电路中,这是一道必不可少的工序。

6.　金属涂覆

为提高印制电路的导电性、可焊性、耐磨性、装饰性,延长印制电路板的使用寿命,提高电气的可靠性,在印制电路板上的铜箔上涂覆一层金属便可达到目的。金属镀层的材料有:

金、银、锡、铅锡合金等,方法有电镀和化学镀两种。

7. 涂助焊剂与阻焊剂

印制电路板经表面金属涂覆后,为方便自动焊接,可进行助焊和阻焊处理。

5.4.2 印制电路板加工技术要求

设计者将图纸(或设计图软盘)交给制版厂加工时需向对方提供附加技术说明,一般称技术要求。它一般写在加工图上,简单图也可以直接写到线路图或加工合同中。技术要求包括:

(1) 外形尺寸及误差;

(2) 板材、板厚;

(3) 图纸比例;

(4) 孔径及误差;

(5) 镀层要求;

(6) 涂层要求(阻焊层、助焊剂)。

5.4.3 印制电路板的生产流程

1. 单面印制电路板生产流程

单面板的生产流程为:覆铜板下料—表面去油处理—上胶—曝光—成型—表面涂覆—涂助焊剂—检验。

单面印制电路板的生产工艺简单,质量容易得到保证。但在进行焊接前还应进行检验,内容如下:

(1) 导线、焊盘、字和符号是否清晰、无毛刺,是否有桥接或断路;

(2) 镀层是否牢固、光亮,是否喷涂助焊剂;

(3) 焊盘孔是否按尺寸加工,有无漏打或打偏;

(4) 板面及板上各加工的孔尺寸是否准确,特别是印制电路板插头部分;

(5) 板厚是否符合要求,板面是否平直无翘曲等。

2. 双面印制电路板生产流程

双面板与单面板生产的主要区别在于增加了孔金属化工艺,即实现了两面印制电路的电气连接。双面板的制作工艺也有多种方法,概括分类有先电镀后腐蚀和先腐蚀后电镀两大类。先电镀的有板面电镀法、图形电镀法、反镀漆膜法;先腐蚀的有堵孔法和漆膜法。现简单介绍常用的图形电镀工艺法:下料—钻孔—化学沉铜—擦去表面沉铜—电镀铜加厚—贴干膜—图形转移—二次电镀加厚—镀铅锡合金—去保护膜—涂覆金属—成型—热熔—印制阻焊剂与文字符号—检验。

3. 多层印制电路板的生产

多层板是在双面板的基础上发展起来的,在布线层数、布线密度、精度等方面都有了很大的提高。多层板的工艺设计比普通单、双面板要复杂得多,除了双面板的制造工艺外,还有内层板的加工、层定位、层压、黏合等特殊工艺。目前多层板的生产多集中在 4~6 层为主,如计算机主板、工控机 CPU 板等,在巨型机等领域内,有可达几十层的多层板。其工艺流程是:覆铜箔层板—冲定位孔—印制、蚀刻内层导电图形去除抗蚀膜—化学处理内层图形—压层—钻孔—孔金属化—外层抗蚀图形(贴干膜法)—图形电镀铜、铅锡合金—去抗蚀膜、蚀刻外形图形—插头部分退铅锡合金、插头镀金—热熔铅锡合金—加工外形—测试—印制阻焊剂文字符号—成品。

多层印制电路板的工艺较为复杂,即内层材料处理—定位孔加工—表面清洁处理—制内层走线及图形—腐蚀—层压前处理—外内层材料层压—孔加工—孔金属化—制外层图形—镀耐腐蚀可焊金属—去除感光胶—腐蚀—插头镀金—外形加工—热熔—涂焊剂—成品。

4. 挠性印制电路板的制作

挠性印制电路板的制作过程基本与普通印制电路板相同,主要不同是压制覆盖层。

5.4.4　印制电路板的机械加工

印制电路板的机械加工分为外形加工和孔加工,如果蚀刻好的印制电路板已经是剪切过的单个小板,可直接进行孔加工,但在批量生产中采用单个小板,印制定位困难,影响产品质量,因而常将几块不同种类的印制电路板制作在一块大板上,一并进行印制和蚀刻加工,最后再将各印制电路板剪切分开。印制电路板的机械加工步骤如下。

1. 外形加工

外形加工可用剪床把蚀刻好的印制电路板剪开,剪切时,铜箔面向上,也可采用一种冲膜落料的方法,并将板子重叠起来,用钻模钻出引线孔。这种落料冲模形式,直接采用印制和蚀刻技术,在工具钢板上生产出所需外形后制成。在单一品种的大批量生产中,可以采用一次冲孔和落料的冲膜,一次完成,少量生产一般都采用手工的外形加工,再用钻床钻孔的方法,可使成本最低,其方法如下。

(1) 准备下料工具:可用钢锯下料,也可自制一些简便工具。如将用断了的钢锯条,在一头装上木柄或用布条缠住,即制成一把小手锯。如果钢锯条长度有限,则可用砂轮和油石将其加工成划刀,在手握之处包上布条。

(2) 再准备一些砂纸或锉刀:印制电路板裁剪以后,其边缘常带有许多毛刺,可用锉刀或砂纸将印制电路板的四周打磨光滑。

(3) 需要一些必要的画线工具:如尺子、划针、卡尺等,用划线工具将所需的尺寸,标注在需要加工的覆铜板上,然后根据所画好的尺寸进行加工。

(4) 下料方法如下:按设计好的印制电路板尺寸裁剪覆铜板,其做法是先按照尺寸画线,然后用钢锯或自制的手锯沿线锯下。也可用"划刀"在板的两面一刀刀地划出痕迹来,当划痕足够深时,轻轻用力将板掰开。覆铜板裁剪好以后,用砂纸或锉刀将裁剪边打磨平滑,光整无毛边即可。

2. 钻孔

钻孔根据工具不同分为手工加工和数控加工两种。质量优良的印制电路板引线孔应满足孔壁光滑、无毛刺,孔边缘无翻边,基材无分层,孔位于焊盘中心等基本要求。

1) 手工加工

手工加工采用手工钻床钻孔。钻孔时工件的定位有两种方法。一种是借助光学的视力定位法,此法要求对孔的位置加以限定,对孔位的限定可用将底图盖在工件上的办法解决,也可用一个已有明确焊盘位置的印制电路复制件来解决。另一种方法是用钻孔模板定位法,它一般采用光致抗蚀剂,因显影出来的图形足以定出孔的位置,而且几块板材可以叠放在一起,并与照相底版对准且用销钉销住。

2) 数控加工

数控钻床系统有多头和单头之分,其控制软件一般是被称为执行程序的穿孔纸带,通过系统自身的纸带读数器输入给计算机,穿孔纸带同连接在进行 CAD 设计的主计算机上的纸带穿孔机来完成穿孔,计算机根据印制电路板图生成数控钻床穿孔纸带的过程称为印制电路板后处理。在后处理过程中,CAD 系统将板上所有的孔分类,每一类对应一种型号的钻头工具,对每一类孔,系统还将该钻头连续钻孔时所走的路径进行优化处理。数控钻床的钻孔质量高,但价格昂贵,目前正在改进和推广中,不久的将来会得到广泛的应用。

在打孔前,首先要将钻孔工具准备好,最方便的钻孔工具是高速钻床,不仅打孔速度快,而且钻出的孔眼整齐规则。若无钻床,也可用手电钻打孔。因手电钻的钻头很细,使用时应注意用力的均匀性,防止钻头损坏。同时要备足所有孔径直径大小相对应的钻头,好随时使用。

然后,在电路图形制作完成后的印制电路板上,对照安装元器件的位置,用中心冲打上定位"冲眼"以备钻孔,依照元器件引线的直径大小,依次打出标准的孔来,一般孔径约 0.7~1 mm,若是固定孔,或大元器件的孔,孔径约 2~3.5 mm。当孔加工完成后,在孔壁四周可能会留下一些毛刺,这可以通过一根比加工的孔径略大一些的钻头,用手拿住,将钻头的切削刃对准孔心,当钻头触到孔壁时,稍用点力,轻轻地旋转一圈,就能将孔边的毛刺去除干净了。但记住,千万不能用力太大,因为用力过猛,容易将孔边四周的铜皮刮去,直接影响到元器件的焊接。

钻孔时,一般情况下,不允许戴手套进行操作,因为一旦手套被钻头缠住后,手指很难抽回来,而造成事故。钻孔时所产生的碎屑,不要用嘴去吹,这样很容易把眼睛迷住。钻比较大的或者较为难打的孔时,应该使用一些专用夹具(如平口台钳、老虎钳、固定压板等),把材料固定好以后再进行加工。

Altium Designer 6 电路 设计软件简介

印制电路设计是电子工艺学科一个非常重要的组成部分,一台电子设备是否能长期可靠地工作,不仅取决于电路的原理设计和电子元器件的选用,在很大程度上还取决于印制电路板的设计与制作。印制电路板是电子设备的主要部件,它直接关系到电子产品的质量。一个设计精良的印制电路板,不但要布局合理,满足电气要求,有效地抑制各种干扰,而且还要充分体现审美意识,这也是印制电路设计新的理念。现在各行各业都在激烈的竞争中发展,某一方面的疏忽都将给企业带来巨大损失。

计算机辅助电路设计的应用,极大地提高了电子线路的设计效率与质量,因此EDA(electronic design automation)软件已经成为电子电路设计不可或缺的工具。目前有关电子线路设计的软件很多,Altium 公司推出了不同版本的电路设计软件。Altium Designer 6 是 Altium 公司在 2005 年底推出的 Protel 最新版本,它将原理图编辑、电路仿真、PCB 设计、FPGA 设计及基于处理器设计等嵌入式软件开发功能有机地结合在一起,在保留原有版本的功能和优点的基础上,拓宽了板级设计的传统界限,全面集成了PCB 设计、FPGA 设计及嵌入式设计,提供了一个集成开发环境,全面兼容 Protel 系列以前版本的设计文件。

6.1 PCB 设计的工作流程

印制电路板的设计是所有设计步骤的最终环节。原理图设计等工作只是从原理上给出了电气连接关系,其功能的最后实现必须依靠 PCB 板的设计。

根据设计经验和习惯,在准备好原理图和网络表文件后,首先,创建一个空白的 PCB 文件,设计 PCB 板的外形、尺寸,设置自己习惯的环境参数。其次,在装入元件库之后,通过原理图编辑器或印制电路板编辑器装入预先准备好的网络表及元件外形封装,并设置好工作参数,通常包括板层堆栈管理器的设定和布线规则的设定。再次,布局元器件和自动布线。对不合理的地方进行相应的手工调整,对电源和接地信号进行覆铜,并进行设计校验检查。最后,还应当将设计完成的线路图文件进行存盘、打印,导出元件明细表,并且将导出的 PCB 线路图,送交制版商制作。

总之,印制电路板的设计流程,基本上可划分为以下几个步骤。

1. 准备原理图和网络表

原理图的绘制服务于 PCB 板的设计,而网络表是印制电路板自动布线的关键,更是联系原理图和 PCB 板图的桥梁和纽带。

2. 规划 PCB 板

在 PCB 板设计之前必须要规划好 PCB 板。PCB 板的规划包括选择单面板、双面板或者多层板;电路板的尺寸;电路板与外界的接口形式,选择具体接插件的封装形式、接插件的安装位置和电路板的安装方式以及 PCB 板设计环境参数的设定等。

3. 将原理图信息通过网络表载入到 PCB 板

通过网络表将原理图信息载入到 PCB 板,使 PCB 板的设计变得简单。

4. 元件布局

元件布局是将元件摆放到印制电路板上,分为自动布局、半自动布局和手动布局。自动布局速度快,不过很难达到实际电路的设计要求;而手动布局得到的结果准确但费时;半自动布局是广泛采用的元件布局方式。元件布局应考虑到电路的机械结构、电磁干扰、热干扰等。

5. 布线

布线分为自动布线和手动布线。Protel DXP 在印制电路板的自动布线上引入了人工智能技术,在布线过程中,Protel DXP 的自动布线器会根据用户设置的设计法则和自动布线规则选择最佳的布线策略,使印制电路板的设计尽可能完美。但是在特殊情况下,自动布线往往很难满足设计要求,这时就需要进行手工调整,采用手动布线和自动布线结合的方式以满足 PCB 板的设计要求。

6. 检查、修改和文件存档

对各布线层中的地线进行覆铜,以增强 PCB 板的抗干扰能力;对电流过大的印制导线采用覆铜处理来加大其过电流能力。对布线结束的 PCB 板进行 DRC 检验,以确保 PCB 板符合设计规则。检查无误后,存盘保存,并送交制版商制作。

6.2　初识 Altium Designer 6

6.2.1　Altium Designer 6 启动

常用的 Altium Designer 6 启动方式有两种。

(1) 程序启动:执行【开始】/【所有程序】/【Altium Designer 6】命令,即可启动 Altium Designer 6 进入其界面,如图 6.2.1 所示。

(2) 桌面快捷方式:双击桌面上的快捷方式图标 。

图 6.2.1　Altium Designer 6 程序启动界面

6.2.2　Altium Designer 6 界面

按照 Altium Designer 6 的任一启动方式,启动 Altium Designer 6 软件之后将出现如图 6.2.2 所示界面。Altium Designer 6 初始界面主要包括以下几部分。

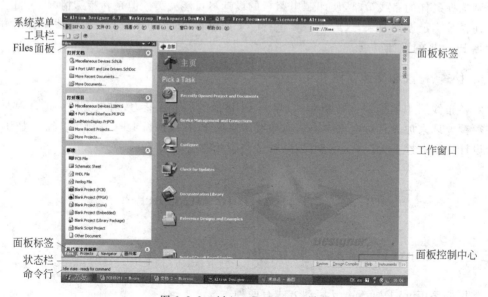

图 6.2.2　Altium Designer 6 界面

（1）系统菜单：用来设置各种系统参数，相应的其他所有菜单和工具栏会自动改变，以适应将要编辑的文档。

（2）工具栏：列出了用户的常用工具，同时用户可以根据自己需要设置个性化的工具栏。

（3）Files面板：是常用的工作面板之一，是程序为用户提供的文件操作中心。使用该面板可以进行各种有关项目或文档的快捷操作，包括打开、新建等。

（4）面板标签：单击各个标签可弹出相应的工作面板，便于快捷操作。

（5）面板控制中心：用来开启或关闭各种工作面板，它的功能与系统菜单中的【查看】菜单相似。当用户不小心将系统工作面板调乱，可以通过执行【查看】/【桌面布局】/【Default】命令来恢复初始面貌。

（6）命令行：显示当前所用命令。

（7）工作窗口：常用任务排列此处，可直接选择进入。

（8）状态栏：显示当前操作状态，包括当前光标所处坐标。

在建立了设计文件夹后，就能在编辑器之间转换，例如，原理图编辑器、PCB编辑器、库编辑器和仿真编辑器等，Altium Designer 6将根据你当前所工作的编辑器来改变工具栏和菜单。

在Altium Designer 6的各种具体开发设计环境中，都为用户提供了最为灵活的应用工具——工作面板，如【Files】（文件管理面板）、【Projects】（项目管理面板）、【Navigator】（导航器面板）、元件库面板等。这些工作面板几乎包括了所有的编辑和选择功能，为了给用户提供简捷的工作平台，使用时可以打开，不用时则收缩、自由浮动，或者以各种方式堆叠、最小化等，功能强大，方式灵活。图6.2.3表示当几个文件和编辑器同时打开并且窗口进行平铺时的Altium Designer 6。

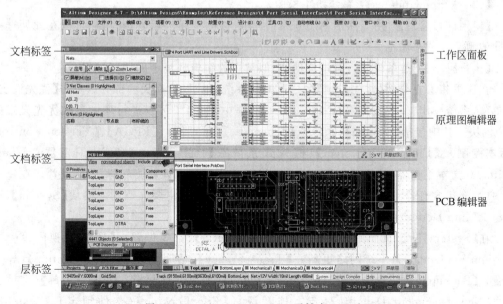

图6.2.3　Altium Designer 6平铺窗口显示

6.2.3 系统参数设定

对于一个专业的电路设计者来说,在使用某一 EDA 工具进行电路设计时,首先应根据具体的条件和自己的习惯,对系统进行有针对性的参数设置,以便更好地发挥系统的功能,提高设计效率,在 Altium Designer 6 中同样如此。当启动 Altium Designer 6 系统,进入中文集成开发环境后可以看到,在顶端有一个系统菜单栏,系统的主要设置都可以通过该菜单栏完成。

该菜单栏中的每一个菜单下又有若干个下拉菜单,用于对设计环境进行个性化的设置,每个菜单的主要设置功能简介如下。

▶ DXP (X) (X):系统管理菜单组,包含若干项与系统管理有关的命令。

文件 (F) (F):文件操作菜单组。

观看 (V) (V):工作面板设置菜单组。

项目 (C):项目管理菜单组。

窗口 (W) (W):窗口操作菜单组。

帮助 (H) (H):帮助菜单。

【优先设定】:是系统参数及各个具体设计环境中的参数设置选项,对它进行优选设置将有利于正确而高效地使用 Altium Designer 6 系统。

【系统信息】:为用户提供每一个已经安装在 DXP 中的服务器信息,用户可以查询或选择系统启动时需要自动加载的程序项。

【运行进程】:用户可根据设计需要,单独运行不同设计环境中的某个程序项。

【Check For Updates】:系统版本检验。

【使用许可管理】:用于激活 Altium Designer 6 的使用许可管理,用户可以在此处选择不同的激活方式来激活。

【执行脚本】:是系统运行调试选项,类似常用的编辑环境中的调试过程。

在这里将着重介绍【优先设定】命令项中与系统参数设置有关的部分。单击【优先设定】菜单项,系统弹出"优先设定"对话框,在该对话框中,列出了可以进行环境参数优先设定的9 个模块。其中包括【System】(系统)、【Schematic】(原理图)、【FPGA】、【Version Control】(版本控制)、【Embedded System】(嵌入式系统)、【PCB Editor】(PCB 编辑器)、【Text Editors】(文本编辑器)、【CAM Editor】(CAM 编辑器)、【Wave】(波形仿真)的设置。在每一模块中,都包含有若干项标签页,可以分别进行设置。本节主要介绍第一模块【System】,这是与 Altium Designer 6 系统有关的参数设置。

在【System】设置页面中包括以下部分:【General】(常规设置)、【View】(视图设置)、【AltiumWebUpdate】(系统网络更新)、【Transparency】(透明度设置)、【Navigation】(导航设置)、【Backup】(文件备份设置)、【Projects Panel】(项目管理面板)、【File Types】(文件类型)、【New Document Defaults】(新文档默认)、【File Locking】(文件锁定)、【Installed Libraries】(已安装元器件库)、【Scripting System】(系统标注)。

每个标签页中含有不同的设置内容,下面我们简述几个常用的标签页。

1. 【General】标签页设置

【General】标签页用来设置系统的常规参数,常规参数主要包括系统启动或某一编辑器启动时的一些特性。

1)【启动】选项组

该选项组中有 3 个复选框,3 个复选框的系统默认值均为选中状态。

(1)【再次打开最后一次使用的工作区】:用来设定 Altium Designer 6 系统在启动后是否自动进入上次工作时最后一次使用的工作区。

(2)【Open Home Page if no documents open】:用来设定 Altium Designer 6 系统在启动后若无文档打开,是否自动打开主页。

(3)【显示启动屏幕】:用来设定 AltiumDesigner 6 系统启动时是否显示系统的启动画面。当选中该复选框时,系统启动时会以动画的形式显示系统的版本信息,提示用户系统正在加载。

2)【默认位置】选项组

该选项组用来设置打开或保存各种文件,以及进行库查找时的默认路径。系统默认的文件路径是“C: PROGRAM FILES\ALTIUM DESIGNER 6\Examples\”;默认的库路径是“C: PROGRAM FILES\ALTIUM DESIGNER 6\Library\”。用户可以单击右边的按钮,打开浏览文件夹,设定自己的默认路径,便于在设计时快速、方便地保存设计文件或对库进行查找,提高设计效率。

另外,该选项组中还有一个系统字体复选框,用来设置系统本身所使用的字体、字型和字号。选中该复选框后,单击右边的按钮,会弹出“字体”对话框,用户可以对所需要的字体进行设置。一般采用系统默认的字体,即 MS Sans Serif,8pt,Window Text。

3)【一般】选项组

该选项组中的复选框用来设置是否启用只监视本程序内的剪贴板内容。

4)【本地化】选项组

该选项组用来进行中、英文环境的切换设置。

2. 【View】标签页设置

系统参数设置中的【View】标签页,主要用来设置 Altium Designer 6 系统的显示桌面参数。

1)【桌面】选项组

该选项组中有两个复选框。

(1)【自动保存桌面】:用来设置当系统关闭时,是否需要自动保存自定义的桌面(即工作区),包括各种面板及工具栏的位置和可见性,以便下次进入系统时可以在原来的桌面上进行设计。系统默认状态为选中。

(2)【恢复打开文档】:用来设置当系统关闭时,是否需要对被打开的文档重新进行恢复。单击【排除】文本框右边的圈按钮,对于不需要重新恢复的文档类型可加以选择和设定。系统默认状态为选中。

2)【显示导航栏】选项组

该选项组用来设置快速导航器的位置,有两个单选框,即【内置面板】和【工具栏】。当选中【工具栏】单选框时,若选中下面的【总是显示导航面板在任务观察区内】复选框,可转换到内置面板上。

3)【一般】选项组

该选项组中有 6 个复选框。

(1)【显示全路径在标题栏】:用来设置编辑器是否在标题栏显示当前激活文档的完整路径。若不选中该复选框,则编辑器在标题栏上只显示当前激活文档的名称,不会显示路径。

(2)【显示阴影在菜单,工具栏和面板周围】:用来设置是否在系统的菜单、工具栏和面板周围显示阴影,以增加立体效果。

(3)【在 Windows2000 下仿真 XP 外观】:若采用的操作系统是 Windows 2000,该复选框用来设置使用 Altium Designer 6 时,是否需要仿效 Windows XP 操作系统的界面风格。

(4)【当聚焦变化时隐藏浮动面板】:用来设置在聚焦变化时是否隐藏浮动面板。

(5)【给每种文档记忆视窗】:用来设置是否开启一个记忆窗口,以存放系统中用到的各种文档类型。

(6)【自动显示符号和模型预览】:用来设置是否开启自动显示符号和模型预览功能。系统默认前 3 个复选框为选中状态,后 3 个复选框为非选中状态。

6.3　PCB 项目及文件操作

6.3.1　项目的创建及保存

Altium Designer 6 中每一个设计起点都是一个设计项目,一个设计项目中可以包含各种设计文件,如原理图 SCH 文件、电路图 PCB 文件及各种报表,多个设计项目可以构成一个 Project Group(设计项目组)。因此,项目是 Altium Designer 6 工作的核心,设计工作均是以项目来展开的,新项目的创建有两种方法。

1. 菜单创建

执行【文件】/【新】/【项目】菜单命令,在弹出菜单中选择欲创建项目类型,如图 6.3.1 所示。在 Altium Designer 6 中支持 6 种项目类型的建立:PCB 项目、FPGA 项目、内核项目、集成库、嵌入式项目、脚本项目。

2.【Files】面板创建

【Files】面板的【新建】栏,是系统为用户提供新建一个设计文件和项目文件的快捷方式,单击【Blank Project(PCB)】,则可以创建新的 PCB 项目,如图 6.3.2 所示。

例:创建一个新 PCB 项目。

步骤:

(1) 执行【文件】/【新】/【项目】/【PCB 项目】菜单命令,此时在【Projects】面板添加一新的 PCB 项目,默认名为"PCB_Projects1. PrjPCB"。

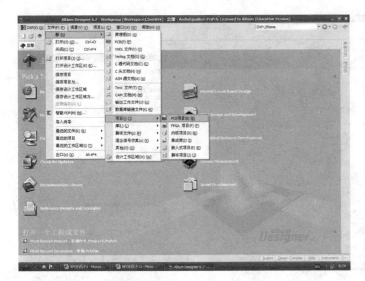

新建PCB 项目

图 6.3.1　菜单创建新项目　　　　　　图 6.3.2　【Files】面板创建新项目

（2）在项目名称"PCB_Projects1. PrjPCB"上单击鼠标右键，弹出下拉菜单，执行【保存项目】命令。

（3）选择项目保存路径并输入项目名称，单击 [保存(S)] 按钮，即建立了已命名的 PCB项目。

6.3.2　设计文件的创建及保存

在 Altium Designer 6 的每种项目中，都可以包含多种类型的文件，具体的文件类型及相应的扩展名在【Files Types】标签页中被一一列举，用户可以参看并进行设置。用户在创建了自己的项目以后，可以在该项目下进行各种设计文件的创建，设计文件的创建同样有两种方法。

1. 菜单创建

执行【文件】/【新】菜单命令，在弹出的菜单中选择欲创建文件类型，如原理图文件、PCB文件、C 源文件、库文件等，如图 6.3.3 所示。

2.【Files】面板创建

打开【Files】面板，在【新建】栏中单击【Schematic Sheet】即可创建新的设计文件，单击【Other Document】命令，同样会弹出创建一个文件的菜单。如图 6.3.4 所示。

例：在上述创建的 PCB 项目中创建原理图文件及 PCB 文件。

步骤：

（1）执行【文件】/【新】/【原理图】菜单命令，则在【Projects】面板上，系统自动创建默认名为"Sheet1. SchDoc"的原理图文件，并添加在了 PCB 项目的源文件夹中。同时原理图的编辑环境被打开。

新建原理图文档

图 6.3.3　菜单创建新设计文件　　　　图 6.3.4　【Files】面板创建新
设计文件

（2）在原理图文件"Sheet1. SchDoc"上单击鼠标右键,弹出下拉菜单,执行【保存】命令。

（3）选择保存路径并输入文件名称,单击 保存(S) 按钮后,即建立了原理图文件。

同理,执行【文件】/【新】/【PCB】菜单命令,即可创建 PCB 文件,保存文件并输入文件名称。

6.3.3　项目及文件的打开

执行【文件】/【打开项目】菜单命令,系统弹出"Choose Project to Open"对话框,选择项目所在路径,找到项目名称,单击 打开(O) 按钮,此时【Projects】面板弹出,显示打开的项目及项目下文件的名称。用鼠标双击项目名称下欲打开的文件名,即可在工作窗口中打开相应的文件。

6.3.4　设计文件从项目中移除与加入

1. 设计文件从项目中移除

若需要把一个设计文件从某项目移除,可在【Projects】面板上选中要移除的设计文件名称,执行右键菜单中的【从项目中移除】命令,如图 6.3.5 所示,则会弹出移除提示框,单击 Yes 按钮即可完成操作。或用鼠标左键按住欲移除的文件名称移动,移动到离开项目名称时松开鼠标,即可将选中的文件从项目中移除,此时的文件为【Free Documents】。

注:从项目中移除设计文件只意味着该设计文件与项目的连接关系中断,而设计文件的内容并没有删除,在需要时仍然可以加入项目中。

图 6.3.5 设计文件从项目中移除

2．设计文件加入项目

在 Altium Designer 6 中，可以把两种设计文件加入项目中，一种是已有的设计文件，另一种是新的设计文件。

1）把已有的设计文件加入项目

在【Projects】面板中，选中该项目文件，执行右键菜单中的命令【追加已有文件到项目中】，则弹出"Choose Documents to add to Projects"对话框，在该对话框中可以选择已有的设计文件加入到当前项目中，如图 6.3.6 所示。

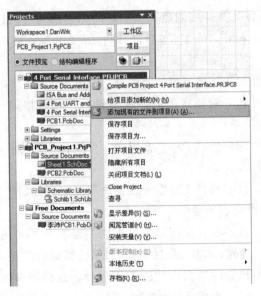

图 6.3.6 添加现有的文件到项目

2）把新的设计文件加入项目

把新的设计文件加入项目，也就是在项目中新建一个设计文件。在【Projects】面板中，选中该项目文件，执行右键菜单中的命令【给项目添加新的】/【Schematic】（选择欲添加的文件类型），如图 6.3.7 所示。

图 6.3.7　添加新设计文件到项目

6.4　原理图绘制基础

6.4.1　原理图编辑环境

在打开一个原理图设计文件或创建了一个新的原理图文件的同时，Altium Designer 6 的原理图编辑器【Schematic Editor】将被启动，即打开了电路原理图的编辑软件支持环境，如图 6.4.1 所示。

（1）主菜单栏：系统对于不同类型的文件进行操作时，主菜单内容会发生相应的变化，在原理图编辑环境中，设计时对原理图的各种编辑操作都可以通过菜单中相应的命令来完成。

（2）标准工具栏：为用户提供了一些常用的文件操作快捷方式，如打印、缩放、复制、粘贴等，以按图标的形式表示出来。

（3）【布线】工具栏：该工具栏主要用于放置原理图中的元器件、电源、地、端口、图纸符号、未用引脚标志等，同时完成连线操作。

（4）【效用】工具栏：该工具栏可用于在原理图中绘制所需要的标注信息；对原理图中的元器件位置进行调整、排列；基本元器件、电源、地、仿真源的放置，栅格的设置等。

（5）编辑窗口：进行电路原理图设计的工作平台。在此窗口内，用户可以新画一个原理图，也可以对现有的原理图进行编辑和修改。

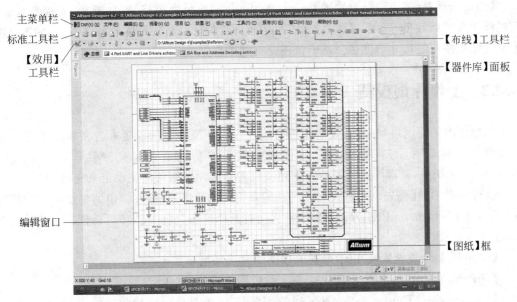

图 6.4.1   电路原理图编辑环境

（6）【器件库】面板：通过使用【器件库】面板可以方便、快捷地完成对器件库的各种操作，如搜索选择元器件、加载或卸载元器件库、浏览库中的元器件信息等。

（7）【图纸】框：用于显示目前编辑窗口中的内容在整张原理图中的大小及位置。

6.4.2   图纸参数设置

在原理图的绘制过程中，根据所要设计的电路图的复杂程度，首先对原理图图纸进行相应的设置。具体操作为：执行【设计】/【文档选项】菜单命令，弹出"文档选项"对话框，如图 6.4.2 所示。

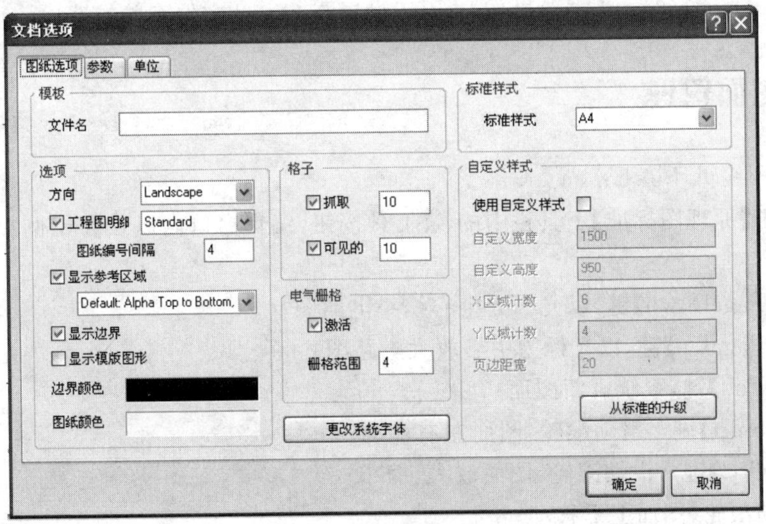

图 6.4.2   "文档选项"对话框

【图纸选项】标签页可以设置图纸的大小、方向、图纸可视栅格、电气栅格、光标步长、标题栏样式及图纸颜色等参数;【参数】标签页用于图纸设计信息的具体设置;【单位】标签页用于设置图纸使用的尺寸单位是公制单位还是英制单位。

6.4.3　工作环境设置

在原理图的绘制过程中,其效率和正确性往往与环境参数的设置有着密切的关系。参数设置的合理与否,直接影响到设计过程中软件的功能是否能充分发挥。在 Altium Designer 6 系统中,原理图编辑器的工作环境设置是由原理图的优先设定来完成的。

执行菜单中的【优先设定】命令,或者在编辑窗口内单击右键,在弹出的快捷菜单中执行【Options】/【Schematic Preferences】命令,将会打开原理图"优先设定"对话框。该对话框中有 11 个标签页。

【General】(常规设置):用于设置原理图的常规环境参数。

【Graphical Editing】(图形编辑):用于设置图形编辑的环境参数。

【Mouse wheel Configuration】(鼠标轮配置):用于对鼠标滚轮的功能进行设置,以便实现对编辑窗口的移动或缩放。

【Compiler】(编译器):设置编译过程中的有关参数,如错误的提示方式等。

【AutoFocus】(自动聚焦):用于设置原理图中不同状态对象(连接或未连接)的显示方式,或加浓,或淡化等。

【Library AutoZoom】(库缩放):用于设置库元器件的显示方式。

【Grids】(网格):用于设置各种网格的有关参数,如数值大小、形状、颜色等。

【Break Wire】(切割连线):用于设置与【Break Wire】操作有关的参数。

【Default Units】(默认单位):选择设置原理图中的单位系统,可以是英制,也可以是公制。

【Default Primitives】(默认图元):设定原理图编辑时常用图元的原始默认值。

【Orcad〔Tm〕】(Orcad 端口操作):用于设置与 Orcad 文件有关的选项。

6.4.4　图面管理

在原理图编辑环境下:

(1) 单击【原理图标准】工具栏中的 🔍 工具按钮,编辑窗口内以最大比例显示原理图上所有图元;

(2) 按【PageDown】键,以光标为中心缩小电路图;

(3) 按【PageUp】键,以光标为中心放大电路图;

(4) 按【End】键,系统刷新图面;

(5) 按【Shift】键+滑动滚轮,图面左右移动;

(6) 按【Ctrl】键+滑动滚轮,图面放大、缩小;

(7) 滑动滚轮,图面上下移动;

(8) 按住鼠标右键移动,可移动图面。

在利用工具栏中的工具和快捷键进行的这些图面管理命令在菜单栏中都可以找到相应的菜单来实现。

6.4.5　【器件库】面板

1.【器件库】面板的打开

单击原理图编辑窗口右下角标签栏中的【system】标签,在弹出的下拉菜单中,选中【器件库】命令,即可打开【器件库】面板,如图 6.4.3 所示。

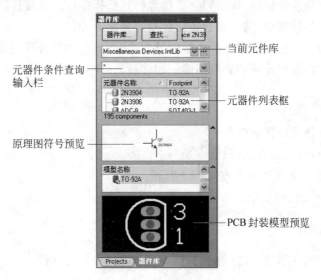

图 6.4.3　【器件库】面板

2.【器件库】面板的功能

【器件库】面板提供了对所选择的元器件的原理图符号、PCB 封装形式预览及其他模型名称。利用该面板可以实现元器件库的加载、卸载,元器件的查找及元器件放置等多种功能。【器件库】面板可以从面板控制中心打开。

6.4.6　元器件的放置

打开【器件库】面板,将当前器件库切换到所需器件库,在"查询条件输入栏"输入所需元器件的名称,元器件列表框中将显示有相同名称的元器件。在元器件列表框中双击元器件名,这时光标上即带有该元器件,移动光标到编辑窗口中单击鼠标左键,就可进行该元器件放置了。另外,通过相应的菜单命令也可以完成元器件放置的操作。

在编辑窗口中,对元器件的位置可进行一些基本的调整操作。

1. 元器件的选取与去选取

选取:按住鼠标左键拖动一矩形框,将欲选取的元器件圈入其中,这时元器件周围出现绿色小方格,即为被选中。对于不规则范围内元器件的选取,在按住【Shift】键的同时用鼠标左键单击欲选取的元器件,可以实现不规则范围内多个元器件的选取。

去选取:只需在编辑窗口的空白处单击鼠标左键即可实现。

2. 元器件的搬移

元器件移动:将光标对准需移动的元器件按住鼠标左键移动,移动到合适位置松开鼠标即可。

元器件的拖动:按快捷键【E】+【M】+【D】,这时光标为"十"字形状,将光标对准需移动的元器件按住鼠标左键移动,移动到合适位置松开鼠标即可。或按住【Ctrl】键,用鼠标左键按住欲拖动的元器件移动,移动到合适位置松开鼠标即可。

拖动和移动的区别:"拖动"是在搬移的过程中,元器件和所连接导线一起移动;而"移动"只能搬移元器件,而相连接的导线不能一起移动。

3. 元器件的翻转

用鼠标左键按住元器件同时:

按【Shift】键,可使元器件逆时针90°旋转;

按【X】键,可使元器件在水平方向180°翻转;

按【Y】键,可使元器件在垂直方向180°翻转。

4. 元器件的删除

先选取欲删除的元器件,按【Delete】键,即可删除选中的元器件。

5. 元器件的复制

先选取欲复制的元器件,再按【Ctrl】+【C】组合键,即可复制所选取的元器件。

6. 元器件的粘贴

先复制欲粘贴的元器件,再按【Ctrl】+【V】键,此时光标上即带有已复制的元器件,单击鼠标左键即可实现所选元器件的粘贴。

6.4.7 编辑元器件属性

1. "元件属性"对话框的打开

在编辑窗口中,双击已放置的元器件即可打开该元件的"元件属性"对话框。或在放置元器件过程中,元器件处于浮动状态时(即元器件还可随光标一起移动,未放置到图上之前),按键盘【Tab】键,系统也可弹出"元件属性"对话框,如图6.4.4所示。

2. 元器件属性编辑

在"元件属性"对话框中,几个相对重要的参数如下。

图 6.4.4　"元件属性"对话框

【标志符】栏：标注元器件在原理图中的序号；

【注释】栏：注释元器件类型、型号或元器件参数；

【Value】栏：输入元器件参数值；

【Footprint】栏：选择、编辑或添加元器件封装形式。

6.4.8　元器件的电气连接

元器件之间的电气连接，可以通过导线连接、放置网络标号连接、放置电路端口连接。导线是电路原理图中最重要也是用得最多的图元，它具有电气连接的意义，不同于一般的绘图连线。

系统提供了多种电源和接地符号的形式，每种形式都有一个相应的网络标号作为标志。在原理图绘制过程中，可根据需要通过编辑电源或地端口的属性来加以选择。在原理图的绘制过程中，基本操作结束均可按鼠标右键退出。所有图元的属性编辑，可通过对准需编辑图元双击鼠标左键，或在操作过程中按【Tab】键，打开其属性窗口进行编辑。

1．用导线连接元器件

导线的连接一定要连接在元器件的电气节点上，否则导线与元器件没有电气连接关系。执行绘制导线命令主要有 3 种方式。

（1）单击【布线】工具栏 ≈ 工具按钮，光标为十字形，将光标移到欲放置导线的元器件引脚端点，此时光标下出现一红色"米"字标志，表示捕捉到该元器件的电气节点，单击鼠标左键确定起始点，拖动鼠标随之形成一条导线，单击鼠标左键可确定导线的拐点，移到另一个元器件的引脚端点即电气节点处，同样会出现红色"米"字标志，再次单击鼠标左键确定终点,完成两个元器件端点间的连接,单击鼠标右键退出导线的绘制状态,如图 6.4.5 所示。在放置导线的过程中按【Tab】键,打开导线属性对话框进行设置,如图 6.4.6 所示。

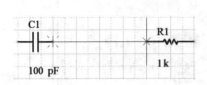

图 6.4.5　导线绘制

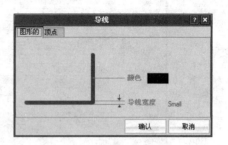

图 6.4.6　导线属性对话框

(2) 执行【Place】/【Wire】命令。

(3) 使用绘制导线快捷键【P】+【W】。

在绘制导线的过程中,可以通过按键盘【Shift】键+空格键来切换选择导线的拐弯模式,共有 3 种模式,即直角、45°、任意角度,如图 6.4.7 所示。

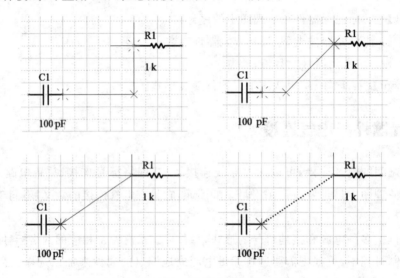

图 6.4.7　导线的拐弯模式

2. 绘制总线进口

总线进口是单一导线与总线之间的连接工具。与总线一样,总线进口也不具有任何电气连接的意义。

单击【布线】工具栏 工具按钮,光标即带有总线进口"/"或"\"键。按空格键可以调整总线进口方向,每按一次空格键,总线进口逆时针旋转 90°。在导线与总线之间单击鼠标左键,即可放置一段总线进口,如图 6.4.8 所示。在放置总线进口的过程中按【Tab】键,打开"总线进口属性"对话框进行设置,如图 6.4.9 所示。

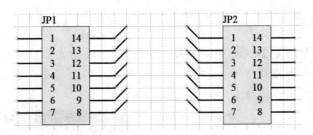

图 6.4.8　总线进口绘制

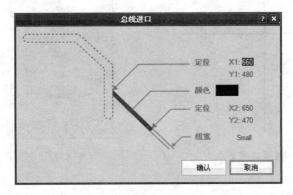

图 6.4.9　"总线进口"属性对话框

3. 总线的绘制

总线是多条具有相同性质的信号线的称呼。在原理图的绘制中,用一根较粗的线条来表示,这就是总线。总线的绘制可使原理图绘制更简捷、方便,增强了可读性。

总线没有任何实质的电气连接意义,电气连接关系通过标注网络标号来定义。

单击【Wiring】工具栏　工具按钮,将光标移到欲放置总线的起点位置单击鼠标左键,确定总线起点,拖动鼠标随之形成一条总线,单击鼠标左键可确定总线的拐点,到达终点再次单击鼠标左键完成总线绘制,单击鼠标右键退出总线的绘制状态,如图 6.4.10 所示。在放置总线的过程中按【Tab】键,打开总线的属性对话框进行设置,如图 6.4.11 所示。

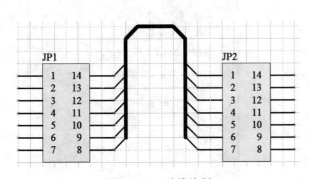

图 6.4.10　总线绘制

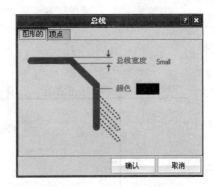

图 6.4.11　"总线"对话框

4. 放置电气节点

按键盘快捷键【P】+【J】，光标上即带有一红色节点，移动光标到需要放置的位置处，单击鼠标左键可完成放置，如图 6.4.12 所示。在放置节点的过程中按【Tab】键，打开节点的属性对话框进行设置，如图 6.4.13 所示。

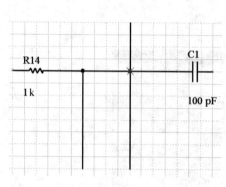

图 6.4.12 放置电气节点

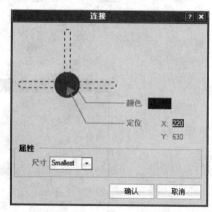

图 6.4.13 节点属性对话框

5. 放置网络标号

在复杂的原理图绘制过程中，可通过放置网络标号实现元器件之间的电气连接，不需再用导线连接。网络标号是无形的导线。

在原理图中，具有相同网络标号的导线或元器件引脚，其电气关系是连接在一起的。

单击【布线】工具栏 Net 工具按钮，光标上即带有一个初始标号。按键盘【Tab】键，打开网络标号的属性对话框，在此对话框中可自定义网络标号名称。将光标移到需放置网络标号的导线或元器件引脚上，当出现红色"米"字标志时，表示光标已捕捉到该导线或元器件引脚，单击鼠标左键即可放置一个网络标号，如图 6.4.14 和图 6.4.15 所示。用字母表示的网络标号名称是区分大小写的。

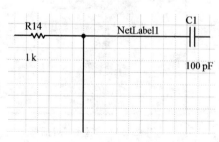

图 6.4.14 放置网络标号

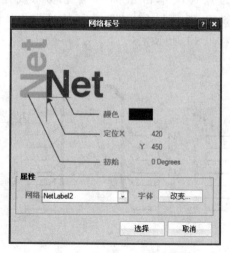

图 6.4.15 "网络标号"对话框

6. 放置输入输出端口

在绘制层次原理图时经常用到电路的输入输出端口。使用输入输出端口可实现上下层电路之间的电气连接，输入输出端口是上下层电路的连接点。相同名称的输入输出端口在电气关系上是连接在一起的。

单击【布线】工具栏 工具按钮，光标上即带有一个输入输出端口符号。移动光标到适当的位置，当出现红色"米"字标志时，表示光标已捕捉到导线或元器件引脚电气节点，单击鼠标左键确定端口一端的位置，移动光标使端口的大小合适，再次单击鼠标左键确定端口的另一端位置，即完成了一次放置。单击鼠标右键可退出放置状态，如图 6.4.16 所示。双击所放置的输入输出端口（或在放置状态下按【Tab】键），弹出"端口属性"对话框，确认其属性，如图 6.4.17 所示。

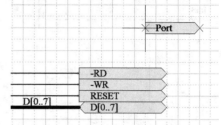

图 6.4.16 放置输入输出端口

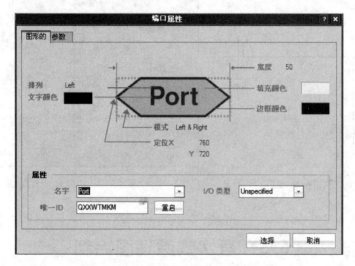

图 6.4.17 "端口属性"对话框

其中各项属性如下：

【名字】栏：设置端口名称。

【I/O 类型】栏：设置端口的电气类型。

【模式】栏：设置端口的外形。实际上就是设置输入输出端口的箭头方向。

【排列】栏：用来确定输入输出端口名称在端口符号中的位置，不具有电气特性。

7. 放置电源 和地 端口

单击【布线】工具栏 或 工具按钮，光标即带有一电源或地端口符号。移动光标到需要放置的位置处，单击鼠标左键即可完成放置。具体如图 6.4.18～图 6.4.21 所示。

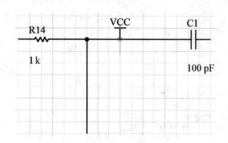

图 6.4.18　放置电源

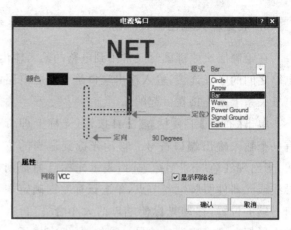

图 6.4.19　电源属性对话框

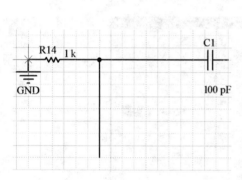

图 6.4.20　放置接地端口

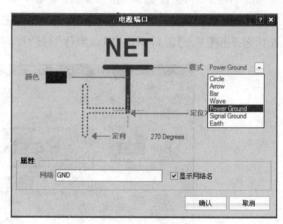

图 6.4.21　接地属性对话框

6.5　层次式原理图绘制

前面我们已经学习了原理图的基本设计方法,能够在单张原理图上完成整个系统的电路绘制,这种方法适用于设计规模较小、逻辑结构也比较简单的系统。对于复杂的机构系统,则很难在有限大小的单张原理图上完成整个系统,即使勉强绘制出来,在电路阅读、仿真、修改和编辑的过程中也会非常不方便。处于这种情况,就采用层次化设计的方案。层次化的设计方法是将规模较大、复杂度较高的原理图,按功能分成若干个模块,分别绘制成多张子原理图,这些子原理图规模较小,逻辑结构比较简单。而多张子原理图的连接关系则由顶层原理图来实现完成。层次原理图的绘制,可使错综复杂的电路设计变得简单,电路结构也清晰明了,同时便于分析、检查与修改。

6.5.1　层次原理图的基本结构

　　层次原理图由顶层原理图和子原理图组成。顶层原理图主要由"图纸符号"及"图纸入口"和部分元器件构成。子原理图主要由各种具体的元器件、导线等组成,是用来描述某一"图纸符号"具体功能的电路原理图,通过"输入/输出端口"实现与上层图进行电气连接。在同一项目的层次原理图中,相同名称的"输入/输出端口"和"图纸入口"之间在电气意义上是相互连接的,如图 6.5.1 所示。

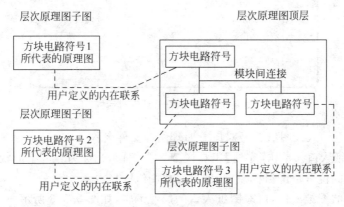

图 6.5.1　层次原理图的基本结构

6.5.2　层次电路原理图的设计

　　层次电路原理图设计的具体方法有两种:一种是自顶向下的层次电路设计;另一种是自底向上的层次电路设计。

1.　自顶向下的层次电路设计

　　所谓自顶向下的层次电路设计,即先绘制出层次原理图中的顶层原理图;然后再根据顶层原理图中的图纸符号来分别创建与之相对应的子原理图,在子原理图中具体去实现各个电路模块的功能。具体步骤如下所述。

　　(1) 执行【文件】/【新】/【项目】/【PCB 项目】,创建 PCB 项目并保存该项目。

　　(2) 执行【文件】/【新】/【原理图】,创建顶层原理图文件并保存。

　　(3) 在顶层原理图中绘制图纸符号。单击【布线】工具栏 ▦ 工具按钮,光标上即带有一图纸符号,单击鼠标左键确定图纸符号一顶点,移动光标到合适位置,再次单击鼠标左键确定另一顶点,即完成一图纸符号的绘制,还可继续绘制其他图纸符号,单击鼠标右键退出绘制图纸符号。

　　(4) 双击放置好的图纸符号,弹出图纸符号属性对话框,如图 6.5.2 所示,进行属性编辑。

　　【设计】栏:输入图纸符号的名称。

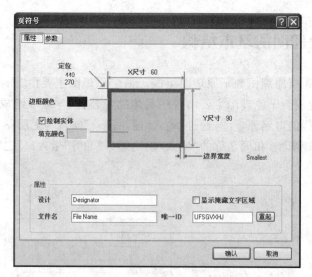

图 6.5.2　图纸符号属性对话框

【文件名】栏：输入该图纸符号对应子原理图的文件名称。

（5）放置图纸入口。单击【布线】工具栏 ▣ 工具按钮，光标为"十"字形状，在图纸符号上要放置图纸入口的位置单击鼠标左键，即可完成图纸入口放置。

双击已放置的图纸入口，可对图纸入口的属性编辑，如图 6.5.3 所示。

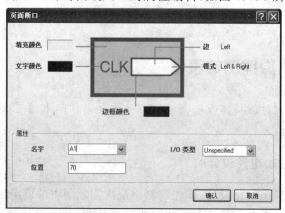

图 6.5.3　图纸入口属性对话框

【名字】栏：输入图纸入口名称。

【I/O 类型】栏：选择图纸入口的电气类型。

（6）放置顶层图中其他元器件。

（7）单击【布线】工具栏 ≋ 工具按钮，进行电路之间的连接，绘制完成顶层原理图。

（8）执行【设计】/【产生图纸符号】菜单命令，光标变为"十"字形状，将光标移至顶层原理图中的任一个图纸符号上，单击鼠标左键，自动生成并打开对应的子原理图文件。此图纸符号所有的图纸入口及名称都会以相同名称的电路端口形式在子原理图中对应显示出来。

（9）再按同样方法生成其他图纸符号的子原理图文件及输入输出端口。

（10）绘制子原理图，具体方法与前面叙述的单层次原理图绘制方法一样，完成整个层次原理图的绘制。

2. 自底向上的层次原理图设计

所谓自底向上的层次原理图设计,就是由设计者先绘制好每一张子原理图,再由各子原理图产生层次原理顶层图的图纸符号来完整表达整个项目。具体步骤如下。

(1) 新建一项目文件,并在其中创建各层次原理图的顶层图文件及子图文件。

(2) 在各子图文件中绘制相应子原理图。

(3) 在顶层图中,执行【设计】/【从图纸或 HDL 文件产生图纸符号】命令,弹出"Choose Document to Place"对话框,其中列出了当前项目下所有子图文件,如图 6.5.4 所示。选中要创建顶层图图纸符号的子图文件名,单击 确认 按钮。

图 6.5.4　"Choose Document to Place"对话框

(4) 单击 确认 按钮后光标即有一个图纸符号,在顶层图中适当位置放置图纸符号。此时的图纸符号已带有由子原理图的电路输入输出端口对应生成的同名称图纸入口。

(5) 按同样方法生成其他子图文件在顶层图的图纸符号。

(6) 放置顶层图中其他元器件,用导线完成图纸符号及元器件间电气连接,即完成顶层原理图绘制。

3. 层次原理图之间的切换

单击【原理图标准】工具栏 工具按钮,光标变为"十"字形状,在顶层图中的某个图纸符号上单击鼠标左键即可切换到该图纸符号对应的子原理图中。同样也可以用该工具单击顶层图纸符号的图纸入口即可切换到子原理图与之对应的电路端口上;用该工具单击子图的电路端口即可切换到顶层图对应的图纸入口。使用 工具方便层次图纸的查阅与修改。

6.6　印制电路板设计

6.6.1　印制电路板的结构设置

印制电路板的结构根据设计需要可以选择单面板结构、双面板结构或多层板结构,具体操作可以通过【设计】/【层堆管理】进入如图 6.6.1 所示的对话框设置。

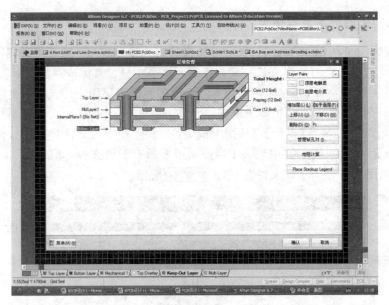

图 6.6.1 "层堆管理"对话框设置

6.6.2 印制电路板的工作层显示设置

印制电路板包括多种类型的工作层,如信号层、内部电源/接地层、机械层、屏蔽层、丝印层等。各层面在工作窗口中的显示可通过菜单【设计】/【板层颜色】进入如图 6.6.2 所示的对话框设置。

图 6.6.2 "板层颜色"对话框设置

6.6.3   规划印制电路板

规划印制电路板有三种方法：一种方法是使用新建电路板向导创建 PCB；另一种方法是通过 PCB 模板创建 PCB；第三种方法是自行直接规划电路板。

1. 使用新建电路板向导创建 PCB

从【Files】面板的【从模板新建】栏内单击【PCB Board Wizard】选项，可以打开新建电路板向导，系统已为用户提供了一些电路板标准模板。单击其中某项，可以预览其外观，根据需要可直接选用。也可以根据向导自定义 PCB 文件。

2. 通过 PCB 模板创建 PCB

从【Files】面板的【从模板新建】栏内单击【PCB Templates...】选项，打开系统为用户提供的一些电路板标准模板，可根据设计需要选择打开相应的模板，如图 6.6.3 所示。

3. 直接规划电路板

例：规划一尺寸要求为 4000 mil×2000 mil 的矩形印制电路板。具体步骤如下。

（1）创建新的 PCB 文件：执行【文件】/【新】/【PCB】菜单命令，即可新建 PCB 文件。

（2）设定板参数选项：此步设定的参数值应从方便印制电路板的规划设置。执行【设计】/【板参数选项】菜单命令，打开"板参数选项"对话框，设定参数，如图 6.6.4 所示。

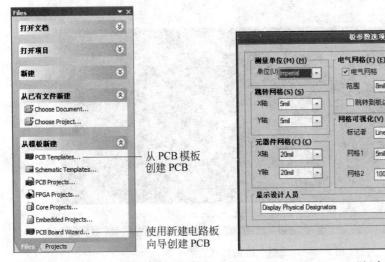

图 6.6.3   通过 PCB 模板创建 PCB   图 6.6.4   "板参数选项"对话框

跳转网格：【X 轴】5 mil→1000 mil；【Y 轴】5 mil→1000 mil。

网格可视化：【网格 2】100 mil→1000 mil。

（3）设置原点（即坐标 X 轴：0 mil，Y 轴：0 mil）：执行【编辑】/【原点】/【设置】菜单命令，将光标移至欲为原点单击鼠标左键，即可将该点坐标设置为原点坐标（0 mil，0 mil），如图 6.6.5 所示。

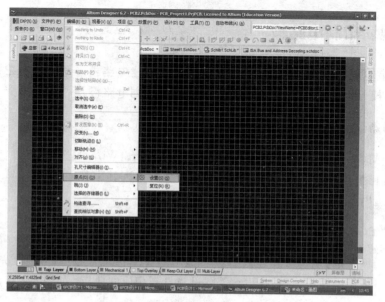

图 6.6.5 设置原点

（4）设置物理边界：单击工作窗口下板层标签【Mechanical1】，执行【设计】/【板子形状】/【重新定义板子外形】菜单命令，将光标移至原点位置，依据坐标参数按电路板尺寸形状要求绘制矩形 PCB，如图 6.6.6 所示。

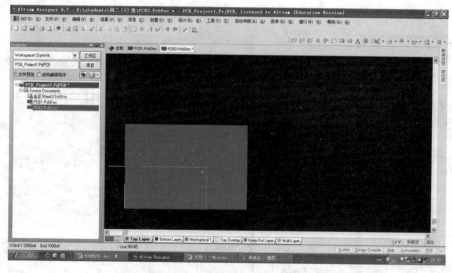

图 6.6.6 绘制电路板物理边界

（5）绘制电气边界：单击工作窗口下板层标签【Keep_Out Layer】，单击【应用程序】工具栏 工具按钮下的 工具按钮，按电路板尺寸要求绘制电气边界。此处电气边界尺寸与物理边界尺寸一样，因此可沿上述画好的物理边界绘制电气边界矩形框。如图 6.6.7 所示。

（6）还原板参数选项：执行【设计】/【板参数选项】菜单命令，打开对话框，还原板参数，便于后续的 PCB 设计。

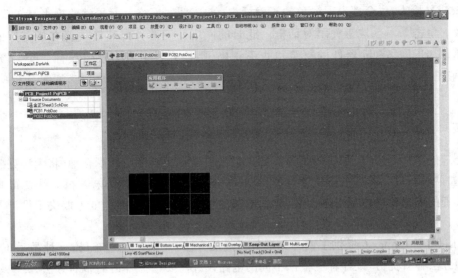

图 6.6.7　绘制电路板电气边界

跳转网格：【X 轴】1000 mil→5 mil；【Y 轴】1000 mil→5 mil。

6.6.4　网络与元器件封装的载入

在 PCB 项目设计中，原理图完成并检查无误后，开始 PCB 设计，在规划完成印制电路板并保存后，可进行网络与元器件封装的载入。执行【设计】/【Import Changes Form...】菜单命令，打开如图 6.6.8 所示的窗口。

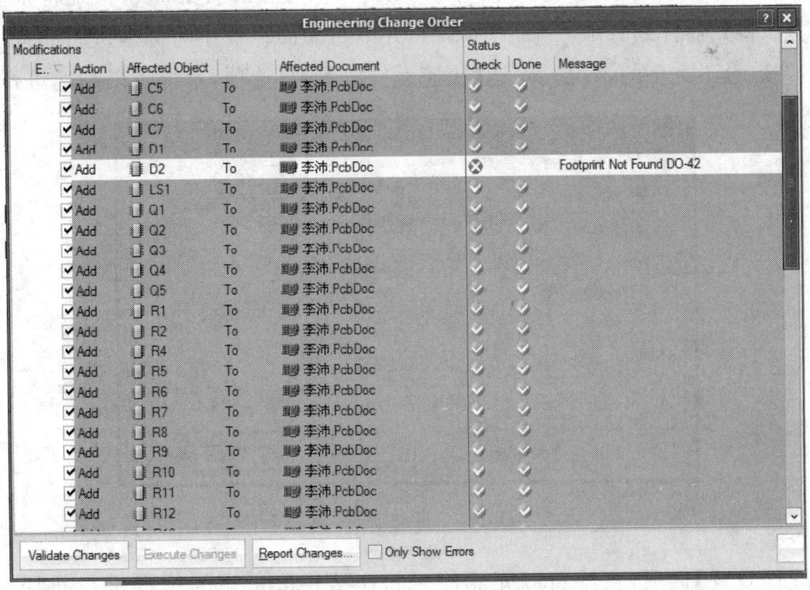

图 6.6.8　网络及元器件封装载入 PCB

单击 Execute Changes 按钮，将网络及元器件封装载入 PCB 文件。此时在【Status】(状态)区域的【Check】(检查)栏全部出现绿色的正确标志✓,表明对网络及元器件的检查是正确的,变化有效。单击 Close 按钮关闭对话框。此时的网络及元器件封装已放置在规划好的电路板右侧。如果网络和元器件的封装检查不正确,则检查栏中将出现错误标志⊗。究其原因,一般是由于没有装载可用的集成库,导致无法找到正确的元器件封装,如图 6.6.8 所示。

6.6.5　元器件的布局

合理的布局是 PCB 布线的关键。如果单面板设计元器件布局不合理,将无法完成布线操作;如果双面板元器件布局不合理,布线时将会放置很多过孔,使电路板导线变得非常复杂。合理的布局要考虑到很多因素,比如电路的抗干扰等,在很大程度上取决于设计者的设计经验。

Altium Designer 6 提供了两种元器件布局的方法,一种是自动布局,一种是手工布局。这两种方法各有优劣,设计者应根据不同的电路设计需要选择合适的布局方法。

1. 元器件手工布局

元器件的手工布局是在遵循电气性能合理的前提下,通过对元器件进行一些基本操作,如移动、方向调整、排列元器件,修改元器件封装,调整文字标注等,使元器件合理布局在 PCB 上。

2. 元器件的自动布局

执行【工具】/【器件布局】/【自动布局】菜单命令。基于元器件的多少,系统提供两种自动布局方式,即簇放置和统计放置,如图 6.6.9 所示。选中【簇放置】选项,系统将根据元器件之间的连接关系,将元器件划分成一个个的簇群,并以布局面积最小为标准进行布局。这种布局适合于元器件数量不太多的情况。勾选【快速元件放置】复选项,系统将以高速进行布局。

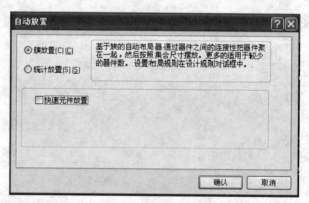

图 6.6.9　"自动放置"对话框

选中【统计放置】选项,系统将以元器件之间连接长度最短为标准进行布局。这种布局适合于组件数目比较多的情况(比如组件数目大于 100)。选择该选项后,对话框中的说明及设置将随之变化,如图 6.6.10 所示。

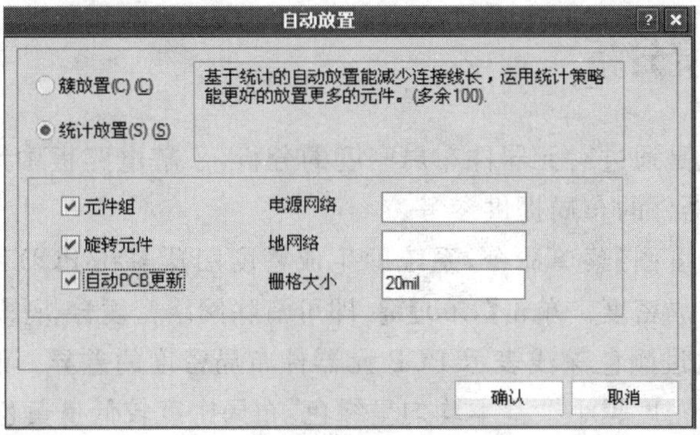

图 6.6.10 统计放置对话框

输入【电源网络】、【地网络】名称，勾选【自动 PCB 更新】，单击 确认 按钮，系统按默认的规则自动布局元器件。

Altium Designer 6 系统提供了多种设计规则，涵盖了 PCB 设计流程中的各个方面，包括电气、布局、布线、屏蔽层、制板、高频到信号完整性分析等多项。设计者可在 PCB 具体设计之前，根据设计要求通过合理设置提高设计效率。

6.6.6 三维效果图

元器件布局完成后，可以利用三维效果图来查看 PCB 的实际布局效果及全貌。执行【观看】/【板子 3 维】菜单命令，PCB 编辑窗口即会显示相应 PCB 的三维仿真图形，如图 6.6.11 所示。

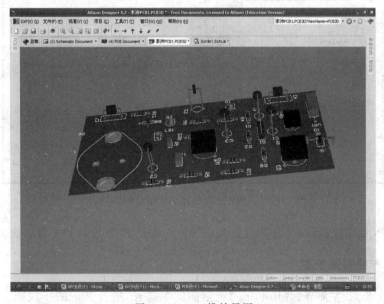

图 6.6.11 三维效果图

6.6.7　网络密度分析

网络密度分析也是通过对元器件布局密度的分析,了解电路板中元器件摆放的疏密程度,为进一步优化元器件的布局提供参考。

执行【工具】/【密度图】菜单命令,系统即生成密度图覆盖在 PCB 图的上面。通过网络密度图分析元器件布局密度。单击【End】键,即可清除网络密度分析图,恢复正常显示。

密度分析图是通过颜色深浅表示 PCB 元器件布局密度的差异,颜色越深,则布局密度越大;颜色越浅,布局密度越小。基本均匀呈绿色,布局密度较低呈黄色。

6.6.8　布线

Altium Designer 6 系统为 PCB 设计提供了 10 大类设计规则(Design Rules),执行【设计】/【规则】菜单命令,即可打开如图 6.6.12 所示规则对话框,分别是【Electrical】(电气规则)、【Routing】(布线规则)、【SMT】(表贴式元器件规则)、【Mask】(屏蔽层规则)、【Plane】(内层规则)、【Testpoint】(测试点规则)、【Manufacturing】(制版规则)、【High Speed】(高频电路规则)、【Placement】(布局规则)和【Signal Integrity】(信号完整性分析规则)。其中在每一类规则中,又分别包含了若干项具体的子规则,单击各规则类前面的 ⊞ 符号,即可展开查看。

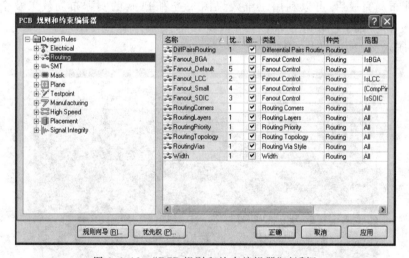

图 6.6.12　"PCB 规则和约束编辑器"对话框

在进行 PCB 具体设计时,合理设置各项规则对优化 PCB 设计是非常必要的。

1. 自动布线规则设置

单击图 6.6.12 左侧界面【Routing】规则前的 ⊞ 符号,展开其下的子规则。单击需要设置的规则项,进行这个规则设置,如图 6.6.13 所示。如果要添加规则,可在选择的规则名称上右击鼠标,从弹出的快捷菜单中选择【新规则】命令,即会在该规则下添加一新规则,单击新规则名,右侧界面将会显示新规则界面。

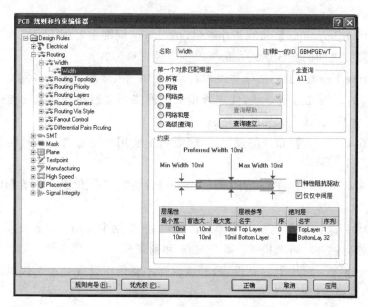

图 6.6.13 【Width】规则设置

(1)【Width】(导线宽度设置) 此规则主要用于设置 PCB 布线时允许采用的导线宽度最大、最小和优选值。单击【Width】子规则名称,右侧界面显示该规则界面,如图 6.6.13所示。

规则界面主要由上、下两部分组成。上部主要用于设置规则的具体名称及适用范围。下部约束区域,主要用于设置规则的具体约束特性。

在确定规则适用范围时有 6 个单选按钮供设计者选择。

①【所有】:指定规则适用于 PCB 上所有对象。

②【网络】:指定规则适用于某个选定的网络。此时右端的编辑框内可设置网络名称。

③【网络类】:指定规则适用于某个选定的网络类。此时右端的编辑框内可设置网络类名称。

④【层】:指定规则适用于某个选定的工作层面。此时在右端的编辑框内可设置工作层面名称。

⑤【网络和层】:指定规则适用于选定的网络和工作层面,此时在右端的两个编辑框内可分别设置网络名称及工作层面名称。

⑥【高级(查询)】:通过单击 查询帮助…… 按钮启动"Query Helper"对话框,编辑一个表达式自定义规则适用范围。

约束区域具体设置导线宽度范围,也有如下选项。

【Min Width】:设置导线最小宽度值。

【Preferred Width】:设置导线优选宽度值。

【Max Width】:设置导线最大宽度值。

设计者在定义多条同类型规则时(如多条线宽规则),应注意优先权问题。在【Width】规则窗口中,单击窗口左下方 优先权 (P)… 按钮,即进入【编辑规则属性】窗口,可以设置同类型多条规则的优先级别。布线时级别高的规则布线优先。系统默认新建规则为最高优先级"1"。

(2)【Routing Topology】(布线拓扑逻辑设置)　该规则主要用于设置自动布线时同一网络各元器件管脚之间的连线形式。系统提供 7 种可选形式。

(3)【Routing Priority】(布线优先级设置)　该规则主要用于设置各网络布线的先后顺序,优先级别高的网络先进行布线,优先级别低的网络后进行布线。系统提供取值范围为"0～100"级,数值越大,优先级别就越高。

(4)【Routing Layers】(布线层设置)　该规则主要用于设置自动布线时允许布线的工作层面。

系统默认是双面布线。在约束中【Top Layer】后的"√"去掉,可实现在【Bottom Layer】单面布线。

(5)【Routing Corners】(布线拐角模式设置)　该规则主要用于设置自动布线时的导线拐角模式。系统提供 3 种可选模式:即 90°、45°和圆弧形。

(6)【Routing Via Style】(过孔设置)　该规则主要用于设置自动布线时采用的过孔尺寸,包括过孔的直径与过孔孔径尺寸。

(7)【Fanout Control】(扇出布线设置)　该规则是一项用于表贴式元器件进行扇出式布线时的设置。

(8)【Differential Pairs Routing】(差分对布线设置)　该规则主要用于对交互式的差分对布线相应参数进行设置。

2. 自动布线策略设置

执行【自动布线】/【设置】菜单命令。打开"Situs 布线策略"对话框,如图 6.6.14 所示。

该对话框分为上、下两部分,即【布线设置报告】和【布线策略】。【布线设置报告】是对布线规则设置的汇总报告,可以根据需要重新设置各项规则。【布线策略】是系统提供的 6 种可用的布线策略。一般情况下采用【Default 2 Layer Board】系统默认的双面板布线策略。

3. 自动布线

在对印制电路板进行了合理的元器件布局并且设置好布线规则后,即可进行布线。布线可以采取自动布线和手工布线调整两种方式。Altium Designer 6 提供了强大的自动布线功能,它适合于组件数目较多的情况。

执行【自动布线】菜单命令,弹出子菜单,其中几项意义如下。

【全部】:全局布线。

【网络】:对指定的网络布线。

【连接】:对指定的相互连接的焊盘布线。

【元件】:对指定的元器件所有连接布线。

执行【自动布线】/【全部】菜单命令,系统弹出【Situs 布线策略】窗口,选择默认布线策略。单击 Route All 按钮,系统进行全局布线。布线过程中【Message】面板打开,逐条显示出当前布线的状态信息。

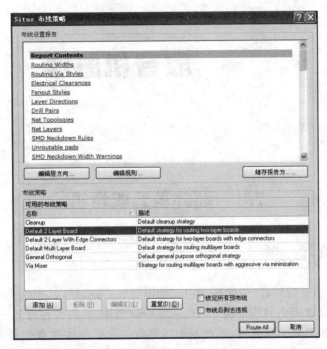

图 6.6.14 "Situs 布线策略"对话框

4. 布线的优化调整

对自动布线某些不合理的地方可进行手工调整。其中包括修改拐角过多的导线,移动走线位置不合理的导线,删除不必要的过孔,调整布线的密度,加粗大电流导线的宽度,增强抗干扰性能等,具体设计根据实际情况进行相应调整。

收音机原理

7.1 超外差式收音机

7.1.1 名词解释

(1) 声波 人们说话时,声带的振动引起周围空气共振,并以 340 m/s 的速度向四周传播,称为声波。人能够听到的声波在 16 Hz～20 kHz 范围内,声波在媒质中传播产生发射的散射,声音强度随距离增大而衰减,因此远距离声波传送必须依靠载体来完成,这个载体就是电磁波。

(2) 电磁波 电磁波是电磁振荡电路产生的,通过天线传到空中去,即为无线电波。电磁波的传送速度为光速(3×10^8 m/s),选择电磁波作为载体是非常理想的。

(3) 无线电的发送 声波经过电声器件转换成声频电信号,调制器使高频等幅振荡信号被声频信号所调制;已调制的高频振荡信号经放大后送入发射天线,转换成无线电波辐射出去,如图 7.1.1 所示。

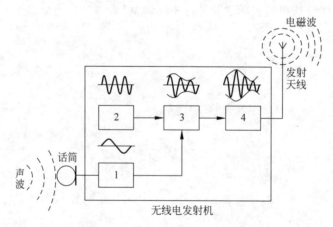

图 7.1.1 无线电的发送

1—声频放大器;2—高频振荡器;3—调制器;4—高频放大器

(4) 无线电广播的接收 收音机的接收天线收到空中的电波;调谐电路选中所需频率的信号;检波器将高频信号还原成声频信号(即解调),如图 7.1.2 所示。

无线电通信(广播也属于无线电通信范畴)的发送和接收概括为互为相反的三个方面的转换过程,即传送信息—低频信号、低频信号—高频信号、高频信号—电磁波。

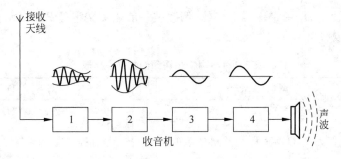

图 7.1.2 无线电的接收

1—调谐电路；2—高频放大器；3—检波器；4—声频放大器

7.1.2 调制

将音频信号加载到载波信号上的过程，称为调制。调制有调幅、调频、调相、脉冲调制等几种方式，以调幅和调频两种方式使用较多。

1. 调幅（幅度调制）

调幅是使载波的振幅随着调制信号的变化规律而变化。

设调制信号为 $U_\Omega(t) = U_{\Omega m}\cos\Omega t$

载波信号为 $U_c(t) = U_{cm}\cos\omega_c t$

调幅波的表示为 $U_{AM}(t) = U_{mo}(1 + m_a\cos\Omega t)\cos\omega_c t$

它保持着高频载波的频率特性，调幅波振幅的包络变化规律与调制信号的变化规律一致，一般用英文字母 AM 表示。

目前，调幅制无线电广播分做长波、中波和短波三个大波段，分别由相应波段的无线电波传送信号。长波（LW：long wave）的频率范围为 $150\sim415$ kHz；中波（MW：medium wave）的频率范围为 $535\sim1605$ kHz；短波（SW：short wave）的频率范围为 $1.5\sim26.1$ MHz。我国只有中波和短波两个大波段的无线电广播。中波广播使用的频段的电磁波主要靠地波传播，也伴有部分天波；短波广播使用的频段的电磁波主要靠天波传播，近距离内伴有地波。

2. 调频（频率调制）

调频是使载波的频率随着调制信号的变化规律而变化。

设调制信号为 $U_\Omega(t) = U_{\Omega m}\cos\Omega t$

载波信号为 $U_c(t) = U_{cm}\cos\omega_c t$

调频时，载波电压振幅度 U_{cm} 不变，而载波瞬时间频率则随调制信号规律变化，即为

$$\omega(t) = \omega_c + K_f U_\Omega(t) = \omega_c + \Delta\omega(t)$$

调频波的表示式为

$$U_{FM}(t) = U\cos\left[\omega_c t + K_f\int_0^t U_\Omega(t)\,dt\right]$$

调制信号幅度最大时，调频波最密，频率最大；而当调制信号负的绝对值最大时，调频波最稀疏，频率最低。也就是说调频波频率变化的大小由调制信号的大小决定，变化的周期由

调制信号的频率决定,振幅是保持不变的,调频波一般用英文字母 FM 表示。调幅和调频波的优缺点比较见表 7.1.1。

表 7.1.1　调幅和调频的优缺点比较

	调幅(AM)	调频(FM)
优点	传播距离远,覆盖面大,电路相对简单	1. 传送音频频带较宽(100 Hz～5 kHz),适宜高保真音乐广播; 2. 抗干扰性强,内设限幅器除去幅度干扰; 3. 应用范围广,用于多种信息传递; 4. 可实现立体声广播
缺点	1. 传送音频频带窄(200～2500 Hz),缺乏高音; 2. 传播中易受干扰,噪声大	传播衰减大,覆盖范围小

调频制无线电广播多用超短波(高频)无线电波传送信号,使用频率约为 87～108 MHz,主要靠空间波传送信号。电视信号的传播也采用调频方式,由于原理相近,因此可将调频收音机接收头作部分改动,使得收音机不仅能覆盖 87～108 MHz 波段,还能达到更低频率或更高频率,这样就能接收到电视伴音。

7.1.3　超外差式收音机的原理

1. 最简单收音机原理(见图 7.1.3)

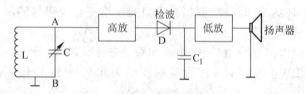

图 7.1.3　最简单收音机工作原理图

由于该种收音机中高频放大器只能适应较窄频率范围的放大,要想在整个中波频段 535～1605 kHz 获得一致放大是很困难的。因此用超外差接收方式来代替该种收音机。

2. 超外差式收音机工作原理(见图 7.1.4)

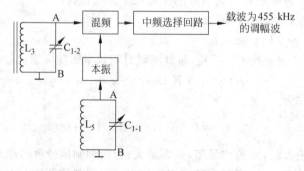

图 7.1.4　超外差式收音机工作原理图

通过输入回路先将电台高频调制波接收下来,和本地振荡回路产生的本地信号一并送入混频器,再经中频回路进行频率选择,得到一固定的中频载波调制波(调幅中频国际上统一为 465 kHz 或 455 kHz)。用同轴双联可变电容,使输入回路电容 C_{1-2} 和本振回路电容 C_{1-1} 同步变化,从而使频率差值始终保持近似一致,其差值即为中频,即 $f_{本振} - f_{信号} = f_{中频}$。取中频为 455 kHz 如接收信号频率是 600 kHz,则本振频率是 1055 kHz;如接收信号频率是 1000 kHz,则本振频率是 1455 kHz;如接收信号频率是 1500 kHz,则本振频率是 1955 kHz。

超外差式收音机具有以下优点:接收高低端电台(不同载波频率)的灵敏度一致;灵敏度高;选择性好(不易串台)。

7.2 收音机工作原理

7.2.1 调幅(AM)工作原理

世界上第一个研制成功的声音广播设备就是采用了幅度调制的原理。调幅收音机由输入回路、本振回路、混频电路、检波电路、自动增益控制电路(AGC)及音频功率放大电路组成,本振信号经内部混频器,与输入信号相混合,混频信号经中周和 455 kHz 陶瓷滤波器构成的中频选择回路得到中频信号,至此,电台的信号就变成了以中频 455 kHz 为载波的调幅波。该调幅信号经中频放大(中放)、检波之后,取出调制信号,再经前级低频放大(低放)、功率放大(功放),去推动扬声器发声。如图 7.2.1 所示。

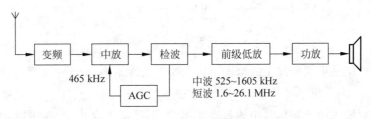

图 7.2.1 调幅收音机工作原理图

高频放大器的作用是将天线上收到的微弱信号先进行放大,再加到变频级,与没有高放时相比,能改善整机的信号噪声比,并提高收音机的实际选择性。

混频器把从高放或天线送来的信号与由本机振荡器产生的信号进行混频,由负载选频回路上取出所需的中频信号,从而完成频率变换的作用,并提供适当的放大量。混频器的输出经中频变压器的耦合加到第一中频放大器。

中频放大器一般由两级组成,级间调谐回路的程式很多,有单调谐、双调谐、LC 集中回路以及使用陶瓷滤波器等等。经中频放大器的选频和放大,使信号达到足够的电平,然后进入检波器进行包络检波。这样不仅提高了检波的效率,而且减小了检波失真。

调幅收音机里的检波器多为半波整流器,通过切掉调幅波形的上部或下部包络,并滤除中频分量的办法来恢复音频信号。检波器的输出加到前置低频放大器。该级是电压放大级,它把音频信号增大到适当的电平,去激励功率放大器,而功率放大器又用足够的功率去推动扬声器。

几乎所有的超外差式调幅收音机都具有自动增益控制(AGC)电路,尤其是带有短波的收音机更是离不了它。它可以适应不同场强的发射台,也有助于减弱衰落引起的影响。其作用是当输入信号电压变化很大时,保持接收机输出电压恒定或基本不变。具体地说,当输入信号很弱时,接收机的增益大,自动增益控制电路不起作用;当输入信号很强时,自动增益控制电路进行控制,使接收机的增益减小。这样,当接收信号强度变化时,接收机的输出端的电压或功率基本不变或保持恒定。

7.2.2　调频(FM)工作原理

调频收音机和调幅收音机在电路结构上很相似,也都采用超外差式原理,如图 7.2.2 所示。它是由输入电路、高频放大器(高放)、混频器、中频放大器(中放)、限幅器、鉴频器、前置低频放大器(低放)、功率放大器(功放)及附加电路(自动频率微调电路)等所组成。与调频收音机相比,多了一个限幅器,并且检波电路也不相同。至于具体每一级电路,由于调频与调幅所采用的频率不同,调制方式也不相同,因此,与调幅收音机相比较,在电路原理和性能指标上有许多差异。

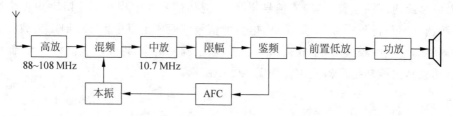

图 7.2.2　调频收音机工作原理图

限幅器的作用是把调频波上的幅度干扰和噪声切除干净,变成一个等幅的调频波,然后送至鉴频器。

鉴频器只对输入的中频信号中的频率变化(而不是幅度变化)产生响应,于是频率的变化就被恢复成了音频电压的变化。

低放、功放与调幅收音机的完全相同。为了充分发挥出调频的优点,低频电路应尽可能地做到频响宽、失真小、功率余量大,并配有优质的扬声器和放声箱,以得到高保真的放声效果。

在调频收音机里,由于本机振荡频率很高,频率的稳定性就成了一个重要的问题。为了防止由电源电压或温度变化而引起的振荡频率漂移,使本来已调准了的信号产生失谐,电路中还设有自动频率微调(AFC)电路。高级机里还设有自动增益控制电路(AGC)、静噪电路以及各种指示电路(如场强指示表、调谐指示表、输出电平指示表)等附加电路。

7.2.3　调频/调幅（FM/AM）工作原理

实际上，由于调频与调幅有许多地方是相同的，有些地方完全可以共用，因此只需稍加一些元器件就能很方便地组装成一部 FM/AM 收音机。

FM/AM 收音机中的电源、音频放大器以及扬声器系统等完全可以通用。在普及型收音机中，往往还共用一级或几级中频放大器，将 FM 和 AM 的中频变压器串接起来，无需转换就可以既作为调频中放，又作为调幅中放。此外，有的还将调频第一中放兼做调幅收音机的变频级等等。通过转换高频部分和中频部分的电源来选择是调幅还是调频工作状态。不过在高档收音机中，成本往往不是主要的，而技术性能却放在首位。为了便于设计，获得高的性能指标，往往把解调前的部分完全分开，只共用低放部分。

总的来说，FM/AM 收音机的基本电路程式有三种。

（1）中频部分分开，只是低频部分共用，如图 7.2.3 所示。

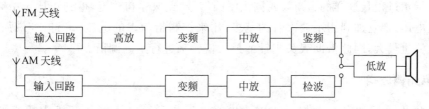

图 7.2.3　收音机基本电路程式一

（2）高频部分分开，中、低频部分共用，如图 7.2.4 所示。

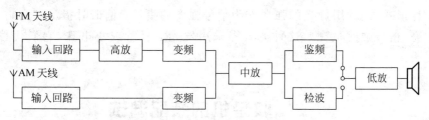

图 7.2.4　收音机基本电路程式二

（3）FM 第一中放管兼 AM 变频级，FM 第二、三中放管兼 AM 中放，低频部分仍然共用，如图 7.2.5 所示。

图 7.2.5　收音机基本电路程式三

7.2.4　收音机调谐指示器

普及式 FM/AM 收音机里,一般没有调谐指示器,把收音机调到最响的时候就认为是最佳调谐位置了。然而,由于人耳对响度的感觉是不十分灵敏的,此外收音机里有了自动增益控制电路(AGC)后,情况就更为复杂一点。因为收音机正确调准电台时信号最强,这时 AGC 电压最大,导致整机的增益下降,因此输出功率并没有明显地增加。相反,当收音机稍稍偏离调谐点时,AGC 电压减弱,整机的放大倍数变大,输出功率也没有明显地减小。因此对 AGC 能力较强的收音机,调谐点并不太明显,但偏离后对音质却有影响。

为了帮助使用者精确地调谐,在较高级的晶体管 FM/AM 收音机中,一般都带调谐指示器。一般的调谐指示器有电流表调谐指示器和电光调谐指示器。

1. 电流表调谐指示器

调谐指示过程是这样的:调频或调幅中频信号,经取样和整流,得到正比于中频信号强度的直流电压,把它加到指示放大管的基极,用来控制指示表的电流。当信号最强时,流过表头的电流也最大,因此借助表头指针的最大偏转来进行正确调谐。

2. 电光调谐指示器

收音机中采用的另一种指示方式为电光调谐指示。电子管收音机中的荧光调谐指示管(一般俗称猫眼或电眼)就是其中的一种。通过观察指示管的荧光屏闭合程度,就可知道调谐准确与否。当阴影面积变得最窄或交叠重合时即为最佳调谐点。电光指示的另一种形式,是利用灯光的强弱作为信号强度的指示:偏谐时指示灯变暗,调谐时指示灯增亮,信号强时最亮。这种方式多采用发光二极管或小电珠,它们代替了价格昂贵的表头。

7.3　收音机的装配调试

7.3.1　收音机的装配工艺

电子元器件种类繁多,外形不同,引出线也多种多样,所以印制电路板的组装方法也就有差异,元器件装配到印制电路板之前,一般都要进行加工处理,然后再进行插装,良好的成形及插装工艺,不但能使机器性能稳定、防振、减少损坏,还能得到机内整齐、美观的效果。

1. 元器件引线的成形

元器件引线在成形之前必须进行加工处理,这是由于元器件引线的可焊性。虽然在制造时就有这方面的技术要求,但因生产工艺的限制,加上包装、储存和运输等中间环节时间较长,在引线表面产生氧化膜,使引线的可焊性严重下降。引线的再处理主要包括引线的校直、表面清洁及上锡三个步骤。要求引线处理后,不允许有伤痕,镀锡层均匀,表面光滑,无毛刺和残留物。为保证引线成形的质量,应使用专用工具和成形模具。在没有专用工具或加工少量元器件时,可使用平口钳、尖嘴钳、镊子等一般工具手工成形。

2. 元器件的安装方式

根据元器件本身的安装方式,可采用立式或卧式安装,见图7.3.1。对于两种安装方式都可以采用的元器件,当工作频率不太多时,两种安装方式都可以采用;工作频率较高时,元器件最好采用卧式安装,并且引线尽可能短一些,以防产生高频寄生电容影响电路。

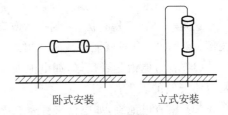

卧式安装　　　立式安装

图 7.3.1　两种安装方式

在安装较大、较重的元器件时,除可以焊接在电路板上外,最好再采用支架固定,这样才能更加牢固、可靠。图7.3.2为较重元器件安装支架固定法示意图。图中把一大功率三极管用螺钉固定在角形的铝板上,然后再固定在安装板上。这样一是稳固,二是铝板能起到散热的作用。

安装各种电子元器件时,应将标注元器件型号和数值的一面朝上或朝外,以利于焊接和检修时查看元器件型号数据,这样能一目了然,见图7.3.3。

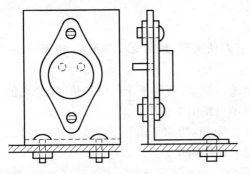

图 7.3.2　较重元器件安装支架固定法

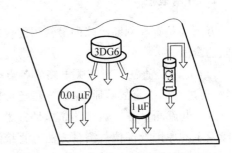

图 7.3.3　元器件标示正确安装方法

如有元器件需要保留较长的引线时,必须套上绝缘导管,以防元器件引脚相碰短路。元器件的安装要美观。立式安装时,元器件要与电路板垂直;卧式安装时,要与电路板平行或帖服在电路板上。

7.3.2　收音机的调试工艺

调试工作是按照调试工艺对收音机进行调整和测试,使之达到技术文件所规定的功能和技术指标,调试既是保证并实现收音机的功能和质量的重要工序,又是发现收音机的缺陷和不足的重要环节。调试的一般程序为通电检查、电源调试、分级分板调试、整机调试以及整机性能指标的测试。

7.3.3 整机故障检修方法

维修设备不仅要有一个科学的逻辑检查程序,还要有一定的方法和手段才能快速查明故障原因,找到故障部位。查找故障的方法很多,这里介绍常用的几种。

1. 直观检查法

这是一种初步检查法,拿到一台收音机,不依靠测量仪器,根据故障现象先查看一下有关部位和元件,有时就能将故障找出来。直观检查主要有以下内容:

(1) 看看电池是否良好,如电池夹变软、外壳冒出白粉、电池内流出粘液、电池硬化等都是电池失效的表现;

(2) 检查电池夹,如电池夹弹簧有无生锈或接触不良等;

(3) 外接电源插座、耳机插座各接触点是否接触良好;

(4) 元件相互有无碰触;

(5) 各元件引线有无断脱,印制电路板的铜箔有无断裂之处;

(6) 各焊点有无松动、假焊;

(7) 调台旋钮、拉线有无打滑现象等。

2. 万用表法

万用表是查找判断故障的最常用的仪表,它方便实用,包括电压测量法、电流测量法和电阻测量法。

(1) 电压检查法 对有关电路的各点电压进行测量,将测量值与已知值(或经验值)相比较,通过判断确定故障原因,该方法还可以判断电路的工作状态。

(2) 电流测量法 通过测量电路或器件中的电流,将测量值与正常值进行比较以判断故障发生的原因及部位。测量方法有直接测量和间接测量。

(3) 电阻测量法 利用万用表的电阻测量挡位,根据不同元件的阻值选择量程,测量所怀疑的元件是否断路、短路、变质,某一节电路是否通断,某一个晶体管大致好坏等。

3. 干扰法

干扰法也是一种简单易行的方法,利用这一方法可以简易地判断收音机的故障部位。方法是,手拿小螺丝刀,指头贴住小螺丝刀的金属部分,用刀口由后向前去碰触电路中除接地或旁路接地的各点。这相当于在该点注入一个干扰信号,如被触点以后的电路工作正常,喇叭里应有"咯咯"声,越往前级,声音越响。如果碰触各点均无声,则故障多半在末级,如果只有某一级无声,则着重检查这一级。但碰触末级一般不会有明显响声,因为末级增益比较低。用干扰法可以找到收音机无声或者声音小的所在级。

4. 短路法

短路法与干扰法相反,不是在收音机各点注入干扰信号,而是把收音机适当的点加以短路,从而使短路点以前的故障现象(如杂音)不反映在喇叭中。换句话说,短路法就是把某一级的输入端对地短路,使这一级和这一级以前的部分失去作用。当短路到某一级(一般是从前级向后依次进行)的时候,故障现象消失了,则表明故障就发生在这一级。短路主要是对信号而言,为了不破坏直流工作状况,短路时需要用一只较大容量的电容,将一端接地,用另一端去碰触。对于低频电路,则需用电解电容。

5. 代替法

在检修收音机时,如发现可疑的元件,可以用另一类似的好元件代替它试一下,这时如果故障被消除,则证明所怀疑的元件的确是坏了,这种方法就叫代替法。代替的直接目的在于缩小故障范围,不一定一下子就能确定故障的部位,但为进一步确定故障源创造了条件。

6. 对比法

使用同型号好的元器件与被检修的元器件做比较,这种方法叫做对比法。例如怀疑某一级三极管有问题,又不知如何判断,就可以用"电阻测量法"现测出另一级或几级同型号三极管的电阻值,然后用同样方法测量出所怀疑的三极管的电阻值。如果所测出的结果一样或很接近,说明所怀疑的三极管是好的;反之,测出的结果相差很大,说明所怀疑的三极管有问题。

7.4　收音机的主要性能指标

7.4.1　灵敏度

灵敏度用来表示收音机接收微弱信号的能力。通常以在标准输出功率所需的最小输入信号电平来表示。灵敏度越高,接收远地区及弱电台的能力就越强,收到的电台数就越多,并且收音机磁性天线的方向性越不显著;反之,灵敏度低的收音机,收到的电台少,而且收音机磁性天线的方向性非常显著。

灵敏度的表示方法有两种:采用磁性天线的收音机,是以天线所接收的信号电场强度来表示灵敏度的,其单位为毫伏/米,用 mV/m 表示;采用拉杆天线或外接天线的收音机,则以天线上所加的信号电压来表示灵敏度,其单位为微伏,用 μV 表示。在一定输出功率和信噪比的条件下,mV/m 或 μV 值越小,灵敏度越高。我国目前的普及型收音机,中波段灵敏度约为 0.2~1.5 mV/m;具有拉杆天线的普及型收音机,短波段灵敏度能达到 50~200 μV。

灵敏度和噪声有密切的关系。通常普及型收音机灵敏度越高时,噪声一般也较大。灵敏度又可分为最大灵敏度和有限噪声灵敏度两种。

所谓最大灵敏度是指收音机的所有控制旋钮均放在最大放大量位置,输出标准输出功率时,所需的最小输入信号电平。它反映了收音机接收微弱信号的最大能力,而不考虑输出的信噪比。对于 FM 收音机来说,主要是收听本地台,以优美的音质为主,而不是像中、短波那样以收听远地电台为主。因此往往用信噪比等于 6 dB(信号与噪声之比等于 2)时的灵敏度来表示收音机的最大灵敏度。

而有限噪声灵敏度是指当收音机的信噪比为 30 dB 时(AM 收音机规定为 20 dB),输出标准输出功率所需要的最小输入信号电平。它反映了收音机在正常收听条件下接收微弱信号的能力。此外,在 FM 和 FM 立体声收音机里还规定了信噪比为 50 dB 时的灵敏度,它反映了在最佳的(立体声)接收效果下所需的最小输入信号电平。

7.4.2 选择性

在我们生活的空间里,存在着许多电磁波,它们在收音机的天线上都要感应出信号来,其中有些是有用的,而其余的则都成了干扰。收音机的选择性就反映了接收机从天线上感应到的各种信号中,选分出有用信号的能力。鉴于高频回路(包括高放和输入回路)的通带很宽,它们与中频回路的选择性相比,对整机的选择性作用不大。因此我们在这里强调指出,测试方法里所规定的选择性,实际上是指邻近频道的选择性,它主要是反映了中频谐振回路的总特性,以区别于实际选择性,即高频选择性。换句话说,选择性也就是分隔(或阻挡、衰减)邻近电台和其他电台的特性,它是收音机质量的重要指标之一。

选择性好的收音机,其表现是:只有需要收听的电台发音,而无其他电台发音,甚至杂音也很少;选择性差的收音机相反,调台时夹音(即窜台)的机会很多,其他外来杂音也很多。

7.4.3 输出功率

输出功率是收音机输出音频信号强弱的标志,通常以毫瓦(mW)或瓦(W)为单位。一般来说,0.1 mW 的电信号可推动一般的耳机;5 mW 的音频信号可推动一般的舌簧式扬声器;20 mW 可推动一般的动圈式扬声器在 20 m² 的房间内正常放声;500 mW 的功率就可供小客厅正常放声。但对音质要求较高的收音机,除了有用功率以外,还要求更大的功率余量,一般要大于平均功率的 10~50 倍。其原因是:

(1) 由于音乐的动态范围很大,且突发性很强,输出功率大一些,不会造成瞬时间因过荷而造成的失真;

(2) 音量的响度和人耳的听觉近似为对数关系,即音量比原来增加 10 倍,人耳的感觉却只增大一倍;

(3) 因为人耳的听觉和扬声器的发音对高音和低音的衰减很大,只有对中音才比较灵敏,所以输出功率大一点对于 40 Hz 的低音和 10 kHz 以上的高音,听起来才使人感到比较丰满。因而高保真度的机器,一般都适用于听音乐。

在产品说明书上,通常把输出功率分为最大输出功率和不失真输出功率两种。

(1) 最大输出功率(即最大功率):在不考虑失真的情况下,开足音量时输出功率的最大值。

(2) 不失真输出功率(即额定功率):在一定失真度以内的输出功率。

比较两台收音机额定功率大小时,应以失真度相等为条件。在失真度相等的条件下,额定功率越大越好。

7.4.4 电压失真度

电压失真度又称为整机电压谐波失真度或整机非线性失真度,它是用来衡量收音机输入信号波形(或频率)经过放大以后失真真实程度的一个指标。失真度小的收音机,声音动听、优美;失真度大的收音机,声音则有闷塞、嘶哑甚至刺耳的现象。

造成电压失真的主要原因是三极管、二极管和变压器等非线性原件的影响。在收音机喇叭音圈输出的信号电压中,不但有调制高频电波的基波电压,还产生了许多新的谐波电压。电压失真度就是用新的谐波电压的总和占基波电压的百分比来表示的。因此,其比值越小,电压失真度越小,收音机的音质越好。

一般收音机产品说明书上的"失真"和"不失真"是指在一定的输出功率条件下,以电压失真度的 10% 为界限的,小于或等于 10% 的发音称为不失真;大于 10% 的发音称为失真。高级收音机上的电压失真度通常规定在 1% 以下,否则会感到声音含糊不清。

7.4.5 电源消耗

电源关闭时,电源无电流输出;电源开启后,电源有电流输出。电源消耗是表示电源开启后输出电流的大小,这里包括三种情况。

(1) 静态时的消耗(也称零信号时的消耗),即没有收到信号时,电源输出的直流电流,也就是整机的静态工作电流。静态时的消耗与音量电位器的开大或开小无关。

(2) 额定功率时消耗的电流,也就是收到信号后,不失真功率时消耗的直流电流。

(3) 最大输出时消耗的电流,就是指收到信号后最大输出功率时电源输出的直流电流。

在相同功率条件下,比较两台收音机的电源消耗时,电源消耗越小越好。

7.4.6 频率范围

频率范围(也称波段)是表示收音机所能接收到的频率宽度。一般来说,收音机的波段越多,接收的频率范围越宽,能收听的电台也就越多。中波段频率范围为 535～1605 kHz;只有一个短波段的,短波频率范围在 4～12 MHz;有两个短波段的,短波频率范围分别在 2.3～5.5 MHz 和 5.5～12 MHz(或 3.9～9 MHz 和 9～18 MHz)。调频波段频率范围为 87～108 MHz。高级收音机甚至有三个(或三个以上)短波段,并具有调频电路,也就是调频、调幅两用机。调频、调幅两用机不但可以收听调幅广播,而且可以收到超短波的调频广播(如电视机的伴音)。

7.4.7 频率响应

频率响应是指将一个以恒电压输出的音频信号与系统相连接时,音箱产生的声压随频率的变化而发生增大或衰减、相位随频率而发生变化的现象,这种声压和相位与频率的相关联的变化关系(变化量)称为频率响应,频率响应范围是最低有效声音频率到最高有效声音频率之间的范围,单位为 Hz。

好的频率响应,是在每一个频率点都能输出稳定、足够的信号,不同频率点彼此之间的信号大小均一样。然而在低频与高频部分,信号的重建比较困难,所以在这两个频段通常都会有衰减的现象。输出品质越好的装置,频率响应曲线就越平直,反之不但在高低频处衰减得很快,在一般频段,也可能呈现抖动的现象。

电子产品安装与调试

电子产品的安装是将电子零件和部件按设计要求装成整机的多种技术的综合,其在很大程度上决定着电子产品的质量,是电子产品生产构成中极其重要的环节。调试则是按照产品设计要求实现产品功能和优化的过程。安装和调试技术对电子产品的设计、制造、使用和维修都是必不可少的技能。

8.1 安装基础知识

8.1.1 安装技术要求

不同的产品、不同的生产规模对安装的技术要求是各不相同的,但基本注意事项及相关要求是相同的。

1. 安全使用

电子产品都会用到电,安全是首要大事,不良的装配不仅会使产品性能受到影响,严重的还会造成安全隐患,比如"漏电"事故等,都是相当危险的。因此要保证电子产品的安全使用,正确的安装技术是必须的。

2. 保证产品的电性能

任何一台电子产品中电器连接的导通与绝缘,接触电阻和绝缘电阻等都和产品性能、质量有着紧密的联系,如果安装者没有按照规定安装则会造成产品无法正常工作等状况。

3. 保证产品的机械强度

为了防止出现电子产品在运输和搬运的过程中由于机械振动作用而受损的情况,在安装时,必须考虑产品的机械强度。例如,变压器靠自攻螺钉固定在塑料壳上就难以保证机械强度。安装时由于操作不当不仅可能损坏所安装的零件,而且还会殃及相邻零部件。

4. 其他要求

安装时应按照要求安装,防止因为操作不当而损坏零部件。某些零部件安装时必须考虑传热或者电磁屏蔽的问题。

8.1.2　常用安装方法

电子产品安装过程中,需要把有关的元器件、零部件等按设计要求安装在规定的位置上,安装方式是多样的,有焊接、压接、绕接、螺纹连接、铆接安装和胶接装配等。

1. 焊接装配

焊接装配主要应用于元器件和印制电路板之间的连接、导线和印制电路板之间的连接以及印制电路板与印制电路板之间的连接。其优点在于电性能良好、机械强度较高、结构紧凑;缺点是可拆性较差。

2. 压接装配

压接是借助较高的挤压力和金属位移,使连接器触脚或端子与导线实现连接。压接技术的优点是:操作简便,能够适应各种环境场合,成本较低,无任何公害和污染;缺点是:压接点的接触电阻较大,由于操作者施力各不相同,产品质量不够稳定,因此很多接点不能用压接方法。压接可分为冷压接与热压接两种,目前以冷压接的方法使用较多。

3. 绕接装配

绕接是将单股芯线用绕接枪高速绕到带棱角(菱形、方形或矩形)的接线柱上的电气连接方法。绕接示意如图 8.1.1 所示。绕接与锡焊相比有明显的特点:可靠性非常高,失效率仅为七百万分之一,无虚、假焊;接触电阻小,只有 1 mm,仅为锡焊的 1/10;抗振能力比锡焊大 40 倍;无污染,无腐蚀;无热损伤;成本低;操作简单,易于熟练掌握。当然绕接也有不足之处,比如导线必须是单芯导线;接线柱必须是特殊形状;导线剥头长;需要专用设备等。因此绕接的应用还有一定的局限性。

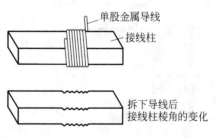

图 8.1.1　绕接示意图

目前,绕接主要应用在大型高可靠性电子产品的机内互连中。

4. 螺纹连接

在电子产品的安装中,广泛的采用可拆卸式螺纹连接。这种连接一般是用螺钉、螺栓、螺母等紧固件,把各种零部件或元器件连接起来。其优点是连接可靠,装拆方便,可方便地调整零部件的相对位置。其缺点是应力集中,安装薄板或易损件时容易产生形变或压裂;在振动或冲击严重的情况下,螺纹容易松动,装配时要采取防松动和止动措施。

螺纹连接有四种基本形式,分别是螺栓连接、螺钉连接、双头螺栓连接、紧定螺钉连接。常用的紧固件有螺钉、螺母、垫圈、螺栓和螺柱、铆钉、压板和夹线板等。

1）螺钉

螺钉的种类很多，按头部形状不同分为半圆头、平圆头、圆柱头、球面圆柱头、沉头、半沉头、滚花头及自攻螺钉等。表 8.1.1 详细介绍了各种常用螺钉的名称、规格、特点及用途。

表 8.1.1　常用螺钉

图　形	名　称	标准代号	规　格	特　点　及　用　途
	一字槽半圆头螺钉	GB 67—1976	M1～M2D	钉头强度较好，应用最广，一般不用螺母，直接旋入制有螺纹孔的连接件
	十字槽平圆头螺钉	GB 818—1976	M2～M12	槽形强度高，使用时应配合相应的螺钉旋具
	一字槽圆柱头螺钉	GB 65—1976	M1～M20	钉头强度较好，若在被连接件表面上刻出相应的圆柱形孔可使钉头不露在外面
	一字槽球面圆柱头螺钉	GB 66—1976	M1～M10	与圆柱头螺钉相似，但钉头的顶部呈弧形，比较美观和光滑
	一字槽沉头螺钉	GB 68—1976	M1～M20	适用于不允许钉头露出的场合
	一字槽半沉头螺钉	GB 69—1976	M1～M20	适用于不允许钉头露出的场合，但头部呈弧形，顶端略露在外头，比较美观和光滑，多用于仪器或比较精密的机件上
	圆柱头内六角螺钉	GB 70—1976	M4～M42	连接强度高，头部能埋在零件内，但需要扳手拧紧，可产生较大的拧紧力矩，用于要求结构紧凑，外形平整的连接处
	滚花高头螺钉	GB 834—1976	M1.6～M10	为了便于旋动，头部做得大，并滚有花纹，是用来调节零件位置的特殊螺钉
	锥端紧定螺钉	GB 71—1976	M1～M16	用来固定轴上不常拆的零件
	平端紧定螺钉	GB 73—1976	M1～M12	平端的接触面积大，不伤零件表面，用于经常拆卸的场合

续表

图 形	名 称	标准代号	规 格	特点及用途
	滚花头不脱出螺钉	GB 839—1976	M3～M10	一般用于面板的紧固,当拆下面板时,螺钉不脱出面板安装孔,可避免丢失
	球面圆柱头不脱出螺钉	GB 837—1976	M3～M10	适用于收音机、收录机等后盖的紧固,拆下后盖时螺钉不易丢失
	十字槽平圆头自攻螺钉	GB 845—1976	M2.5～M6	用于薄金属制件与金属件之间及塑料件之间的连接,螺钉本身具有较高的硬度,只需事先在主体制件上钻一相应的推荐孔即可将螺钉旋入

2) 螺母

螺母的种类也很多,按外形可分为方形、六角形、蝶形、圆形、盖形等,它与螺栓、螺钉配合,起连接和紧固机件的作用。表8.1.2详细介绍了各种常用螺母的名称、规格、特点及用途。

表 8.1.2 常用螺母

图 形	名 称	标准代号	规 格	特点及用途
	方螺线(粗制)	GB 39—1976	M3～M48	常与半圆头方颈螺栓配合,用于简单、粗糙的机件上,其特点是扳手转动角度较大(90°),不易打滑
	六角螺母	GB 52—1976	M1.6～M48	应用较广,分很多品种,有扁的、厚的、小六角的、带槽形的等,分别应用于不同的场合
	蝶形螺母	GB 62—1976	M3～M16	也称元宝螺母,用于直接装拆及对连接强度要求不高和经常装拆的场合
	圆螺母	GB 812—1976	M10×1～M200×2	通常成对地用于轴类零件上,用以防止轴间位移,其装拆须用专用的钩形扳手
	盖形螺母	GB 923—1976	M3～M24	用此螺母紧固后,可盖上螺钉的突出部分,用作表面装饰螺母

3) 垫圈

垫圈按形状分类,有平面、球面、锥面、开口等几种类型;按功能分,有弹簧垫圈、止动垫圈等类型。表8.1.3详细介绍了几种常用垫圈的名称、规格、特点及用途。

4) 螺栓和螺柱

螺栓有方头、六角头、沉头、半圆头等几种类型;螺柱有单头、双头、长双头等几种形式。表8.1.4详细介绍了几种常用螺栓和螺柱的名称、规格、特点及用途。

5) 铆钉

常用铆钉有半圆头、沉头、平锥头、管状等几种类型。表8.1.5详细介绍了几种常用铆钉的名称、规格、特点及用途。

表 8.1.3 常用垫圈

图 形	名 称	标准代号	公称直径/mm	特 点 及 用 途
	圆垫圈	GB 97—1976	1～48	垫于螺母下面,避免连接件表面擦伤,增大接触面积,降低螺母作用在被连接件表面的单位面积压力,也可作垫片,用以调节尺寸
	轻型弹簧垫圈	GB 859—1976	2～30	装配在螺母下面,用来防止螺母松动
	圆螺母用止动垫圈	GB 855—1976	10～200	是防止圆螺母松动的专用垫圈,主要用于制有外螺纹的轴或紧定套上,作固定轴上零件或紧定套上的轴承用

表 8.1.4 常用螺栓和螺柱

图 形	名 称	标准代号	规 格	特 点 及 用 途
	小方头螺栓	GB 35—1976	M5～M48	头部制成方形,适用于表面粗糙和对精度要求不高的钢铁或木质结构上
	六角头螺栓	GB 5—1976	M10～M100	一般由热锻成形,除螺纹外,其余部分均不加工,适用于表面粗糙和对精度要求不高的钢铁或木质结构上
	半圆头方颈螺栓	GB 12—1976	M6～M20	适用于铁木结构的连接
	地脚螺栓	GB 799—1976	M6～M48	专供埋于混凝土地基中固定各种机器或设备的底座
	双头螺柱	GB 897—1976	M5～M48	两端制有螺纹,用于被连接件之一不能安装带头的螺栓的场合

表 8.1.5 常用铆钉

图 形	名 称	标准代号	公称直径/mm	特 点 及 用 途
	圆锥销	GB 117—1976	(十端直径)0.6～50	销和销孔表面上制用 1∶50 的锥度销,与销孔之间连接紧密可靠,在承受横向载荷时,具有能自锁的优点,主要用于定位,也可固定零件,传递动力
	圆柱销钉	GB 119—1976	0.6～50	在机器轴上作固定零件,传递动力用;在工具、模具上作零件定位用

续表

图　形	名　称	标准代号	公称直径/mm	特点及用途
	开口销	GB 91—1976	（销孔直径）0.6～12	用于经常要拆卸的机件轴及轴杆带孔的螺栓上,使机件及螺母等不致脱落
	半圆铆钉	GB 867—1976	0.6～16	是应用最广的一种铆钉,精致铆钉表面比较光滑,尺寸精度较高,适用于要求较高的场合
	沉头铆钉（粗制）	GB 869—1976	1～16	也称埋头铆钉,用于表面需要平滑,不允许钉头外露的场合
	平锥头铆钉	GB 868—1976	2～16	其用途基本上与半圆头铆钉相同
	空心铆钉	GB 876—1976	1.4～6	适用于较薄较轻件的铆接,如焊片与胶木板的铆接,线路实验板的接点等
	标牌用铆钉	GB 827—1976	2～5	主要用于各种铭牌的装钉

6）压板和夹线板

压板和夹线板的形状和尺寸有多种,它们用于导线、线束、零件和部件的固定。常见的压板和夹线板如图 8.1.2 及图 8.1.3 所示。

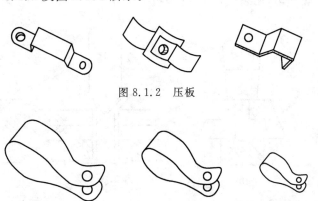

图 8.1.2　压板

图 8.1.3　夹线板

5. 铆接安装

铆接是指用各种铆钉将零件或部件连接在一起的操作过程,它有冷铆和热铆两种方法。在电子产品装配中,常用铜材或铝材制作的各种铆钉,采用冷铆法进行铆接,铆接的特点是安装紧固、可靠。对铆钉的要求是:铆接时所用的铆钉尺寸适当,才能做出符合要求的铆接头。具体要求为:铆钉长度应等于被铆件的总厚度与留头长度之和,半圆头铆钉留头长度应等于其直径的4/3～7/4倍,铆钉直径应大于铆接厚度的1/4。另外,铆孔直径与铆钉直径的配合必须适当,否则易造成铆钉杆弯曲,或铆钉杆穿不过等现象,具体配合要求可参见表8.1.6。

表 8.1.6　标准铆钉直径与铆孔直径

铆钉直径/mm		2	2.5	3	3.5	4	5	6	8	10
铆孔直径	精装配	2.1	2.6	3.1	3.6	4.1	5.2	6.2	8.2	10.3
	粗装配	2.2	2.7	3.4	3.9	4.5	5.5	6.5	8.5	11

铆接方法及要求如下。

(1) 铆钉头镦铆成半圆时,先将铆钉插入两个待接件的孔中,铆钉头放到与其形状一致的垫模上,压紧冲头(压紧被铆接件用的工具)放到铆钉上,砸紧两个被铆接件,如图8.1.4(a)所示,然后拿下压紧冲头,改用半圆头镦铆露出的铆钉端,使之成半圆形,如图8.1.4(b)所示。铆接后,铆钉头应完全平贴于被铆零件上,与铆窝形状一致,不允许有凹陷、缺口和明显的开裂现象。

(2) 铆钉头镦铆成沉头时,操作方法基本相同,只是垫模不需要特殊形状。在用压紧头压紧被铆接件后,用平冲头镦成形。铆接后,被铆平面应保持平整,允许略有凹下,但不得超过0.2 mm。

(3) 铆装空心铆钉时,先将装上空心铆钉的被铆装件放到平垫模上,用压紧冲头压紧,然后用尖头冲子将铆钉孔扩成喇叭状,如图8.1.5(a)所示。再用冲头砸紧,如图8.1.5(b)所示。铆接时扩边应均匀,无裂纹,管径无歪扭。

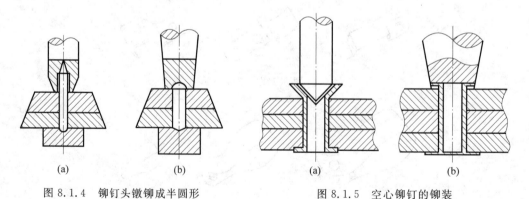

<table>
<tr><td align="center">(a)</td><td align="center">(b)</td><td align="center">(a)</td><td align="center">(b)</td></tr>
<tr><td align="center" colspan="2">图 8.1.4　铆钉头镦铆成半圆形</td><td align="center" colspan="2">图 8.1.5　空心铆钉的铆装</td></tr>
</table>

6. 胶接装配

用胶黏剂将零部件黏在一起的安装方法称为胶接。胶接属于不可拆卸连接,其优点是工艺非常简单,不需要专用的工艺设备,生产效率高、成本低,该方法可以取代机械紧固方法,从而减轻产品重量。在电子设备的装配中,胶接装配主要用于小型元器件的固定和不便于进行螺纹装配、铆接装配的零件的装配,以及防止螺纹松动和有气密性要求的场合。胶接质量的好坏主要取决于工艺操作规程是否正确和胶黏剂的性能。

8.2 电子产品安装工艺

电子产品安装的目的是以合理的结构安排,最简化的工艺实现整机的技术指标,快速并且有效地制造出高稳定性的产品,所以电子产品的安装工艺非常重要,是制造高质量产品的关键之一。

8.2.1 电子产品安装的内容

电子产品的安装是将各种电子元器件以及其他各类元件,按照设计要求,装接在规定的位置上,组成具有一定功能的完整的电子产品的过程。安装内容主要有:单元的划分;元器件的布局;各种元件、部件、结构件的安装;整机联装等。

在安装的过程中,根据安装单位的大小、尺寸、复杂程度以及特点的不同,可将电子产品的安装分成不同的等级,称为电子产品的安装级别。第一级安装,称为元件级,是最低的安装级别;第二级安装,称为插件级,用于安装和互连第一级元器件;第三级安装,称为底板级或插箱板级,用于安装和互连第二级组装的插件或印制电路板部件;第四级安装,称为箱、柜级或系统级,如图 8.2.1 所示。

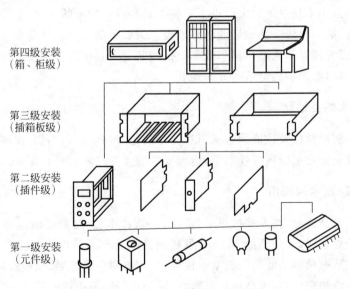

图 8.2.1 电子产品安装级别示意图

8.2.2　电子产品安装的特点

电子产品的安装,是通过紧固零件或其他方法,由内到外,按照一定的顺序进行安装的。电子产品属于技术密集型产品,其安装的主要特点如下。

(1) 安装工作由很多种基本的技术组成。例如元器件的选择与引线成形技术、线材加工处理技术、焊接技术、安装技术、质量检验技术等。

(2) 装配操作质量,在大多数情况下,都难以进行定量分析。例如焊接质量的好坏,一般是以目测判断,刻度盘、旋钮等的装配质量则多以手感鉴定等。因此,掌握正确的安装操作方法是十分必要的,千万不能养成随心所欲的操作习惯。

(3) 进行装配工作的人员必须进行专业的培训和挑选,经过考核合格后持证上岗。否则,由于知识和技术方面的欠缺,就有可能生产出次品,产品质量就无法得到保证。

8.2.3　安装工艺技术的发展

近年来,安装工艺得到了突飞猛进的发展,其发展情况基本如下。

1. 连接工艺的多样化发展

电子产品在生产制造的过程中有许多装连方法,实现电气连接的主要工艺手段是焊接(手工焊接以及机器焊接),除焊接外,压接、绕接、胶接等连接工艺也越来越受到重视。

2. 工装设备的不断改进

电子产品的微小型化发展大大促进了安装工具和设备的不断改进,采用小巧、精密和专用的工具和设备,成为保障安装质量的必要前提。例如手动、电动、气动成形机,集成电路引线成形模具等,极大地提高成形质量和效率。机械装配工具也逐步淘汰了传统的钳工工具,向结构小巧、钳口精细和手感舒适的方向发展。

3. 检测技术的自动化

电子产品安装质量以及性能的检测正在向自动化方向发展。例如,焊接质量的检测,用可焊性测试仪预先测定引线可焊性水平,达到要求的元器件才能安装焊接。

4. 新工艺新技术的应用

为提高电子产品质量,在安装过程中,新工艺、新技术、新材料不断地得到应用。例如,在进行表面防护处理时,采用喷涂 501—3 聚氨酯绝缘清漆及其他绝缘清漆工艺,提高了产品防潮、防盐雾、防霉菌等的能力。新型连接导线,如氟塑料绝缘导线、镀膜导线在电子产品中得到越来越广泛的应用,对提高连接可靠性、减轻重量和缩小体积起到一定作用。

8.3　整机装配工艺

8.3.1　整机装配工艺过程

电子产品整机装配的过程由于设备的种类、规模各不相同,其构成也有所不同,但基本过程并没有太大区别,一般电子产品整机装配工艺过程如图 8.3.1 所示。

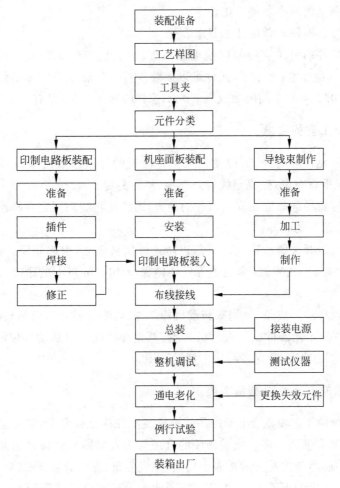

图 8.3.1　整机装配的工艺过程

8.3.2　整机总装的工艺要求

电子产品整机总装过程中最重要的是印制电路板与布线的装配工作,其组装工艺要求如下。

1. 印制电路板组装工艺的基本要求

印制电路板组装质量的好坏,直接影响到产品的电路性能和安全性能,为此,印制电路板组装工艺必须遵循如下基本要求。

(1) 各插件工序必须严格执行设计文件规定,认真按工艺作业指导书操作。

(2) 组装流水线各工序的设置要均匀,防止某些工序电路板的堆积,确保均衡生产。

(3) 按整机装配准备工序的基本要求做好元器件引线成形、表面清洁、浸锡、装散热片等准备加工工作。

(4) 做好印制基板的准备加工工作。

(5) 严格执行元器件安装的技术要求。

要注意:元器件的引线直径与印制电路板焊盘孔径应有 0.2~0.3 mm 的间隙,太大了,焊接不牢,机械强度差;太小了,元件难以插装。对于集成电路的多引线,可将两边的焊盘孔径间隙做成 0.2 mm,中间的做成 0.3 mm,这样既便于安装,又有一定的机械强度。

2. 布线装配工艺的要求

(1) 在电性能允许的前提下,应使相互平行靠近的导线形成线束,以压缩导线布设面积,并尽量使导线垂直布设,确保导线有条不紊、整齐美观。

(2) 布线时应将导线放置在安全可靠的地方,通常是将线束固定在机座和框架上,以保证连线牢固稳定,耐振动和冲击。

(3) 走线时应避开金属锐边、棱角等,以防绝缘层被破坏,引起短路。走线时应尽量避开元器件、零部件,与大功率管、变压器等发热体保持 10 mm 以上的距离,避免导线受热变形,或性能变差。

(4) 导线布设应避开皮带、风扇等转动机构部件,以防止触及后引起故障。导线长度要留有适当的余量,便于元器件或装配件的查看、调整和更换。对活动部位的线束(如 CD 光头线),应使用相应的软线,并保持一定的活动范围。

3. 整机装配的工艺原则及基本要求

(1) 整机装配的工艺原则:电子产品的整机装配往往比较复杂,需要经过多道工序,采取不同的装接方式和安装顺序。安装顺序的合理与否直接影响到整机的装配质量、生产效率和工人的劳动强度,装配时一般按先小后大、先轻后重、先铆后装、先装后焊、先里后外、先低后高、上道工序不影响下道工序、下道工序不改变上道工序的装配原则进行安装,装配过程中应注意前后工序的衔接,使操作者感到方便、省力和省时。

(2) 整机装配的基本要求:牢固可靠,安装件的方向、位置、极性正确,不损伤元器件和零部件,不碰伤面板、机壳表面的涂敷层,不破坏整机的绝缘性,确保产品电性能的稳定和足够的机械强度。

8.4 调 试 工 艺

在电子产品的生产过程中,电子产品在安装完后必须要经过调试才能正常工作。因此,调试是一个非常重要的环节,其工艺水平在很大程度上决定了整机的质量。

8.4.1 调试基础知识

1. 调试的内容

严格按照产品调试说明书,对单元电路板、整机进行调试,通过调整各相关电路参数,避免由于元器件参数或装配工艺设计不合理而造成的电路性能和技术指标达不到设计要求的情况,通过检测发现电路设计的缺陷及安装过程中的错误,认真填写调试记录,运用电路和元器件的基础知识分析并排除故障,确保产品的各项性能指标达到设计要求。

2. 调试的安全注意事项

1) 用电安全

调试过程中,需要使用各类仪器仪表来对产品进行调试。电源、高压电路和高压大电容器等都离不开电,所以在调试的过程中,第一重要的问题就是安全用电问题。除了防止在调试过程中由于用电问题造成各类对人的伤害,还要防止损坏使用的测量仪器的现象出现,所以调试者必须严格遵守安全操作规程,并制定一些相关的安全制度,以此来保证人员以及仪器设备的安全。

2) 操作安全

在调试电路接电前,应先检查调试电路有无短路和开路现象,要注意千万不能带电操作,若必须与带电部分接触,应使用带有绝缘保护的工具。比如在调试 MOS 电路时,调试者应戴上防静电腕套,进行高压调试前,调试者应穿好绝缘鞋,戴上绝缘手套。有一个常见的调试过程中的错误,需要特别重视,就是人们通常认为电源开关断开(关闭)就等于电源断开了,这种观念是错误的,也是非常危险的,只有在拔下电源插头的情况下,调试电路才真正地断开了电源。

3) 设备安全

各类调试使用的仪器要根据该仪器的特性制定出科学合理的检查时间,定期检查,保证调试仪器的完好。

3. 调试的环境要求

一般情况下对调试场地都有如下要求:公共场地应该铺垫绝缘橡胶,保证调试及其他相关人员的绝缘良好;调试环境要求有适当的温度和湿度,避免激烈的振动和强电磁干扰,同时应配备消防设备等。

8.4.2 整机调试工艺

电子产品整机调试的工艺流程大致可分为以下几个部分。

1. 外观检查

调试人员按该电子产品整机工艺流程文件规定的检查项目进行调试,如各类紧固元器件、开关、指示灯、按钮是否完好,是否符合设计要求;机壳的外观有无损伤、有无污染等;机械装配的传动部分及各类旋钮是否调节灵活、到位,安装牢固。检查顺序先外后内,认真检查,不要有漏检项目。

2. 通电调试

通电调试前,先检查被调试元器件、部件或整机是否存在短路现象,观察各元器件之间有无相碰,印制电路板上有无错焊等,并检查各类控制开关的位置是否正确,整机绝缘是否好,最重要的是测量电源输入端有无短路的现象。通电后,观察电源、仪表、指示灯的工作是否正常,若有异常现象应立即断电排除故障。故障解决后,先进行初调,先对电路进行空载调试,就是电源系统不带负载的情况下进行调试,记录相关数据并比照所测得的数值和波形是否符合设计指标。若合格即可进行带载调试,测量并调整电源的各项性能指标,如输出电压值、稳压、波纹系数等。若测得的参数符合设计标准则调试完毕,反之就必须对电路中的元器件进行调整,直到电源系统的性能指标达到最佳值。

3. 整机统调

调试好的单元电路板经安装后,其性能参数可能会受到不同程度的影响,因此所有的电子产品在整机装配好后都应该再对各个单元线路进行调试,以保证单元线路的功能符合整机性能指标的要求。

表面组装技术

9.1 表面组装技术概述

表面组装技术,也称 SMT 技术,是一门包括电子组件、装配设备、焊接方法和装配辅助材料等内容的系统性综合技术。它打破了传统的印制电路板通孔基板插装元器件的方式,直接将无引脚的元器件平卧在印制电路板上进行焊接安装,如图 9.1.1 所示。SMT 技术是电子产品能有效地实现"轻、薄、短、小"、高功能、高可靠、优质量、低成本的重要手段。它具有元器件组成密度高、可靠性好、生产成本低、易于自动化等特点。它属于第四代电子装联技术,现已广泛用于电子产品的生产中。

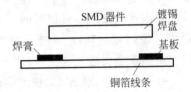

图 9.1.1 表面组装技术示意图

9.1.1 表面组装技术的发展历史

表面组装技术是由组件电路的制造技术发展起来的,其发展主要历经了以下三个阶段。

(1) 第一阶段(1970—1975 年):这一阶段 SMT 的主要技术目标是把小型化的片状元件应用到混合电路(我国称为厚膜电路)的生产制造中去。从这个角度来说,SMT 对集成电路的制造工艺和技术发展作出了重大的贡献;同时,SMT 开始大量使用在民用的石英电子表和电子计算器等产品中。

(2) 第二阶段(1976—1985 年):SMT 在这个阶段促使了电子产品迅速小型化、多功能化,开始广泛用于摄像机、耳机式收音机和电子照相机等产品中;同时,用于表面装配的自动化设备大量研制开发出来,片状元件的安装工艺和支撑材料也已经成熟,为 SMT 的下一步发展打下了基础。

(3) 第三阶段(1986 年至今):直到目前仍在延续的这个阶段里,SMT 的主要目标是降低成本,进一步改善电子产品的性价比;随着 SMT 技术的成熟,工艺可靠性的提高,应用在军事和投资类(汽车、计算机、通信设备及工业设备)领域的电子产品迅速发展,同时大量涌现的自动化表面装配设备及工艺手段,使片式元器件在 PCB 上的使用量高速增长,加速了电子产品总成本的下降。

9.1.2　世界各国 SMT 技术的发展情况

据资料显示,十几年以来,全球采用通孔组装技术的电子产品正以每年 11％的速率下降,而采用 SMT 的电子产品正以每年 8％的速率递增。到目前为止,美国、日本、欧共体等发达国家和地区已有 80％以上的电子产品全部采用了 SMT,我国采用 SMT 的电子产品也得到了快速增长。据对全球电子产品制造业的预测,到 2010 年,THT 元器件的使用率将下降到 10％以下,SMT 元器件的使用率将超过 90％。表面组装技术已经成为当代电子产品装配的主流,这是肯定无疑的。

美国是集成电路制造技术最先进,也是最早使用 SMT 技术的国家,美国一直重视在投资类电子产品、宇航工业和军事装备领域发挥 SMT 的技术优势,在制造高组装密度、高可靠性产品方面具有很高的水平。日本于 20 世纪 70 年代从美国引进大规模集成电路制造技术和表面安装技术,迅速应用在消费类电子产品领域;从 80 年代后期开始,加速 SMT 在电子设备制造领域的全面推广;其很快超过了美国,在 SMT 应用方面处于世界领先的地位。欧洲各国重视发展并有很好的工业基础,虽然对 SMT 技术的应用起步较晚,但发展速度也很快。20 世纪后期,东亚技术经济发展的"四小龙"——新加坡、韩国、中国香港和台湾地区纷纷不惜重金引进先进技术,使 SMT 在这些国家和地区获得较快的发展。

在我国国内,对 SMT 技术的研究应用也有将近 20 年的历史。前期 SMT 元器件主要作为 HIC 电路的外贴元器件使用;20 世纪 80 年代,随着消费类、投资类电子整机产品生产线的引进,特别是当时正值彩色电视机生产线大量引进,电子调谐器作为应用 SMT 技术的典型产品开始在国内生产,SMT 生产设备被成套购入。据不完全统计,在 2000 年,国内约有 40 多家企业从国外引进了 SMT 生产线,共 4000～5000 台元器件贴装机,不同程度地采用了 SMT 技术。我国加入 WTO 后的最近几年,美国、日本、新加坡以及香港和台湾地区的厂商纷纷将电子产品加工厂搬到中国沿海的工业加工区,从 2001—2002 年,国内就增加了 4000 多台 SMT 贴装机。

9.1.3　表面组装技术的发展趋势

表面组装技术总的发展趋势是:元器件越来越小,安装密度越来越高,安装难度也越来越大。最近几年,SMT 又进入了一个新的发展高潮。为适应电子整机产品向短、小、轻、薄方向发展,出现了多种新型封装的 SMT 元器件,并引发了生产设备、焊接材料、贴装和焊接工艺的变化,推动电子产品制造技术走向更新的阶段。

当前,SMT 正在以下四个方面取得新的技术进展。

(1) 元器件体积进一步小型化。在大批量生产的微型电子整机产品中,0201 系列元件(外形尺寸 0.6 mm×0.3 mm)、窄引脚间距达到 0.3 mm 的 QFP 或 BGA、CSP 和 FC 等新型封装的大规模集成电路已经大量采用。

(2) 无铅焊接以利于环保。为减少重金属对环境和人体的危害,日本已经率先研制出无铅焊接的材料和方法,其他发达国家也在加紧研究,其中所涉及的技术、材料、设备及工艺问题,对我国的电子产品加工制造企业将是严峻的挑战。

（3）进一步提高 SMT 产品的可靠性。面对微小型 SMT 元器件被大量采用以及无铅焊接技术的应用,在极限工作温度和恶劣的环境条件下,采取措施消除因为元器件的线膨胀系数不匹配而产生的应力,避免这种应力导致电路板开裂或内部断线、元器件焊接被破坏。

（4）新型生产设备的研制。在 SMT 电子产品的大批量生产过程中,锡膏印刷机、贴片机和再流焊设备是不可缺少的。近年来,各种生产设备正朝着高密度、高速度、高精度和多功能方向发展,高分辨率的激光定位、光学视觉识别系统、智能化质量控制等。

9.2 表面组装元器件

9.2.1 表面组装元器件的特点和分类

表面组装元器件一般都有如下的特点:

（1）SMT 元器件的体积比传统的元器件小很多,提高了安装密度,有利于电子产品的微小型化发展;

（2）SMT 元器件的引线非常短小,甚至没有引线,提高了产品的可靠性;

（3）SMT 元器件在国际上有相关的固定标准,即片状元器件的标准化提高了,这对表面组装技术的发展有很大的意义。

表面组装元器件按照功能分类可以分为无源元件(简称 SMC)和有源器件(简称 SMD)两大类。

9.2.2 无源元件

无源元件(SMC)包括片状电阻器、电容器、电感器、滤波器和陶瓷振荡器等,使用最为广泛、品种规格最齐全的是电阻和电容。

1. 表面组装电阻

1）矩形片式电阻

矩形片式电阻外形为扁平状,如图 9.2.1 所示,是一个矩形六面体(长方体),矩形 SMC 根据其外形尺寸的大小可以划分为几个系列型号,如表 9.2.1 所示。

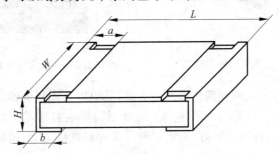

图 9.2.1 矩形片式电阻外形

表 9.2.1　矩形 SMC 系列的外形尺寸

国标制/英制型号	L	W	a	b	H
3216/1206	3.2/120	1.6/60	0.5/20	0.5/20	0.6/24
2012/0805	2.0/80	1.25/50	0.4/16	0.4/16	0.6/24
1608/0603	1.6/60	0.8/30	0.3/12	0.3/12	0.45/18
1005/0402	1.0/40	0.5/20	0.2/8	0.25/10	0.35/14

矩形片式电阻的体积虽然很小,但它的数值范围和精度并不差(见表 9.2.2)。其一般用于电子调谐器和移动通信等频率较高的产品中,可以提高整机安装密度和可靠性,制造薄型整机。

表 9.2.2　矩形 SMC 电阻的主要技术参数

系列型号	阻值范围	允许偏差/%	额定功率/W	工作温度上限/℃
3216	0.39 Ω～10 MΩ	±1,±2,±5,±10	1/8,1/4	70
2125	1 Ω～10 MΩ	±1,±2,±5,±10	1/10	70
1608	2.2 Ω～10 MΩ	±2,±5,±10	1/16	70
1005	10 Ω～1.0 MΩ	±2,±5	1/16	70

2) MELF 型电阻

MELF 型电阻是圆柱形电阻,如图 9.2.2 所示,它是普通圆柱长引线电阻去掉引线,两端改为电极的产物。与矩形片状电阻相比,MELF 型电阻的高频特性差,但价格较低而且噪声和三次谐波失真较小,因此多用在音响设备中。

2. 表面组装电容

表面组装电容中使用最多的是多层陶瓷电容,其次是电解电容,其外形同表面组装电阻一样,也有矩形和圆柱形两大类。

1) 表面组装多层陶瓷电容

表面组装陶瓷电容以陶瓷材料为电容介质,多层陶瓷电容器是在单层盘状电容器的基础上构成的,其的结构如图 9.2.3 所示。

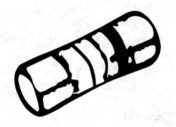

图 9.2.2　MELF 型电阻的外形

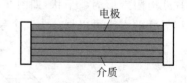

图 9.2.3　多层陶瓷电容的结构示意图

表面组装陶瓷电容有矩形和圆柱形两种类型,其中矩形陶瓷电容的应用最为广泛,占各种贴片电容的 80% 以上,又称为独石电容。与普通陶瓷电容器相比,它有很多优点:比容大;内部电感小,损耗小,高频特性好;内电极与介质材料共烧结,耐潮性好,可靠性高等。

2) 片状电解电容

片状电解电容器有铝电解电容和钽电解电容两种。铝电解电容的体积较大、价格便宜,适用于消费类电子产品；钽电解电容体积较小、价格昂贵、响应速度快，适用于需要高速运算的电路。

9.2.3　有源器件

有源器件(SMD)包括各种半导体器件，既有分立器件，比如二极管、晶体管、场效应晶体管等；也有数字集成电路和模拟集成电路的集成器件。典型 SMD 的外形如图 9.2.4 所示。

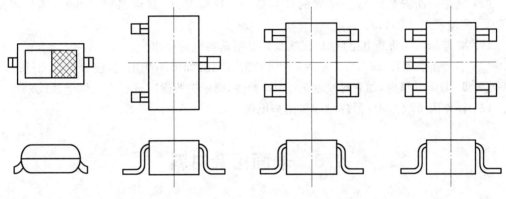

图 9.2.4　典型 SMD 的外形

1. SMD 分立器件

大部分半导体分立器件都可以采用表面组装的形式，SMD 与普通安装器件的主要区别就在于外形的封装形式上。二端 SMD 分立器件一般是二极管类器件，这类器件如果有极性，会在负极作白色或黑色的标记；三端 SMD 分立器件一般是晶体管；四端～六端 SMD 分立器件内则大多封装了两只晶体管或场效应管。

2. SMD 集成电路

集成电路芯片的封装技术已经历了好几个阶段的发展，从 DIP、SOP、QFP、LCC、PGA、BGA 到 CSP，再到 MCM，技术指标越来越先进，芯片面积与封装面积之比越来越接近于 1，适用频率越来越高，耐热性能越来越好，引脚数目越来越多，引脚间距越来越小，芯片质量越来越小，可靠性得到显著提高，使用起来也越来越方便。

9.2.4　基本要求与使用注意事项

1. 表面组装元器件的基本要求

(1) 表面组装元器件在焊接时要用贴片机放到电路板上，因此其上表面应该适用于真空吸嘴的拾取。

(2) 表面组装元器件的下表面(不包括端头)应保留使用胶黏剂的能力。

（3）尺寸、形状应该标准化，并具有良好的尺寸精度和互换性。

（4）包装形式适应贴片机的自动贴装。

（5）具有一定的机械强度，能够承受贴装应力和电路基板的弯曲应力。

（6）元器件的焊端或引脚的共面性好，能够适应焊接条件，如再流焊（235±5）℃，焊接时间（2±0.2）s；波峰焊（260±5）℃，焊接时间（5±0.5）s。

（7）可以承受有机溶剂的洗涤。

2. 表面组装元器件的使用注意事项

（1）满足表面安装元器件存放的环境条件：环境温度、储藏温度＜40℃，工作温度＜30℃，环境湿度＜RH60%。

（2）要有相应的防静电措施，满足表面贴装对防静电的要求。

（3）表面组装器件（SMD）开封后 72 h 内必须用完，如果不能用完，应存放在 RH200%（环境湿度）的干燥箱内，如有已受潮的 SMD 器件，则应按照规定进行去潮烘干处理。

（4）操作人员取 SMD 器件时应戴防静电腕带。

9.3　表面组装材料

表面组装所用的材料包括元器件制造材料、焊接材料以及清洗材料等。下面主要介绍几种焊接材料和清洗材料。

9.3.1　黏合剂

表面组装的焊接方式主要有波峰焊接和再流焊接两种。对于波峰焊接，由于焊接时元器件位于印制电路板的下方，所以必须使用黏合剂来固定；对于再流焊接，由于漏印在印制电路板上的焊锡膏可以黏住元器件，所以不需要使用黏合剂。

1. 黏合剂的分类

常用的黏合剂可以分为以下三类。

（1）按材料分：环氧树脂、丙烯酸树脂及其他聚合物；

（2）按固化方式分：热固化、光固化、光热双固化及超声波固化；

（3）按使用方法分：丝网漏印、压力注射、针式转移。

2. 特性要求

表面组装技术除了对黏合剂有一般的黏合要求以外，还有如下的要求。

（1）快速固化，固化温度＜150℃，时间≤20 min。

（2）触变特性好。触变特性指胶体物质的黏度随外力的作用而改变的特性。触变特性好是指受外力作用时黏度降低，从而有利于通过丝网网眼；外力去除后黏度升高，保持形状不漫流。

(3) 耐高温,能承受焊接时 240～270℃的温度。

(4) 化学稳定性和绝缘性好,要求体积电阻率≥10^{13} $\Omega \cdot cm$。

9.3.2 焊锡膏

表面组装中再流焊焊接要使用焊锡膏,焊锡膏由焊料合金粉末和助焊剂组成,简称焊膏。焊膏必须有足够的黏性,可以将 SMT 元器件黏附在印制电路板上,直到开始进行再流焊接。一般焊锡膏的选用依照下面几个特征进行。

(1) 焊膏的活性由 SMB 的表面清洁度及 SMT/SMD 保鲜度确定,一般可选中活性,必要时选高活性或无活性级、超活性级;

(2) 焊膏的黏度根据涂覆法选择,一般液料分配器用 100～200 Pa·s,丝印用 100～300 Pa·s,漏模板印刷用 200～600 Pa·s;

(3) 焊料粒度选择由图形决定,图形越精细,焊料粒度越高;

(4) 双面焊时,两面所用焊膏熔点应相差 30～40℃;

(5) 含有热敏感元件时应用低熔点焊膏。

9.3.3 清洗剂

电路板在经过焊接后,表面会留有各种残留污物,为防止由于污渍腐蚀而引起的电路失效,必须进行清洗,将残留污物去除。目前常用的清洗剂有两类:CFC-113(三氟三氯乙烷)和甲基氯仿。在实际使用时,往往还需加入乙醇酯、丙烯酸酯等稳定剂,以改善清洗剂性能。

9.4 表面组装技术

9.4.1 表面组装技术的基本形式

采用表面组装技术完成装联的印制电路板组装件称为表面组装组件。在不同的应用领域和环境,对表面组装组件的高密度、多功能和高可靠性有不同的要求,只有采用不同的组装方式才能满足这些要求。根据电子设备对形态结构、功能、组装特点和印制电路板类型的不同要求,将表面组装工艺分为三类六种组装方式。

第一类是单面混合组装,采用单面印制电路板和双波峰焊接工艺。这一类又分成先贴法和后贴法两种组装方式。先贴法是先在印制电路板反面贴装表面组装元器件,而后在正面插装通孔插装元器件,其工艺特点是操作简单,但需留下插装通孔插装元器件时弯曲引脚和剪切引脚的操作空间,组装密度低。另外,插装通孔插装元器件时容易碰着已贴装好的表面组装元器件,引起表面组装元器件损坏或受机械振动而脱落,为了避免这种危险,贴装胶应具有较高的黏结强度,以耐机械冲击。第二种组装方式是先在正面插装通孔插装元器件,后在反面贴装表面组装元器件,克服了第一种组装方式的缺点,提高了组装密度,但涂敷贴装胶比较困难。

第二类是双面混合组装,采用双面印制电路板,双波峰焊和再流焊两种焊接工艺并用。双面混合组装同样有先贴表面组装元器件和后贴表面组装元器件的区别,一般选用先贴法。这一类又分成两种组装方式,即第三种和第四种组装方式。第三种是表面组装元器件和通孔插装元器件同在基板一侧;而第四种是把 SMIC(表面组装集成电路)和通孔插装元器件放在印制电路板的正面,而把表面组装元器件和小外形晶体管(SOT)放在反面。这一类组装方式由于印制电路板两面都有表面组装元器件,而把难表面组装化的元器件插装,因此组装密度高。

第三类是全表面组装。它又分为单面表面组装和双面表面组装,即第五种和第六种组装方式。全表面组装通常采用细线图形的印制电路板或陶瓷基板,采用细间距 QFP,采用再流焊接工艺,组装密度相当高。

9.4.2 表面组装技术基本工艺流程

表面组装技术(SMT)的工艺流程有两种,主要取决于焊接方式的不同。

1. 采用波峰焊(见图 **9.4.1**)

图 9.4.1 SMT 波峰焊接工艺流程

(1) 点胶 把贴装胶精确地涂到表面组装元器件的中心位置上,并避免污染元器件的焊盘。方法:模板漏印、丝网漏印。

(2) 贴片 把各表面组装元器件贴装到印制电路板上,使它们的电极准确定位于各自的焊盘。方法:手工、半自动、自动贴片机。

(3) 烘干固化 用加热的方法,使黏合剂固化,把表面组装元器件牢固地固定在印制电路板上。

(4) 波峰焊接 用波峰焊机进行焊接,在焊接过程中,表面组装元器件浸没在熔融的锡液中,这就要求元器件具有良好的耐热性能。方法:单波峰、双波峰、喷射式波峰、Ω 形波峰。

(5) 清洗及测试 对经过焊接的印制电路板进行清洗,去除残留的助焊剂残渣,避免其对电路板造成腐蚀,然后进行电路检验测试。

波峰焊的方式适合大批量生产,其对贴片精度要求很高,生产过程自动化程度要求也高。

2. 采用再流焊(见图 **9.4.2**)

图 9.4.2 SMT 再流焊接工艺流程

(1) 涂焊膏 将焊膏涂到焊盘上。方法:滴涂器滴涂(注射法)、针板转移式滴涂(针印法)、丝网漏印法。

（2）贴片　同波峰焊方式。

（3）再流焊接　用再流焊接专用设备进行焊接，在焊接过程中，焊膏熔化再次流动，充分浸润元器件和印制电路板的焊盘，焊锡熔液的表面张力使相邻焊盘之间的焊锡分离而不至于短路。方法：气相再流焊、红外再流焊、激光再流焊、热气对流再流焊。

（4）清洗及测试　在再流焊接的过程中，由于助焊剂的挥发造成的影响，助焊剂不仅会残留在焊接点的附近，还会沾染电路基板的整个表面，因此通常都需要采用超声波清洗机，把焊接后的电路板浸泡在无机溶液或去离子水中，用超声波冲击清洗，然后再进行电路检验测试。

9.4.3　表面组装的工艺及设备

1. 涂敷工艺及设备

焊膏和贴装胶的涂敷技术是表面组装工艺技术的重要组成部分，它直接影响表面组装的功能和可靠性。焊膏涂敷通常采用的是印刷技术，贴装胶涂敷通常采用的是滴涂技术。

1）焊膏涂敷

焊膏涂敷是将焊膏涂敷在 PCB 的焊盘图形上，为表面组装元器件的贴装、焊接提供黏附和焊接材料。焊膏涂敷主要有非接触印刷和直接接触印刷两种方式，非接触印刷常指丝网漏印，直接接触印刷则指模板漏印。

丝网漏印技术是利用已经制好的网板，用一定的方法使丝网和印刷机直接接触，并使焊膏在网板上均匀流动，由掩膜图形注入网孔。当丝网脱开印制电路板时，焊膏就以掩膜图形的形状从网孔脱落到印制电路板的相应焊盘图形上，从而完成焊膏在印制电路板上的印刷。丝网漏印时，刮板以一定的速度和角度向前移动，对焊膏产生一定的压力，推动焊膏在刮板前滚动，产生将焊膏注入网孔所需的压力，当刮板完成压印动作后，丝网回弹脱开 PCB 板。丝网漏印的过程如图 9.4.3 所示。

模板漏印属于直接印刷技术，它是用金属漏模板代替丝网漏印机中的网板。所谓漏模板是在一块金属片上，用化学方式蚀刻出漏孔或用激光刻板机刻出漏孔。

焊膏涂敷通常采用的设备是丝网印刷机，如图 9.4.4 所示。

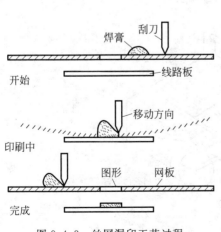

图 9.4.3　丝网漏印工艺过程

图 9.4.4　丝网印刷机外形图

2）贴装胶涂敷

涂敷贴装胶的方法主要有 3 种：滴涂器滴涂（注射法）、针板转移式滴涂（针印法）、用丝网漏印机印刷（丝网漏印法），其中以注射法最为常用。贴装胶涂敷则通常采用自动点胶机，如图 9.4.5 所示。

2. 贴装工艺及设备

用贴片机或者人工的方法将表面组装元器件等各种类型的表面组装芯片贴放到 PCB 的指定位置上的过程称为贴装，目前主要采用自动贴片机（见图 9.4.6）进行自动贴放，也可采用手工方式进行贴放。贴装技术是表面组装技术中的关键技术，它直接影响产品的组装质量和组装效率。

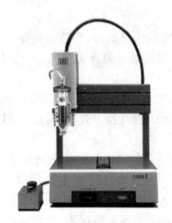

图 9.4.5　自动点胶机外形图

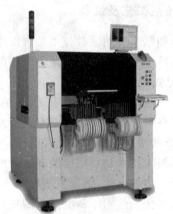

图 9.4.6　自动贴片机外形图

要保证贴装的质量，必须要考虑三个要素：贴装元件的正确性、贴装位置的准确性以及贴装压力的适度性。

自动贴片机按照贴装元器件的工作方式不同可以分为四种类型：顺序式、同时式、流水作业式和顺序-同时式，它们在组装速度、精度等方面各有特色，目前国内使用最多的是顺序式。尽管贴片机的种类繁多，但其基本结构是相同的，主要由材料储运装置、工作台、贴片头和控制系统组成，如图 9.4.7 所示。

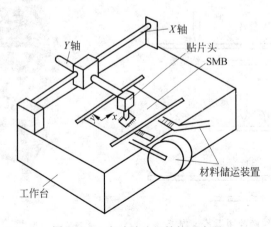

图 9.4.7　自动贴片机结构示意图

3. 焊接工艺及设备

焊接是表面组装技术中的主要工艺技术，是表面组装工艺技术的核心。在一块表面安装组件上少则有几十、多则有成千上万个焊点，一个焊点不良就会导致整个产品失效。因此，焊接工艺是决定可靠性的关键工艺，其质量直接影响电子设备的性能。目前应用最为广泛并且在不断完善的工艺主要有两种：波峰焊和再流焊，当然手工焊接的方法也仍然在使用。

1) 波峰焊

波峰焊是利用波峰焊接机内的机械泵或电磁泵，将熔融焊料压向波峰喷嘴，形成一股平稳的焊料波峰，并源源不断地从喷嘴中溢出。装有元器件的印制电路板以直线平面运动的方式通过焊料波峰，实现元器件焊端或引脚与印制电路板焊盘之间的机械与电气连接的软钎焊，如图 9.4.8 所示。

波峰焊又可以分为单波峰焊和双波峰焊。单波峰焊用于 SMT 时，容易出现较严重的质量问题，存在漏焊、桥接和焊缝不充实等缺陷。因此，在表面组装技术中广泛采用双波峰焊接工艺和设备。

双波峰焊的结构组成如图 9.4.9 所示，由图中可以看出，双波峰焊接的主要工艺因素有助焊剂、预热、焊接、传输和控制系统。

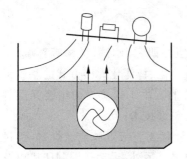

图 9.4.8 波峰焊示意图

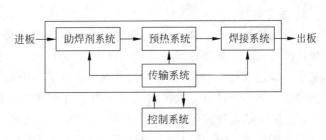

图 9.4.9 双波峰焊结构组成

(1) 助焊剂系统是保证双波峰焊接质量的第一个环节，其主要作用是均匀地涂敷助焊剂，除去 PCB 和元器件焊接表面的氧化物，防止焊接过程中的再氧化。助焊剂的涂敷一定要均匀，尽量不产生堆积，否则将导致焊接短路或开路。

(2) 预热系统对于表面组装元器件的焊接是非常重要的。预热的目的是蒸发助焊剂中的大部分溶剂，增加助焊剂的黏度，加速助焊剂的化学反应，提高可清除氧化的能力，同时提高电子组件的温度，以防止突然进入焊接区时受到冲击。

(3) 在双波峰焊接时，印制电路板先接触第一个波峰，再接触第二个波峰。第一个波峰是由窄喷嘴喷流出的"湍流"波峰，流速快，对组件有较高的垂直压力，使焊料对尺寸小、贴装密度高的表面组装元器件的焊端有较好的渗透性，但是该方式容易使元件焊端上留下过量的焊料。所以组件必须进入第二个波峰，第二个波峰是一个"平滑"的波峰，流动速度慢，提供了焊料流速为零的出口区，有利于形成充实的焊缝，同时也可有效地去除焊端上过量的焊料，并使所有焊接面上焊料润湿良好，修正焊接面，消除可能的拉尖和桥接，获得充实无缺陷的焊缝，最终确保组件焊接的可靠性。

（4）传输系统通常有框架式和手指式两种。框架式适合于多品种、中小批量生产；而手指式则适合于少品种、大批量生产。

（5）控制系统主要用来实现波峰焊的主要功能，目前常用的控制系统主要有仪表或数控开环控制系统和计算机封闭控制系统两种。

2）再流焊

再流焊，又称回流焊，是 SMT 的主要焊接方法，按加热方式的不同可以分为红外线加热、饱和蒸汽加热、热风加热、激光加热等，其中以红外线加热和气相加热的使用最为广泛。红外再流焊又有远红外和近红外之分，其优点是设备光源性价比高、加热速度可控；缺点是热波动较大、容易损伤基板和 SMD。气相再流焊又叫冷凝焊，它是利用液体汽化来提供焊接热量的。

与波峰焊相比，再流焊有以下技术特点：

（1）元器件不直接浸渍在熔融的焊料中，所以元器件受到的热冲击小，但由于加热方式不同，有时施加给元器件的热应力较大；

（2）能控制焊料施放量，避免桥接现象的出现；

（3）当元器件贴放位置有一定的偏差时，只要焊料施放位置正确，就能自动校正偏差，使元器件固定在正确的位置上；

（4）可以采用局部热源加热，从而可以在同一块基板上采用不同的焊接工艺；

（5）使用焊膏时，能正确地保证焊料的组成。

3）手工焊接

尽管现代化生产中自动化、智能化是发展的必然趋势，但在研究、调试、维修等领域，手工焊接的方式还是其他焊接方式无法取代的，而且所有的自动化、智能化焊接方式的基础仍然是手工焊接，因此了解手工焊接的基本方法是非常有必要的。手工焊接表面组装元器件与自动组装基本上没有太大区别，主要在于以下三个方面的关键技术。

（1）涂敷贴装胶或焊膏　最简单的涂敷方法是人工用针状物直接点胶或涂焊膏，经过专业技术培训、技术高超的工人同样可以达到自动涂敷的效果。另外，手动丝网漏印机以及手动点胶机可以满足小批量生产的需求。

（2）贴片　自动贴片机是 SMT 设备中最昂贵的设备，手工操作最简单的办法是，借助于镊子和放大镜仔细将表面组装元器件放到规定的位置上。但是由于表面组装元器件尺寸很小，特别是窄间距方型扁平式封装元器件（简称 PQFP）的引线很细，用夹持的办法可能损伤元器件，一种带有负压吸嘴的手工贴片装置可以很好地解决这个问题，该装置一般备有尺寸形状不同的若干吸嘴以适应不同元器件以及视像放大装置。还有一种半自动贴片机也是投资少并且应用广泛的贴片机，它带有摄像系统，通过屏幕放大可进行组装元器件位置的对准，并有计算机系统可记忆手工贴片的位置，第一块表面组装元器件经过手工放置后，它就可以自动放置第二块的贴装。

（3）焊接　最简单的手工焊接方式就是烙铁焊接，烙铁最好选用恒温或电子控温烙铁，焊接的技术要求和注意事项与普通印制电路板一样，但更强调焊接的时间和温度。合适的电烙铁加上正确的操作以及娴熟的技术同样可以达到与自动焊接不相上下的焊接效果。

常规电子工艺实习项目

10.1 EDT-2901 型收音机

EDT-2901 型收音机(见图 10.1.1)是一款带数字显示的调频/调幅电子钟控收音机,它具有接收灵敏度高、选择性能好、噪声低、声音失真小、输入功率大等优点。通过对这款套件的组装调试,可以让学生初步了解模拟电路和数字电路的基本特点。

10.1.1 EDT-2901 型收音机简介

1. 功能特点

图 10.1.1 EDT-2901 型收音机外形

(1) 十波段:调频(FM)、中波(MW)、短波(SW1~SW8);

(2) 液晶显示:能准确地将接收电台频率用数字方式显示在屏幕上;

(3) 调频、调幅采用电子转换开关,操作方便,可靠性高,能耗低;

(4) 钟控定时开机功能,可随意设定定时开机时间。

2. 主要性能

(1) 收音机频率范围。

AM:中波段,515~1630 kHz;短波段,3.8~17.9 MHz。

FM:59~108.5 MHz。

(2) 最大输入功率:200 MW。

(3) 外界耳机阻抗:4 Ω。

(4) 电源:直流 3 V(或两节 5 号电池)。

10.1.2 电路原理

EDT-2901 型收音机套件主板电路原理图如图 10.1.2 所示,主板装配图如图 10.1.3 所示;显示板电路原理图如图 10.1.4 所示,显示板装配图如图 10.1.5 所示。

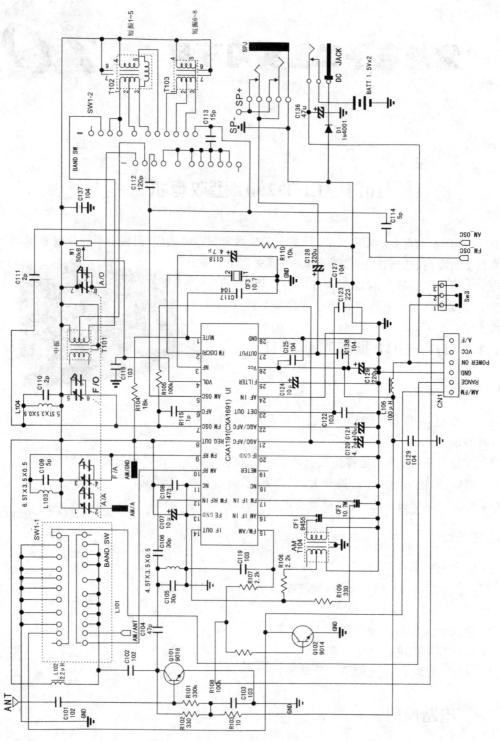

图 10.1.2 EDT-2901 主板电路原理图

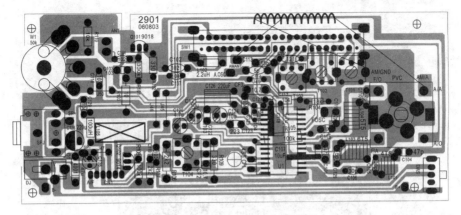

图 10.1.3　EDT-2901 主板装配图

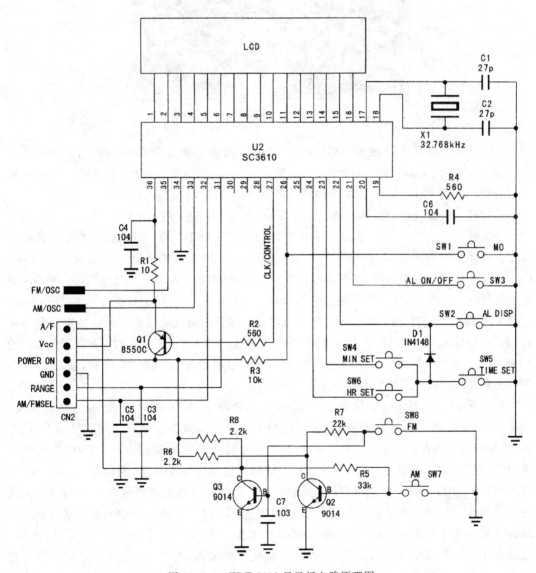

图 10.1.4　EDT-2901 显示板电路原理图

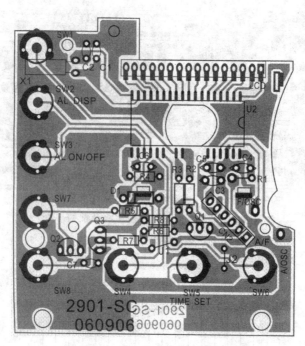

图 10.1.5　EDT-2901 显示板装配图

AM，FM 转换开关是由 Q2、Q3、R5～R8、C7 组成的调频调幅转换电路。电源开关 SW3 至 ON 状态接通电源后，Q2 导通、Q3 截止，A/F 端口输出高电平，连接到主板 A/F 端口，一路经 R107 到 U1 的 15 脚，15 脚高电平 IC 内部自动切换为调频波段。

从拉杆天线接收到的调频高频信号经 C101 到 Q101 放大后由 C104、L101、C105、C106 等元件组成的带通滤波器滤波，选出 FM 的调频信号送至 U1 的 12 脚，U1 的 12 脚的调频信号由内部选频放大器以及外围的 PVC、C109、L103 组成选频回路选频放大。由 PVC、C110、L104 等组成本振电路，本振信号从 7 脚输入，与调频选频信号一起送到 U1 内部混频电路混频，得出 10.7 MHz 的调频中频信号从 14 脚输出。10.7 MHz 的中频信号经 R109 送到 CF2 陶瓷滤波器，滤除 10.7 MHz 带宽以外大部分的杂波后，10.7 MHz 的中频信号从 U1 的 17 脚输入 IC 内部中频放大、鉴频（CF3 决定鉴频曲线）。鉴频后的音频信号从 U1 的 23 脚输出。调频本振另一路信号经 C111 耦合送到显示驱动 SC3610 第 35 脚，输入 IC 内部进行分频处理后的频率数字准确显示在屏幕上。

按动 SW7，Q2 截止、Q3 导通，U1 第 15 脚为低电平，U1 内部自动切换为调幅波段，将中波、短波转换开关至于 MW 时，此时磁棒天线感应到的高频调幅中波信号经 PVC 选频，由波段开关 SW1 转换送入 U1 的 10 脚。中波波段本振电路由 T101、PVC 等元件组成，U1 的 5 脚的本振信号与 10 脚的选频信号同时加到内部混频器，混频得出 455 kHz 调幅中频信号，455 kHz 中频信号从 14 脚输出。推动中短波开关选择短波 1～8 波段，从拉杆天线接收到的短波高频信号经 C101 到 Q101 放大经 C102 耦合到中短波开关 SW1，波段开关转换从 U1 第 10 脚输入。短波 1～8 的本振回路由 T102、T103、PVC、C112、C113 等元件组成。本振信号经波段开关 SW1 转换从 5 脚输入，与 10 脚的短波高频信号一起送到混频器混频后得出 455 kHz 的中频信号从 14 脚输出。14 脚输出的调幅中频信号经

R106、T104、CF1 选频,滤除 455 kHz 带宽以外大部分杂波后,送至 U1 的 16 脚输入,中频信号在 IC 内部进行放大、检波,检波后的音频信号由 23 脚输出。调幅另一路本振信号经 C114 送至显示驱动 SC3610 第 33 脚输入其内部进行处理,处理后的频率数字化准确显示在屏幕上。

U1 的 23 脚输出的音频信号经 C123 耦合从 24 脚输入。W1 是电子音量控制电位器,控制 U1 第 4 脚的电平来控制音量。U1 的 23 脚输出的音频信号经 C123 送至 U1 的 24 脚入 IC 内部功率放大器放大,放大后的音频信号从 27 脚输出推动扬声器或者耳机。

10.1.3 调试步骤

收音机的调整分为四部分,即通电前的检查,直流工作状态下的调整,调频、调幅频率的调整及统调。

电路中,集成电路(XA1191C 或 CXA1691)如图 10.1.6 所示,其引脚功能见表 10.1.1。

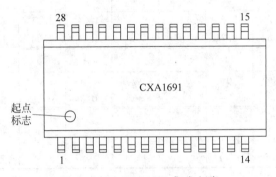

图 10.1.6 CXA1691 集成电路

表 10.1.1 CXA1691 集成电路引脚功能

脚序	功能	脚序	功能	脚序	功能
1	静噪	10	AM 输入	20	地
2	FM 鉴频	11、18	空脚接地	21	AFC/AGC
3	反馈	12	FM 输入	22	AFC/AGC
4	音量控制	13	FM(高放)地	23	检波输出
5	AM 本振	14	中频输出	24	功放输入
6	AFC	15	波段选择	25	滤波
7	FM 本振	16	AM-IF 输入	26	Vcc
8	稳压输出	17	FM-IF 输入	27	功放输出
9	FM 高放	19	调谐指示	28	(功放)地

1. 调试前的准备工作

(1) 整形:各元件脚互不相碰。

(2) 检查接地线是否牢固。

(3) 检查各元件焊接是否正确、开关是否有短路。

2. 测量单板静态工作点（电位器开关放在开位最小）

(1) 按图接线,如图 10.1.7 所示。

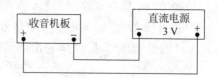

图 10.1.7　测量静态工作点接线图

(2) 整机静态电流≤10 mA 为正常。可进行集成电路各引脚电压测试,参考数据见表 10.1.2。

表 10.1.2　集成电路各引脚参考电压

脚　序	1	2	3	4	5	6	7	8	9
FM 电压	0.2	2.2	1.5	1.34	1.34	1.21	1.34	1.34	1.34
AM 电压	0.6	2.71	1.5	1.34	1.34	1.34	1.34	1.34	1.34
脚　序	10	11	12	13	14	15	16	17	18
FM 电压	1.34	0	0.4	0	0.5	2.24	0	2.24	0
AM 电压	1.34	0	0	0	0.34	0.09	0	0.09	0
脚　序	19	20	21	22	23	24	25	26	27	28
FM 电压	0.7	0	1.29	1.35	1.37	0	2.65	3	1.48	0
AM 电压	0	0	1.41	1.27	1.24	0	2.69	3	1.5	0

注: ① 四联电容器旋到低端位置;

　　② 4 脚电压受音量电位器控制;

　　③ 用万用表置 V20 挡测得表中的电压。

3. 用仪器对收音机调幅、短波、调频的调试

1) 调幅(AM)的调试

用 SP1461 型数字合成高频信号发生器调到 $(2×10^4)×0.1\ \mu V = 2\ mV$ 输出电压,调制度 $M = 30\%$,调制信号频率在 1000 Hz 或 400 Hz 上。

(1) 打开高频信号发生器预热 10 min。

(2) 收音机数字显示频率对准相应仪器频率数字。

(3) 按图接线,如图 10.1.8 所示。

(4) 调试中波频率覆盖及灵敏度。

(5) 音量电位器置最大位置,调节接收频率范围,接上电源轻按 AM 键,工作在 AM 状态,将 AM 波段开关推至 MW 位置,转动四联可变电容调到最低端,显示屏显示 AM 频率。测试如表 10.1.3 所示,使其收音机输出最大,负载电压>0.6 V。

(6) 反复进行以上调整,使灵敏度达到最佳,使 MW 频率在 515～1630 kHz 范围内。

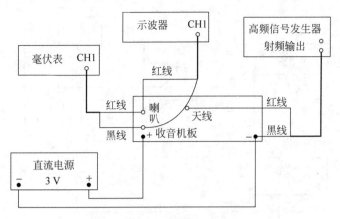

图 10.1.8 调幅调试接线图

表 10.1.3 调幅/短波调试

波段开关位置	频率范围	调试元件	备　注
MW(中)	515 kHz	T101(红中振)	调好后将磁棒线圈封蜡固定
	600 kHz	调节磁棒线圈	
	1400 kHz	A/A(四联微调)	
	1630 kHz	A/O(四联振荡联微调)	
SW(短)	3.8 MHz	T102(绿短振)	短波振荡 1~5 自动同步
	17.9 MHz	T103(白短振)	短波振荡 6~8 自动同步

调幅举例：

按【调幅】键，进入调幅功能模式；

按【频率】键，按[5][1][5][kHz]设置载波频率；

按【幅度】键，按[2][kHz/mvms]设置载波幅度；

按【菜单】键，选择调制深度[AMLEVEL]选项[3][0][N]设置调制深度；

按【菜单】键，选择调制信号频率[AMFREQ]选项，按[1][0][0][0][Hz]设置调制信号频率；

按【菜单】键：选择调制信号源[AM SOURCE]选项，按[1][N]设置调制信号源为内部。

注：在测试过程，对于其他的信号频率，载波幅度、调制深度、调制信号频率、调制信号源、调节方法相同，只是载波频率要根据要求重新对应设置。

2) 短波(SW)的调试

短波段的调整比较简单，它跟调幅其他的信号频率相比，载波幅度、调制深度、调制信号频率、调制信号源、调节方法都相同，短波采用了一级高频放大电路，不用调整灵敏度，只要调整频率就行了。

(1) 按图接线，如图 10.1.9 所示。

频率的调整也很简单，要先调好中波再将波段开关推至 SW，四联电容调到最低端，调

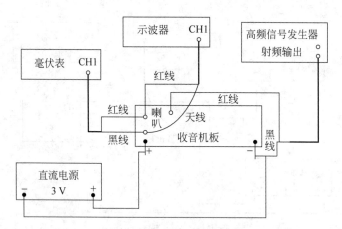

图 10.1.9　短波调试接线图

试元器件见表 10.1.3。

（2）中周 T104 的调整。

找出一个信号比较强的短波电台，调 T104（黄色），使喇叭输出声音最大最清晰为止。

3）调频（FM）的调试

用 SP1461 型数字合成高频信号发生器调到 $(2 \times 10^4) \times 0.1 \ \mu V = 2 \ mV$，调制度 $M = 30\%$，调制信号频率在 1000 Hz 或 400 Hz 上。

（1）打开高频信号发生器预热 10 min。

（2）收音机数字显示频率对准相应的仪器频率数字。

（3）按图接线，参照短波接线图，即图 10.1.9。

（4）调节接收频率范围，接上电源轻按 FM 键，工作在 FM 状态，将四联可变电容调到最低端，显示屏显示 FM 频率，测试按表 10.1.4 所示。

表 10.1.4　调频调试

开关位置	频率范围	调试元件	备　注
FM	59 MHz	L104（振荡线圈）	喇叭输出声最大
	70 MHz	L103	
	106 MHz	F/A（四联微调）	
	108.5 MHz	F/O（四联振荡联微调）	

（5）反复上述调整使灵敏度达到最佳效果，使 FM 频率在 59～108.5 MHz 范围内，用蜡将线圈封固上。

调频举例：

按【调频】键，进入调频功能模式；

按【频率/周期】键，按［5］［9］［MHz］设置载波频率；

按【幅度/脉宽】键，按［2］［kHz/mvms］设置载波幅度；

按【菜单】键，选择调制频偏［FMDEVIA］选项，按［7］［5］［kHz］设置调制频偏；

按【菜单】键，选择调制信号频率［FMFREQ］选项，按［1］［0］［0］［0］［kHz］设置调制信号频率。

注：在调频过程中，对于其他的信号频率，载波幅度、调制频偏、调制信号频率、调节方法相同，只是载波频率要根据要求重新对应设置。

4. 整机装配合拢检验

（1）用 1.6×3.5 沉头自攻螺钉，将显示板紧固在壳体上。

（2）先将主板上的电位器旋钮，耳机插座对准面壳上相应的孔，后将波段开关拨钮与滑块上缺口对齐，再将主板下压装入面壳内，用 1.7×5 自攻螺钉将主板紧固在面壳上。

（3）整形：将 AM 天线线圈整形，使之与滑块之间的间隙最大。

（4）面壳与底壳合拢，用 3 只 2×6 半圆头自攻螺钉将底壳和面壳紧牢固，用两个 1.7×5 自攻螺钉紧固在电池仓内再将电池盖装入底壳上，最后装上电源开关按钮。

10.1.4 工艺流程

EDT-2901 型收音机套件装配工艺流程如图 10.1.10 所示。

图 10.1.10   EDT-2901 型收音机套件装配工艺流程图

10.2   2301 贴片电调收音机

10.2.1 功能特点

（1）采用电调谐单片 FM 收音机集成电路，调谐方便准确。

（2）接收频率为 87～108 MHz。

（3）有较高接收灵敏度。

（4）外形小巧，便于随身携带（见图 10.2.1）。

（5）电源范围大：1.8～3.5 V，充电电池（1.2 V）和一次性电池（1.5 V）可工作。

（6）内设静噪电路，抑制调谐过程中的噪声。

图 10.2.1 2301 型收音机外形

10.2.2 工作原理

电路的核心是单片收音机集成电路 SC1088。它采用特殊的低中频（70 kHz）技术，外围电路省去了中频变压器和陶瓷滤波器，使电路简单可靠，调试方便。

SC1088 采用 SOT16 脚封装,表 10.2.1 是引脚功能,图 10.2.2 是电路原理图。

表 10.2.1 FM 收音机集成电路 SC1088 引脚功能

引脚	功　　能	引脚	功　　能
1	静噪输出	9	IF 输入
2	音频输出	10	IF 限幅放大器的低通电容器
3	AF 环路滤波	11	射频信号输入
4	Vcc	12	射频信号输入
5	本振调谐回路	13	限幅器失调电压电容
6	IF 反馈	14	接地
7	1 dB 放大器的低通电容器	15	全通滤波电容搜索调谐输入
8	IF 输出	16	电调谐 AFC 输出

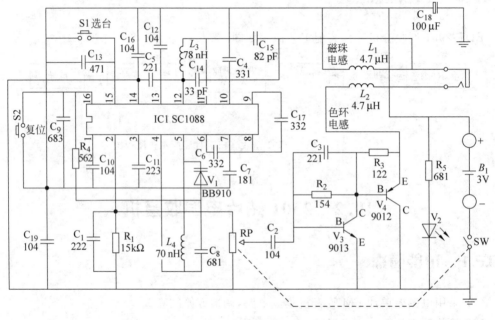

图 10.2.2　电路原理图

1. FM 信号输入

如图 10.2.2 所示调频信号由耳机线馈入,经 C14、C13、C15 和 L1 的输入电路进入 IC 的 11、12 脚混频电路。此时的 FM 信号没有调谐信号,即所有调频电台信号均可进入。

2. 本振调谐电路

本振电路中的关键元器件是变容二极管,它是利用 PN 结的结电容与偏压有关的特性制成的"可变电容"。如图 10.2.3(a)所示,变容二极管加反向电压 U_d,其结电容 C_d 与 U_d 的特性如图 10.2.3(b)所示,是非线性关系。这种电压控制的可变电容

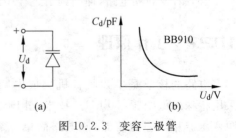

图 10.2.3　变容二极管

广泛用于电调谐、扫频等电路。

本电路中,控制变容二极管 V1 的电压由 IC 第 16 脚给出。当按下扫描开关 S1 时,IC 内部的 RS 触发器打开恒流源,由 16 脚向电容 C9 充电,C9 两端电压不断上升,电压由 R4 到 V1,V1 电容量不断变化,由 V1、C8、L4 构成的本振电路的频率不断变化而进行调谐。当收到电台信号后,信号检测电路使 IC 内的 RS 触发器翻转,恒流源停止对 C9 充电,同时在 AFC 电路作用下,锁住所接收的广播节目频率,从而可以稳定接收电台广播,直到再次按下 S1 开始新的搜索。当按下 Reset 开关 S2 时,电容 C9 放电,本振频率回到最低端。

3. 中频放大、限幅与鉴频

电路的中频放大、限幅及鉴频电路的有源器件及电阻均在 IC 内。FM 广播信号和本振电路信号在 IC 内混频器中混频产生 70 kHz 的中频信号,经内部 1 dB 放大器、中频限幅器,送到鉴频器检出音频信号,经内部环路滤波后由 2 脚输出音频信号。电路中 1 脚的 C10 为静噪电容,3 脚 C11 为 AF(音频)环路滤波电容,6 脚的 C6 为中频反馈电容,7 脚的 C7 为低通电容,8 脚与 9 脚之间的电容 C17 为中频耦合电容,10 脚的 C4 为限幅器的低通电容,13 脚的 C12 为中限幅器失调电压电容,C13 为滤波电容。

4. 耳机放大电路

由于耳机收听所需功率很小,本机采用了简单的晶体管放大电路,2 脚输出的音频信号经电位器 RP 调节电量后,由 V3、V4 组成复合管甲类放大。R1 和 C1 组成音频输出负载,线圈 L1 和 L2 为射频与音频隔离线圈。这种电路耗电大小与有无广播信号以及音量大小关系不大,不收听时要关断电源。

10.2.3 安装工艺

1. 安装流程(见图 10.2.4)

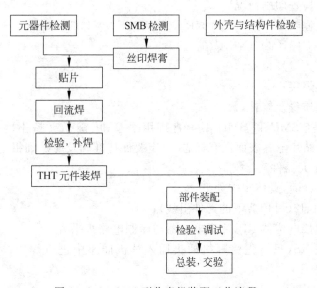

图 10.2.4 2301 型收音机装配工艺流程

2. 安装步骤及要求

1）技术准备

了解 SMT 基本知识；实习产品简单原理；实习产品结构及安装要求。

2）装前检查

对照图 10.2.5 检查 SMB，检查图形是否完整，有无短、断缺陷，孔位及尺寸有无错误，表面涂覆（阻焊层）是否完好；外壳及结构件，按材料表清查零件规格及数量；检查外壳有无缺陷及外观损伤；THT 元件检测，观察电位器阻值调节特性，检查 LED、线圈、电解电容、插座、开关的好坏，判断变容二极管的好坏及极性。

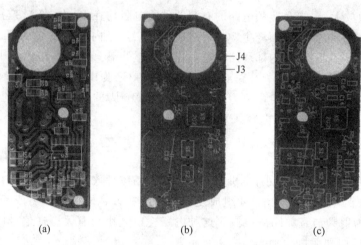

(a)　　　　　　　　　　(b)　　　　　　　　　　(c)

图 10.2.5　印制电路板安装

(a) SMT 贴片安装图；(b) THT 插件安装图；(c) SMT、THT 综合安装图

3）贴片及焊接

参见图 10.2.5(a)，具体步骤如下：

（1）丝印焊膏检查印刷情况；

（2）按工序流程贴片：C1/R1，C2/R2，C3/V3，C4/V4，C5/R3，C6/SC1088，C7，C8/R4，C9，C10，C11，C12，C13，C14，C15，C16；

（3）检查贴片数量及位置；

（4）回流焊机焊接；

（5）检查焊接质量及修补。

需要注意的是：SMC 和 SMD 不得直接用手拿；用镊子夹持不能夹到引线上；注意 IC1088 标记方向，贴片电容表面没有标志，一定要保持准确及时贴到指定位置。

4）安装 THT 元器件

参见图 10.2.5(b)，具体步骤如下：

（1）跨接线 J1、J2（可用剪下的元件引线）；

（2）安装并焊接电位器 RP，注意电位器与印制电路板平齐；

（3）耳机插座 XS（只有先将耳机插头插入耳机插座中进行焊接，才能保证耳机插座 XS 完好，不致损坏）；

（4）轻触开关 S1、S2；

（5）电感线圈 L1～L4（磁环 L1，色环 L2，8 匝线圈 L3，5 匝线圈 L4）；

（6）变容二极管 V1（注意极性方向标记），R5，C17，C19；

（7）电解电容 C18（100 U）贴板装；

（8）发光二极管 V2，注意高度，极性；

（9）焊接电源连接线 J3、J4，注意正负连线颜色。

10.2.4 调试及总装

1. 调试

1）所有元器件焊接完成后目视检查

元器件：型号、规格、数量及安装位置，方向是否与图纸符合。

焊点检查：有无虚、漏、桥接、飞溅等缺陷。

2）测总电流

正常电流应为 7～30 mA（与电源电压有关）且 LED 正常亮。表 10.2.2 是样机测试结果，可供参考。

表 10.2.2 电流参考值

工作电压/V	1.8	2	2.5	3	3.2
工作电流/mA	8	11	17	24	28

3）搜索电台广播

如果电流在正常范围，可按 S1 搜索电台广播。只要元器件质量完好，安装正确，焊接可靠，不用调任何部分即可收到电台广播。如果收不到广播应仔细检查电路，特别要检查有无错装、虚焊、漏焊等缺陷。

4）调接收频段（俗称调覆盖）

我国调频广播的频率范围为 87～108 MHz。

5）调灵敏度

本机灵敏度由电路及元器件决定，一般不可调整，调好覆盖后即可正常收听。

2. 总装

（1）蜡封线圈；

（2）固定 SMB/装外壳。

3. 检查

总装完毕，装入电池，插入耳机进行检查，要求：

（1）电源开关手感良好；

（2）音量正常可调；

（3）收听正常；

（4）表面无损伤。

10.3 GPS卫星导航定位原理及使用

10.3.1 GPS概况

全球定位系统是美国从20世纪70年代开始研制,花费了20年的时间,近200亿美金,在1994年全面建成的,它是具有在海、陆、空进行全方位、实施三维导航与定位能力的新一代卫星导航与定位系统。全球定位系统简称GPS,它的含义是利用导航卫星进行测时、测距,GPS是目前最先进、应用最广泛的卫星导航定位系统。

GPS卫星所发送的导航定位信息,是一种可供无数用户共享的空间信息资源,只要持有一种能够接收、跟踪、变换的测量GPS信号的接收机,就可以全天时、全天候和全球性的测量运动载体的状态参数和三维参数。

10.3.2 GPS的发展

GPS的发展主要经历了以下三个阶段。

第一个阶段为方案论证和初步设计阶段。从1973年到1979年,共发射了4颗试验卫星,并且研制出了地面接收机和地面跟踪网;

第二个阶段为全面研制和试验阶段。从1979年到1984年,又陆续发射了7颗试验卫星,并且,前两个阶段的试验已充分证明,GPS定位的精度要远远超过设计标准;

第三个阶段为实用组网阶段。1989年2月4日第一颗GPS工作卫星发射成功,这就表明GPS系统进入了工程建设阶段。

10.3.3 GPS系统的组成

GPS系统包括三大部分:空间卫星部分——GPS卫星星座;地面监控部分——地面监控系统;用户设备部分——GPS信号接收机,如图10.3.1所示。

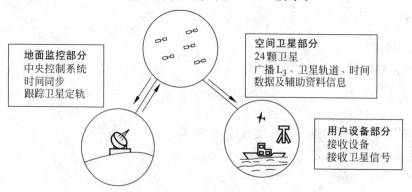

图10.3.1 GPS系统的组成

1. GPS卫星星座

GPS卫星星座由21颗工作卫星和3颗在轨备用卫星组成,24颗卫星平均分布在6个轨道平面内,如图10.3.2所示。

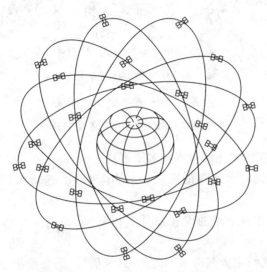

图 10.3.2 GPS的空间系统

如果GPS在距离地面两万里的高空,当地球对恒星来说自转一周时,它们绕地球运行两周,这样对于地面观测者来说,每天将提前4 min见到同一颗GPS卫星,位于地平线以上的卫星颗数随着时间和地点的不同而不同,最少可见4颗,最多可见到11颗。在用GPS信号导航定位时,必须要同时观测4颗GPS卫星,这4颗卫星在观测过程中的几何位置分布对定位精度有着一定的影响。图10.3.3和图10.3.4分别列出了较佳和不佳的卫星角度分布。

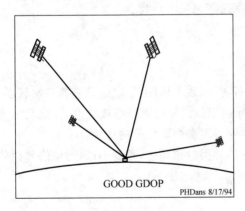

图 10.3.3 较佳的卫星角度分布

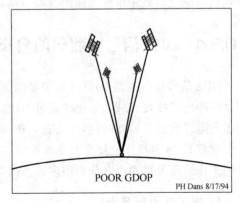

图 10.3.4 不佳的卫星角度分布

2. 地面监控系统

GPS工作卫星的地面监控系统包括一个主控站、三个注入站和五个监控站,其分布如图10.3.5所示。

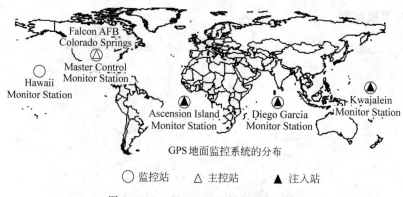

GPS 地面监控系统的分布

○ 监控站　△ 主控站　▲ 注入站

图 10.3.5　GPS 地面监控系统的分布

　　(1) 主控站：设在美国本土的科罗拉多军事基地中心。

　　(2) 注入站：分别设在大西洋的阿森松岛、印度洋的迭哥西亚岛以及太平洋的卡瓦加兰。

　　(3) 监控站：除了有一个单独设在夏威夷以外，其他的 4 个都设在主控站和注入站上面。

　　GPS 地面监控系统的主要任务有：监测 GPS 信号、采集数据、编算导航电文、注入电文、诊断状态、调度卫星等。

3. GPS 信号接收机

　　GPS 的空间部分和地面监控部分，是用户应用系统进行定位的基础，而用户只有通过用户设备，才能实现应用 GPS 进行定位的目的。用户设备部分即 GPS 信号接收机，它主要由 GPS 接收机硬件和数据处理软件、微处理机及其终端设备组成，它的主要功能是能够捕获到按一定卫星截止角所选择的待测卫星，并跟踪这些卫星的运行。

10.3.4　GPS 信号接收机的分类

　　GPS 信号接收机是 GPS 导航卫星的用户设备，是实现 GPS 卫星定位导航的终端仪器。它是一种能够接收、跟踪、变换和测量 GPS 卫星导航定位信号的无线电接收设备，既具有常用无线电接收设备的共同性，又具有捕获、跟踪和处理卫星微弱信号的特性。

　　随着 GPS 卫星定位技术的发展和应用，GPS 的种类越来越多，根据 GPS 卫星信号接收机的工作原理及用途可以分为很多种不同类型。

1. 按工作原理分类

　　按接收机的工作原理分类，也就是按 GPS 信号接收机的天线和测量 GPS 卫星的距离所用的测距信号的不同来进行分类。

　　(1) 码接收机：采用的是伪噪声码和载波作为测距信号。

　　(2) 无码接收机：20 世纪 90 年代以来，无码接收机已经渐渐从国际市场上消退了，但是无码测量技术仍在使用，并且有了很大的改进和提高。

2. 按用途分类

按照接收机的用途主要可以分为以下几种类型。

(1) 导航型接收机。它主要用来实现船舶、车辆、飞机、导弹等运动载体的导航,它可以实时给出载体的位置和速度,这类接收机一般采用 C/A 码伪距测量,但它的单点实时定位的精度不高,一般为 ±25 m。这类接收机的价格便宜,目前的应用比较广泛。

(2) 测量型接收机。这类接收机早期是主要用于在地测量和工程控制测量,一般均采用载波相位观测量来进行相对定位,它的定位精度比较高,通常可以达到厘米级甚至更高。近年来测量型接收机在技术上取得了重大的发展,开发出实时差分动态定位技术和实时相位差分动态定位技术。前者以伪距观测量为基础,可实时提供流动观测站米级精度的坐标;后者以载波相位观测量为基础,可实时提供流动观测站厘米级精度坐标。但是由于测量型接收机的结构比较复杂,通常配备有功能完善的数据处理软件,因此其价格都比较昂贵。

(3) 授时型接收机。这类接收机主要用于天文台或地面检测站进行时间频标的同步测定。

3. 按所用载波频率的多少分类

GPS 现行工作卫星采用 L 波段的 3 个载波,简称 L_1、L_2、L_3。第三载波(L_3)的频率为 $f_3 = 135 \times 10.23 = 1381.05$ MHz,它已作为 GPS 卫星核爆炸探测舱的工作频率。用于卫星导航定位的载波是 L_1 和 L_2,它们的频率分别是 $f_{L_1} = 154 \times 10.23 = 1574.42$ MHz,$f_{L_2} = 120 \times 10.23 = 1277.60$ MHz。

按照使用载波频率的多少,GPS 信号接收机可以分成下列类型。

(1) 单频接收机:使用第一载波(L_1)及其调制波进行导航定位测量,一般适用于短基线的精密定位。

(2) 双频接收机:可同时使用多个载波及其调制波进行导航定位测量,可用于长达几千公里的精密定位。

10.3.5 GPS 接收机的基本结构及性能

GPS 接收机主要由 GPS 接收机天线、GPS 接收机主机及电源组成。其天线的主要功能是将 GPS 卫星信号非常微弱的电磁波转化成为电流,并将这种信号电流进行放大和变频处理;它的主机的主要功能是对经过放大和变频处理的信号进行跟踪、处理和测量。

GPS 信号接收机的种类很多,有手持接收机、车载接收机等,但是从仪器结构的角度来分析,可以概括为天线单元和接收单元两大部分,如图 10.3.6 所示。

1. 天线单元

天线单元由接收机天线和前置放大器两部分组成。接收机天线的作用是将 GPS 卫星信号极微弱的电磁波转化成相应的电流,而前置放大器则是将 GPS 信号电流予以放大。

为了便于接收机对信号进行跟踪、处理和测量,对天线部分有如下的要求:首先,天线

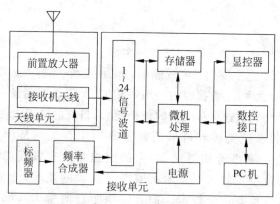

图 10.3.6　GPS 信号接收机的基本结构

与前置放大器应密封为一体,这样可以保障它的正常工作,减少信号的损失;其次,信号接收不能有死角,保障能够接收到天空热河方向的卫星信号;再次,应该要有防护和屏蔽多路径效应的措施;最后,要保持天线相位中心的高度稳定,并使其与几何中心尽量一致。

GPS 信号接收机的天线有以下几种类型,分别是振子天线、螺旋天线、双端接螺旋形天线和微带天线。它们的特点如表 10.3.1 所示。

表 10.3.1　几种 GPS 信号接收天线的特点

振子天线	螺旋天线	双端接螺旋形天线	微带天线
结构简单; 易于制造; 尺寸适中; 频带宽大; 互交双振子天线; 易于电波圆极化; 易于按需获取方向性图	易于电波圆极化; 易于制造	半球状方向性图; 易于电波圆极化; 难于设计和制造	很容易制造; 开头很平薄; 易于电波圆极化; 半球状方向性图; 频带较宽; 低交率

这几种天线的概貌如图 10.3.7 所示。

从目前的应用来看,微带天线已成为 GPS 信号接收天线的主要发展方向。它是由一块厚度远小于工作波长的介质基片和两面各覆盖一块用微波集成技术制作的辐射金属片(钢片或金片)构成,如图 10.3.8 所示。

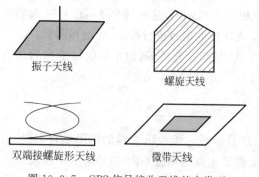

图 10.3.7　GPS 信号接收天线基本类型

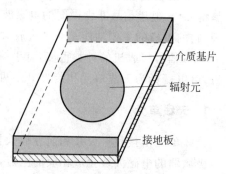

图 10.3.8　微带天线示意图

其中覆盖基片底部的辐射金属片成为接地板,而处于基片另一面的辐射金属片,其大小近似等于工作波长,成为辐射元。微带天线结构坚固,适宜与振荡器、放大器、调制器、混频器等固体元件敷设在同一介质基片上,使整机的体积和重量显著减少。这种天线的主要缺点是增益较低,但可用低噪声前置放大器弥补。

2. 接收单元

由图 10.3.6 可以看出,接收单元主要由信号波道、存储器、显控器、频率合成器、电源等几个部分组成。

1) 信号波道

接收单元的核心部件是信号波道,GPS 的信号波道是硬软件结合的电路,不同类型的接收机,其通道也是不同的,GPS 的信号波道的作用有:搜索卫星,牵引、跟踪卫星,对广播电文数据进行解调,进行伪距测量、载波相位测量等。

2) 存储器

接收机内设有存储器或存储卡,以存储卫星星历、卫星星书、接收机采集到的码相位伪距观测值、载波相位观测值等。目前,GPS 接收机都装有半导体存储器,也就是内存,接收机的内存数据可以通过数据口传到微机上,以便于进行数据的处理和保存。GPS 的数据存储形式如图 10.3.9 所示。在存储器中还装有多种工作软件,如自测试软件、卫星预报软件等。

3) 显控器

显控器通常包括一个视频显示窗和一个控制键盘,它们都安装在接收单元的面板上。使用者通过对键盘按键的控制,可以从屏幕显示窗上读取所要求的数据和信息,这些数据和信息是由微处理机及其相应的软件提供的。接收机内的处理软件是实现 GPS 导航定位数据采集和波道自校检测自动化的重要部分,它主要用于信号捕获、环路跟踪和点位计算。在机内软件的协同下,微处理机主要完成下述计算和处理:当接收机接通电源后,立即指令各个波道自检,适时地在视屏显示窗内展示各自的自检结果,校正和存储各个波道的数据;根据跟踪所测得的 GPS 信号到达接收天线的传播时间及其变率,计算出观测站的三维位置和速度;用已测得的点位坐标,计算在视卫星的升落时间和方位,并能为作业员提供在视卫星数量及其正常工作与否,以便选用健康的、分布适合的定位星座达到提高定位精度的目的。

4) 频率合成器

频率合成器是通过一个独立的基准频率源,在压控振荡器的支撑下,运用信号的分频和倍频功能,获得一个系统与基准频率稳定度相同的信号输出,也就是说,通过一个频率合成器,可以获得多个高稳定的输出信号。频率合成器的基本结构如图 10.3.10 所示。

图 10.3.9　GPS 数据的存储形式　　　　图 10.3.10　频率合成器的基本结构

5）电源

GPS 接收机的电源有两种：一种为内电源，一般采用锂电池，主要用于存储器供电，以防数据丢失；另一种为外接电源，这种电源常用可充电的 12 V 直流镍镉电池组或采用汽车电瓶。当用交流电的时候，要经过稳压电源或专用电流交换器。

10.3.6　GPS 全球定位原理

GPS 全球定位采用的是绝对定位，就是以地球质心为核心，确定接收机天线在空间中，任意三个点可以确定一个平面，如果该平面内有一个点，该点的位置是未知的，但是知道它与另外三个点的位置关系，就可以求得这个未知点的平面坐标；如果在空间直角坐标系中有一个未知点，则需要知道它与另外四个点的未知关系才可以求得该点的坐标。GPS 定位就是采用的这个原理，如图 10.3.11 所示。

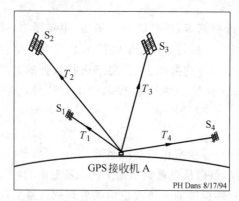

图 10.3.11　GPS 绝对定位原理
S—发射的卫星；T—卫星到接收机的距离；A—接收机(也称被测点)

GPS 接收机能接收到三颗以上卫星所发送的无线电波的信号时，利用三颗以上不同卫星的信号到达接收机的时间差，就能计算出接收机对每颗卫星的距离，同时也确定了接收机在地球上面的唯一位置。

GPS 卫星任何瞬间的坐标位置都是已知的，一颗 GPS 卫星信号传播到接收机的时间只能确定该卫星到接收机的距离，但不能确定接收机相对卫星的方向。在三维空间中，GPS接收机的可能位置构成一个以 S 为中心，以 T 为半径的定位球。当测到两颗卫星的距离时，接收机的可能位置被确定在两个球面相交构成的圆上；当测到第三颗卫星的距离时，第三颗定位球面与该圆相交得到两个可能点；第四颗卫星确定的定位球便交出接收机的准确位置。因此，如果接收机能够同时得到四颗 GPS 卫星的测距信号，就可以进行瞬间的定位；当接收到信号的卫星数目多于四颗时，可以优选四颗卫星计算位置。

也就是说以每颗卫星所在的位置为中心，以每颗卫星到达接收机的距离为半径所形成的四个球面所相交的位置，就是接收机的实际位置。

根据公式

$$T = \sqrt{(X_S - X_A)^2 + (Y_S - Y_A)^2 + (Z_S - Z_A)^2}$$

其中，X_S, Y_S, Z_S 表示卫星的瞬间坐标值(至少有 4 个是已知的)；X_A, Y_A, Z_A 表示接收机的坐标。

根据导航电文所提供的卫星坐标,代入上述公式,得到以下四个方程:

$$\begin{cases} T_1 = \sqrt{(X_{S_1} - X_A)^2 + (Y_{S_1} - Y_A)^2 + (Z_{S_1} + Z_A)^2} \\ T_2 = \sqrt{(X_{S_2} - X_A)^2 + (Y_{S_2} - Y_A)^2 + (Z_{S_2} + Z_A)^2} \\ T_3 = \sqrt{(X_{S_3} - X_A)^2 + (Y_{S_3} - Y_A)^2 + (Z_{S_3} + Z_A)^2} \\ T_4 = \sqrt{(X_{S_4} - X_A)^2 + (Y_{S_4} - Y_A)^2 + (Z_{S_4} + Z_A)^2} \end{cases}$$

联立求解,计算出(X_A, Y_A, Z_A),联立求解的过程可在 GPS 接收机中自动完成。

GPS 绝对定位,根据用户接收机天线所处的状态要求又可以分为动态绝对定位和静态绝对定位。

当用户接收设备安装在运动的载体上的时候,确定载体瞬间的绝对位置的定位方法,就称为动态绝对定位。动态绝对定位的方法被广泛应用于飞机、船舶以及车辆等运动载体的导航中去,为了更好地使飞机、船舶、车辆等运动载体完成预定的任务,除了出发点和目标点之外,还必须知道运动载体所在的实际位置,那么就可以在这些运动载体上安设 GPS 接收机,全天候的测量运动载体的三维坐标、速度、时间等参数,实际测得在任何载体上接收机的所在位置。

当接收机天线处于静止状态时,确定观测站绝对坐标的方法,称为静态绝对定位。由于可以连续的测定卫星至观测站的伪距,所以可获得充分的多余观测量,以便在测后通过数据处理提高定位的精度。静态绝对定位的方法,主要用于大地测量,以精确测定观测站在地球坐标系中的坐标。

目前,无论是动态绝对定位还是静态绝对定位,所依据的观测量都是所测卫星至观测站的伪距,通常也称为伪距定位法。

现在基本上都采用的是动态绝对定位的方法。

10.3.7　GPS 接收机的使用

GPS 作为野外定位的最佳工具,在户外运动中有着广泛的应用,在国内也可以越来越多的看见有人使用了。但是 GPS 不像电视机或收音机,打开就能用,它更像是一架相机,我们需要对它的各个情况都有充分的了解,才能把它使用地更好。

1. GPS 的常用术语

1) 坐标

有二维、三维两种坐标表示。当 GPS 能够收到 4 颗或者 4 颗以上的卫星信号的时候,它就能够计算出本地的三维坐标:经度、纬度和高度;如果只能收到 3 颗卫星信号,它就只能计算出二维坐标:经度和纬度,这个时候它可能还是会显示高度数据,但是这些数据都是无效的。坐标的精确度在 SA 打开的时候(SA 是美国国防部为减小 GPS 的精确度而实施的一种措施,它的全称是 selective availability),GPS 的水平精确度在 $50 \sim 100\,$m,这个距离视 GPS 接收到卫星信号的多少和强弱而定,若 GPS 指示已到达目的地,那么在你所在位置的大约一个足球场大小的范围内即可发现目标。坐标的精确度在 SA 关闭的时候(目前这种情况很少见,但据说美国政府将来会取消 SA),GPS 的精确度可达 15 m 左右。

2) 路标

路标是 GPS 内存中保存的一个坐标值,在有 GPS 信号的时候,按下【MARK】键,就会把当前点记成一个路标。路标是 GPS 的数据核心,标记路标是 GPS 的主要功能之一。

3) 路线

路线是 GPS 内存中存储的一组数据,它包括一个起点和一个终点的坐标,还包括中间若干个点的坐标。每两个坐标点之间的线段叫"腿"。常见的 GPS 可以存储 20 条路线,每条路线可以有 30 条腿。

4) 前进方向

GPS 没有指北针的功能,静止不动的时候它是不知道方向的,但是一旦动起来,它就能知道自己的运动方向。GPS 每隔一秒更新一次当前地点信息,每一点的坐标和上一点的坐标比较,就可以知道前进的方向。需要注意的是,GPS 关于前进方向的算法是以最近若干秒的前进方向为基础的,所以除非我们已经走了一段并仍然在走直线,否则前进方向是不准确的,尤其是在拐弯的时候可以看到数值不停在变。

5) 导向

导向功能在以下两种情况下起作用:①设定"走向"目标,在设定了"走向"目标之后,"导向"功能将指向次路标;②有活跃路线,若目前有活跃路线,那么"导向"的点就是路线中的一个路点,在每到达一个目标点之后,"导向"又会自动指向下一个路点。有些 GPS 会把前进方向和导向功能结合起来,只要 GPS 指向前进方向,那么 GPS 上就会显示一个指针箭头指向前进方向和目标方向的偏角,我们只要跟着这个箭头就能找到目标。

6) 足迹线

GPS 每秒钟都会更新一次坐标信息,所以可以记载自己的运动轨迹。一般 GPS 能够记录 1024 个以上的足迹点,记录下来的足迹点构成了足迹线。足迹点的采样有自动和定时两种方式:自动采样一般只记录方向转折点,长距离直线行走时是不记点的;定时采样则可以规定采样的时间间隔,如 30 s、60 s 或者其他时间,每隔这么长时间便会记录一个足迹点。

2. GPS 接收机的使用

现以麦哲伦探险家 500 卫星导航仪为例,详细介绍 GPS 接收机的使用方法,它是一个独立的手持式 GPS 接收机,可以用于一般的定位及导航。

1) 按键说明

探险家 500 的各个按键的说明如图 10.3.12 所示,各键的功能如表 10.3.2 所示。

2) 功能及使用

(1) 开机

按电源键打开探险家接收机,并按回车键,如图 10.3.13 所示。按背光键调节背光灯亮度,将背光灯调到最暗,减小电源的消耗。

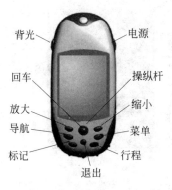

图 10.3.12 按键说明

图 10.3.13 开机界面

表 10.3.2 各按键功能

缩小	OUT		对地图进行放大或缩小操作
放大	IN		
导航	NAV		选择所需的导航屏幕
菜单	MENU		进入一个菜单,允许进入一个功能设定或用户界面设定
行程	GOTO		用于创建一条到达目的地的航线,目的地可从兴趣点列表中选择
标记	MARK		将当前点位置加入到兴趣点
回车	ENTER		确定输入和选择
退出	ESC		返回到上次屏幕,如果输入了数据,则会取消
电源	Power		打开或关闭接收机电源
背光	Light		设置屏幕背光的亮度
操纵杆	Joystick		移动屏幕上的光标,选中菜单中的选项

（2）计算位置

在天空开阔的情况下,GPS 接收机开始跟踪卫星,并计算出当前的位置。探险家开始采集卫星信息并计算出当前位置。可以通过查看卫星状态图,了解卫星数据采集进程。按导航键【Nav】键直到该屏出现,当左上角出现三维定位或者二维定位字样时,就可以选择目的地了,如图 10.3.14 所示。

（3）选择目的地

按行程【GOTO 】按钮,就可以选择要去的哪一类兴趣点了,如图 10.3.15(a)所示。【我的兴趣点】是由使用者自己创建的;【藏宝点】是用麦哲伦的藏宝点管理软件上载的点;【背景地图】里包含了和背景图一起上传到 GPS 接收机的点。查找方式有按名称查找和就近查找两种。

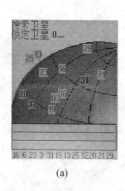  

(a)　　　　　　　(b)　　　　　　　(c)

图 10.3.14　计算位置

选择【我的兴趣点】(操纵杆上下方向选择)以及【按名称查找】(操纵杆左右方向选择),按回车键↵,即可以看到接收机里已创建的兴趣点,兴趣点按照名称顺序排列,如图 10.3.15(b)所示。

(a)　　　　　　　　　　(b)

图 10.3.15　选择目的地

也可选择【就近查找】的查找方式,按回车键,出现下一界面之后继续按回车键,可看到接收机内的兴趣点,此时,兴趣点按照距离由近及远排列,如图 10.3.16 所示。

图 10.3.16　就近查找目的地

选择想要去找的兴趣点,按下回车键。

(4) 选择导航屏幕

按【Nav】键进行导航屏幕的选择,共有三个导航屏幕,分别是地图屏幕、罗盘屏幕以及坐标屏幕,如图 10.3.17 所示。

选择罗盘屏幕作为导航屏幕进行导航,GPS 接收机始终保持正向水平,根据红色箭头的方向查找兴趣点,直到【到下点距离】为 0 m,表示已找到兴趣点。需注意:接收机只有在运动并走直线的状态下才会给出正确的指向,因此,如果改变方向时,需直接向前走一段距离之后再观察红色箭头的方向变化。

(5) 创建兴趣点

按【MARK】键,选择保存,按回车键,如图 10.3.18 所示。

图 10.3.17 选择导航屏幕   图 10.3.18 创建兴趣点

(6) 删除兴趣点

按【MENU】菜单键,选择【兴趣点管理】,按回车键,继续按回车键,看到接收机内的兴趣点后选择要删除的兴趣点,按回车键,选择【删除兴趣点】即可将不需要的兴趣点删除,如图 10.3.19 所示。

(7) 关机

关闭探险家接收机:按电源键,出现如图 10.3.20 所示界面,4 s 后自动关闭。

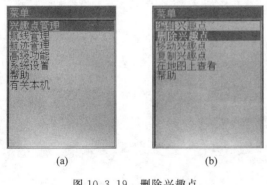

图 10.3.19 删除兴趣点   图 10.3.20 关机界面

参 考 文 献

[1] 王天曦,王豫明.现代电子工艺.北京:清华大学出版社,2009

[2] 王天曦,李鸿儒,王豫明.电子技术工艺基础(第2版).北京:清华大学出版社,2009

[3] 殷志坚.电子工艺实训教程.北京:北京大学出版社,2007

[4] 宁铎,孟彦京,马令坤等.电子工艺实训教程.西安:西安电子科技大学出版社,2006

[5] 张睿,零点工作室.Altium Designer 6.0原理图与PCB设计.北京:电子工业出版社,2007

[6] 毕满清.电子工艺实习教程.北京:国防工业出版社,2009

[7] 李敬伟,段维莲.电子工艺训练教程.北京:电子工业出版社,2008

[8] 周春阳.电子工艺实习.北京:北京大学出版社,2006

[9] 韩雪涛.电子仪表应用技术与技能实训教程.北京:电子工业出版社,2006

[10] 朱定华,蔡苗,黄松.电子技术工艺基础.北京:清华大学出版社,2007

[11] 罗辑.电子工艺实习教程.重庆:重庆大学出版社,2007

[12] 万用电表使用说明书.南京天宇电子仪表厂

[13] 全自动数字交流毫伏表使用说明书.宁波中策电子有限公司

[14] 可调式直流稳压、稳流电源使用说明书.宁波中策电子有限公司

[15] 信号发生器/频率计数器使用说明书.宁波中策电子有限公司

[16] EDT-2901收音机使用说明书.深圳安迪特电子,2009

[17] 2301贴片收音机使用说明书.深圳安迪特电子,2009

[18] 数字示波器用户手册.北京普源精电科技有限公司,2007